易腐品冷链百科全书

（第二版）

编委会主任：余　锋

主　　编：刘　芳　Sherri D. Clark　周水洪　欧阳军

编委会成员：沈静元　朱思晔　赵佑立　李本立

Patrick E Brecht	Adel Kader	Mike Higgins
Mason Morgan	James F. Thompson	F. Gordon Mitchell
Olin Cunningham	Larry Rolison	Oz Enderby
Ken Graat	Winton Jondahl	Matt Corulli
Robert Heasel	Chris Murphy	Larry Meyer
Glen Schrot	David Anderson	Phil Lee
Matthew Rose	Gary Wright	John Roche
Bob Drury	Diane Barrett	Tom Hinsch

东华大学出版社

图书在版编目(CIP)数据

易腐品冷链百科全书/刘芳,(美)克拉克(Clark,S.D.),周水洪,
欧阳军著.—2版.—上海:东华大学出版社,2011.9
ISBN 978-7-81111-944-2

Ⅰ.易… Ⅱ.①刘… ②克… ③周… ④欧… Ⅲ.①食品贮
藏－冷藏－基本知识 Ⅳ.①TS205.7

中国版本图书馆CIP数据核字(2011)第197335号

责任编辑　王克斌
封面设计　魏依东

易腐品冷链百科全书(第二版)

刘　芳　Sherri D. Clark　周水洪　欧阳军 著

东华大学出版社出版

(上海市延安西路1882号　邮政编码:200051)

新华书店上海发行所发行　上海市崇明县裕安印刷厂印刷

开本:787×1092　1/16　印张:16.25　字数:406千字

2011年10月第2版　2011年10月第1次印刷

ISBN 978-7-81111-944-2/TS·288

定价:47.00元

再版前言

《易腐食品冷链百科全书》自 2009 年 12 月首次出版以来受到了社会各界的广泛关注，说明大家都十分关心我国冷链事业的发展，我们编委会成员深感欣慰，也深受鼓舞，在此对广大读者表示衷心的感谢！冷链是关系国民健康和国民生活品质的一个领域，与我们的生活息息相关。在书籍编著这段时间里，国家相继出台了《食品安全法》、《农产品冷链物流发展规划》等各项政策措施，说明国家已经将冷链提升到政策法规的高度。读者对我国冷链事业的关心以及国家对冷链事业的高度重视，为此书的再版提供了巨大的精神支持！

相对于第一版，第二版的更新主要体现在以下六大方面。

首先，为了使整书的知识结构更加完整，本书对各章的体系和内容进行了完善充实，尤其是第一、二、三、四、五、六、九、十、十一等章节。具体有：第一章对冷链概念进行了深入分析，增加了冷链与健康以及我国冷链物流的发展；第二章对果蔬基础知识进行了详尽的讲解，使知识体系更加完整；第三章增加了各种采收方法的介绍；第四章完善了包装的规格、增加了包装的分类及注意事项等内容；第五章对预冷知识体系进行了完善；第六章增加了低温仓储设施氨系统和氟系统的对比；第九章增加了温度测量的布置方法，并对本章体系进行了完善；第十章对章节内容和体系作了调整，重点更加突出；第十一章增加了果蔬产品品质的安全一节；其它章节也相应作了修改和完善，这里不一一赘述。

其次，考虑到"冷链"是一个较新的概念，与之相关的术语还没有一个清晰的界定，本书系统地总结了冷链术语。主要分为物流、食品和制冷三大部分，在各章的起始部分将其提炼出来，并在附录一"专业术语"中对其进行了详细解释；此外，为了使读者对冷链知识有更加专业的认识，对于本书正文中未出现的术语，编者也将其整理并安排在附录专业术语的末尾部分。

第三，为了对我国的冷链物流有一个更加宏观、权威的把握，本书联合《中国冷链周刊》对冷链相关专家进行了采访，并将访谈内容进行整理，穿插在各章的相应位置。其中采访的专家有高校的教授、企业的高层管理人员和高级技术人员，他们有：英格索兰安防技术部亚太区总裁余锋先生、英格索兰冷链学院副院长刘芳博士、国家农产品现代物流工程技术研究中心副主任王国利先生、上海海洋大学食品学院副院长谢晶教授、拜尔材料科技集团聚氨脂部亚太区新市场市场总监张杰博士、中集车辆（山东）有限公司副总经理李道彭先生、中外运上海冷链物流有限公司董事总经理祁艳女士、众品生鲜物流总经理董志刚先生等，在此对这些专家表示诚挚的谢意！

第四，为了使理论和实践相结合，本书增加了大量的案例，包括穿插在各个章节内部的小案例和书末案例篇中的大案例，其中大案例包含英格索兰冷链研究院于 2010 年相继开展的两个冷链物流实验项目和英格索兰在美国开展的冷链试验研究，为读者了解现实中的冷链物流提供了不可多得的素材。

第五，为了使书中的数据更加接近当下，本书对书中的数据做了大量更新，包括各个章节的开篇语更新以及各个章节中的数据更新。

最后，为了使本书更加适合高校学生的使用，编者在对各章进行深入总结的基础上，在各章末尾及大案例部分增加了思考题，希望能为读者对各章需要掌握的重要知识点起到指导作用。

值得注意的是，冷链作为物流、食品和制冷三大学科的交叉学科，其体系非常复杂，涉及的对象也十分广泛，很难在一本书中将所有冷链对象的各个环节进行详细阐述。而果蔬作为冷链的对象之一，涉及的相关操作流程较为复杂，具有很好的代表性。因此，本书在涉及冷链流程的章节主要针对果蔬来进行阐述；同时为了尽可能全地包括所有的冷链对象，本书在章节中的小案例以及案例篇也增加了肉类、豆制品、速冻食品、花卉等的冷链知识。

本书在余锋先生的指导下，由英格索兰冷链学院副院长刘芳博士、Sherri D. Clark 博士、周水洪博士和欧阳军博士主编，沈静元、朱思晔、赵佑立、李本立等参与编写。在编写过程中参阅引用了大量的专著和相关资料，再次谨向这些专家、学者表示衷心的感谢。同时，英格索兰冷链学院的相关工作人员郜丽芹、周子京、徐振中等人也协助参与了大量的资料收集和整理工作，并提出了许多宝贵意见和建议，在此一并表示衷心的感谢！

由于我国冷链行业业态和管理技术发展变化很快，编者水平有限，书中难免存在不足之处，恳请读者、专家不吝赐教。

余锋
2011 年 7 月

序 Ⅰ

　　2009 年，全国人大常委会颁布了《食品安全法》，并于同年 6 月实施，对食品生产者、食品经营者（包括食品流通和餐饮服务）等提出了更加严格的要求并强制执行；2010 年，国家发改委出台了《农产品冷链物流发展规划》，给冷链市场带来了强有力的政策支持；2011 年，国家商务部出台了《全国药品流通行业发展规划纲要（2011－2015 年）》，该领域的相关规范标准也在陆续出台，目前医药冷链物流标准已经起草完成……这一系列举措说明了国家对冷链从深度和广度的高度重视，同时也反映了老百姓对安全、健康的强烈宿求。

　　冷链是一种特殊的供应链系统，是保证食品安全、保障公众身体健康和生命安全的有效措施，是维护企业良好形象、为企业带来效益的第三利润源，在企业实践和百姓生活中有着迫切的需求。然而到目前为止，我国系统研究冷链的书籍还很少，严重制约了冷链的发展。

　　正是在这种背景下，英格索兰冷链学院联合美国、中国及欧洲的冷链专家，于 2009 年底出版了《易腐食品冷链百科全书》，以"全程冷链"的视角对食品的冷链进行了详尽阐述，受到社会各界的一致好评。为响应读者的要求和紧跟冷链理念和技术的发展，英格索兰冷链学院积极筹备再版工作。

　　《易腐品冷链百科全书》（第二版）保留了第一版的"全程冷链"视角，借鉴发达国家已经建立的"从田间到餐桌"的一体化冷链物流体系，并结合我国冷链物流发展的实际情况，更加系统和全面的阐述了各种易腐品的冷链（如食品、药品、鲜花等），包括冷链和易腐品的基础知识、全程冷链的讲解（从田间采收、预冷、低温仓储、冷藏运输到低温销售）、冷链温度追溯、质量检测等内容。该书不仅适用于高校学生，其中包含的大量提高企业运营效率、降低风险和成本的内容，还适用于企业管理人员（如项目经理、市场经理、应用工程师等）和广大操作人员，是一本不可多得的好书。

　　我相信，《易腐品冷链百科全书》（第二版）的出版，对冷链知识的普及、冷链技术的推广、冷链管理的完善和我国冷链的发展，会起到举足轻重的作用！

赵希涌

国务院发展研究中心研究员

序 Ⅱ

民以食为天,食以鲜为先。如何确保人们食用到新鲜的食品,保鲜技术是关键。食品保鲜,特别是对于食品中容易腐烂变质食品(易腐食品)的保鲜,是相关工作者研究的重要课题。其中,采用适宜的温度保存食品是人民常用的办法,那么,如何保证易腐食品在一种持续适宜的温度下保存,这就需要一种称之为冷藏链的技术,该技术能够确保易腐食品在人们食用前保持其色香味及营养成分接近其刚刚收获时的状态。

目前,易腐食品是否均能在理想的环境下加工、储存、运输呢?据国际制冷学会 2007 年统计,全球需要冷藏链流通的农产品和食品的数量是 180 亿吨,而事实上仅有 40 亿吨能够在适宜的温度下流通。

随着我国人民物质文化生活水平的不断提高,食品安全意识的不断加强,大家逐步认识到冷藏链技术的重要性。我们国家正在不断完善冷藏链相关技术的国家标准和行业标准,如《易腐食品控温运输技术要求》等。这对规范冷藏链行业行为,促进冷藏链技术水平的提高起到了积极的作用。

《易腐食品冷链百科全书》全面介绍易腐食品冷藏链中各环节的相关技术,包括预冷、冷冻加工、冷藏运输、低温仓储、冷藏配送和冷藏销售等,并对冷藏链全程的温度监控与追踪、有效性评估和其中的瓶颈问题提供了解决方案。该书从操作、过程控制和设备三个角度阐述影响冷藏链的多种因素,将冷藏链知识、解决方案、实践案例相结合。内容还涉及如何提高冷藏链经营的效益、降低运营的成本,确保人员安全、食品安全,以及冷藏链运营节能环保等,对普及冷藏链知识、为冷藏链运营商等提供相应的技术手段具有很好的参考价值。

我衷心地希望,《易腐食品冷链百科全书》的出版,对冷藏链技术的普及推广,促进人们物质文化生活水平的不断提高,发挥重要的作用。

上海海洋大学食品学院副院长　　　　　教授

中国制冷学会副秘书长　　教授级高工　　　先生

目　录

Contents

第一章 易腐品冷链概况

2009年《物流业调整和振兴规划》的颁布与《食品安全法》的正式实施既对冷冻食品、冷链产业的发展提出了更高的要求,也为产业发展提供了强大的政策支持和前所未有的发展机遇。企业如何在政策中寻求商机、政企联手攻破技术壁垒、了解国外速冻产业最新品种和国内外行业发展前景和趋势、做好全程冷链物流实现生产厂商与卖场的无缝对接、做好产品和营销的创新与差异化,这些都是行业亟需解决和热切关注的话题。

——中国物流与采购联合会

专业术语:

物流(Logistics)　　　　　　　　供应链(Supply Chain)
冷链(Cold Chain)　　　　　　　　冷链管理(Cold Chain Management)
易腐品(Perishable Products)　　　易腐食品(Perishable Foods)

说明:专业术语的详细解释见附录一;正文中未提及但亦十分重要的术语附在附录一末尾供读者查阅。下同。

1.1　引言

随着《食品安全法》的颁布和实施,以及中国冷链物流相关标准的即将出台,"冷链"这个被食品安全专家呼唤了很久,但被中国人忽视了很久的行业终于热起来了。澎湃的热情背后,我们看到的是社会、行业、消费者对冷链知识的缺乏,不恰当的管理和不规范的操作甚至会产生更多的浪费,很多认知的误区和低效率的管理制约了冷链健康、良性的发展。本书即是在这个大背景下应运而生的。

1.2　冷链的涵义

1.2.1　冷链的定义

"冷链"这个概念是随易腐品行业的发展而产生的。随着人们对食品尤其是对生鲜、易腐品质量要求的不断提高,学术界对冷链的研究也越来越多,学者们对冷链提出了各自不同的定义。欧洲、美国和日本的冷链发展较为完善,他们各自从不同的角度提出了冷链定义。

1.2.1.1　各国对冷链的不同定义

美国食品药物管理局(FDA)将冷链定义为"贯穿农田到餐桌的连续过程中维持适宜的

温度,以抑制细菌的生长"。

欧盟将冷链定义为"从原材料的供应,经过生产、加工或屠宰,直到最终消费为止的一系列有温度控制的过程"。冷链是用来描述冷藏和冷冻食品的生产、配送、贮存和零售这一系列相互关联的操作的术语。

日本明镜国大辞典将冷链定义为"通过采用冷冻、冷藏、低温贮存等方法,使鲜活食品、原料保持新鲜状态,由生产者流通至消费者的系统"。日本大辞典将冷链描述为"低温流通体系"。

我国于 2006 年出台的国家标准《物流术语》(GB/T 18354-2006)将冷链定义为"根据物品特性,为保持其品质而采用的从生产到消费的过程中始终处于低温状态的物流网络"。该标准也对物流网络作了明确的定义,即"物流网络是物流过程中相互关联的组织、设施和信息的集合"。此外,我国对"冷藏链"还有专门的定义,在国家标准《制冷术语》(GB/T 18157-2001)中,将冷藏链定义为:易腐品从生产到消费的各个环节中,连续不断采用冷藏的方法来保存食品的一个系统。

不同冷链定义的提出背景和内涵的差异对冷链发展产生了不同的推动作用。

在美国,物流的发展处于世界领先地位,物流的发展模式对世界其它国家和地区有很大影响。其冷链定义中体现了供应链的思想,促进了供应链全球化的发展。而在欧洲,定义中强调的是冷链的操作,它促进了冷链运作在各国间的有效衔接,推动了欧洲冷链标准化的进程和对接口的管理。日本的冷链定义则强调技术,推动了日本对冷链技术的研发,促成了日本冷链技术在世界的领先地位。到目前为止,日本的冷链体系发展得非常完善,普遍采用包括采后预冷、包装、贮存、运输、物流信息等规范配套的流通体系。

欧美发达国家及日本由于较早重视冷链建设和管理问题,现在已形成了完整的冷链体系。美国在上世纪 60 年代就已经普及冷链技术,日本自 20 世纪 60 年代开始研究冷链流通技术,80 年代完成了全国范围现代化冷链系统的建设。他们在运输过程中全部使用冷藏车或者冷藏箱,并配以先进的信息技术,采用铁路、公路、水路、多式联运等多种运输方式,建立了包括生产、加工、贮存、运输、销售等在内的新鲜物品的冷冻冷藏链,使新鲜物品的冷冻、冷藏运输率及运输质量完好率得到极大的提高。美国的水果、蔬菜等农产品在采收、运输、贮存等环节的损耗率仅有 2%～3%,已形成一种成熟的模式。日本果蔬在流通过程中有 98% 要采用冷链。

1.2.1.2　本书对冷链的定义

1958 年,美国的阿萨德等人提出冷冻食品品质保证取决于食品的冷冻时间(Time)、温度(Temperature)、耐藏性(Tolerance)的容许限度,即 3T 概念;接着美国的左尔补充提出冷冻食品品质还取决于产品冻前质量(Produce)、加工方式(Processing)、包装(Package)等因素,即 3P 理论;后来有人提出冷却保鲜(Cool)、清洁(Clean)、小心(Care)的 3C 原则,冷藏保鲜链中的设备数量(Quantity)、质量(Quality)、冷却速度(Quick)需达到一定的要求的 3Q 要求,冷藏保鲜的工具和手段(Means)、方法(Methods)以及管理措施(Management)需达到一定的要求的 3M 条件。这些理论成为低温食品加工流通与冷链设施遵循的理论技术依据,奠定了低温食品与冷链发展和完善的坚实的理论基础。对这些理论的整理归纳发现,以上诸理论较多地关注了冷链的操作方法流程、冷链相关设备以及冷链的管理措施,而对冷链操作人员的关注不够。英格索兰公司的美国专家在过去几年的广泛调查得出结论：80％以上的冷链中发现的事故和出现的问题都是人为的、可以避免的。

因此，本书将冷链定义为易腐品从采收、屠宰或捕捞开始至消费者消费前的整个过程中，通过一系列相互关联的处理流程，进行的对易腐品温度的无缝优化控制管理。冷链是三位一体的，三位即设备、人员和流程，一体即通过对三者的管理而形成的冷链系统，如图1-1所示。由此，也可以看出"管理"的重要性，它是良好的"冷链系统"形成的前提和手段。冷链最终目的是保证在供应链的各个环节始终能安全、持续地提供所要求的易腐品质量。

图1-1 三位一体的冷链系统

冷链管理缺失对一个国家的经济影响是极其巨大的。由于冷链引起的经济诉讼案屡见不鲜，尤其是在美国，经常会发生被告因为没有妥善管理冷链导致被罚款几百万美元的情况。以下是由PEB商品公司（PEB商品公司是由一批对易腐品质量属性拥有丰富经验和能力的专家组成的公司）提供的有关果蔬冷链的法庭案例，能够很好的诠释冷链管理的重要性。

小案例

"断链"的危害

来自秘鲁的新鲜葡萄一般通过船运运往美国。美国政府要求葡萄在运输时必须经过恰当的冷处理才能进入美国市场。但是，由于不恰当的冷藏仓储环节，整条冷链在运输时发生了断链，从而导致海运集装箱内出现"热点"，并引起冷处理的失效。为了通过美国农业部门强制规定的低温处理法令，进口葡萄再次在美国农业部门认证的冷库中低温仓储两个星期。在此之间，进口贸易商错过了葡萄进入市场的最好季节，并且葡萄的质量大幅下降，为此承受了巨额的损失。

实际上，每年果蔬冷链管理的恰当与否给经济带来的正面或负面影响达数十亿美元。考虑到全球庞大的生产和需求能力，对于冷链管理采取任何调整、改变或强化都将对经济带来很大影响。本书将介绍全球范围内在冷链中设备、人员、流程管理的最佳方法以帮助所有冷链相关运营商将冷链有效管理带来的经济效益最大化，同时将不当操作带来的负面影响最小化。

1.2.2 冷链的对象

很多类别的产品都需要通过冷链以达到其市场流通寿命的最大化。这些产品的种类包括：水果和蔬菜（简称果蔬）、乳制品、禽蛋类、水产品、肉类及肉类制品、油脂、速冻食品、饮品、糖果、花卉及其它装饰用品、保健品及药品等。

不同种类的易腐品对冷链的要求会大有不同，甚至同一种类不同批次的产品也会因各自的产地、目标市场以及是否经过冷冻处理等因素的不同而有不同的冷链处理要求。更重要的是，冷链中对于不同的加工环节，不同形式的温控设备和不同的处理流程，也有特别的温度控制要求。

由于冷链相关产品范围较广，而且各种产品对冷链的操作要求各异，仅由一本书来描述各种产品的冷链操作比较困难，而果蔬的冷链相对复杂且有代表性，因此，本书对冷链操作环节的讲解主要通过果蔬来阐述。

1.2.3 冷链的环节

一条优良的冷链始于高质量的产品。对于果蔬来说，其产品必须经过恰当的采收，及时从农田送出并预冷。采收后的农产品通常是贮存在冷藏库中，直到它们被空运、陆运或海运出去。在运输途中可以将货物在不同地点（包括在冷藏配送中心）卸下，然后和其它产品一起送往下游商家，如零售商店、餐饮店或批发市场等。以零售商店为例，果蔬产品会先被放置在冷库中直至需要被转移至有温控功能的展示柜中，消费者可以从展示柜中进行采购。在上述的整个流程中，每个步骤都是非常重要的，尤其是在一个节点至下一个节点的衔接处的处理控制，对于最后能否为消费者提供高质量的产品起到了至关重要的作用。图1-2即为果蔬冷链的主要环节。

果蔬冷链过程中需要注意以下几点：

(1)冷链全程的第一步是要保证果蔬在被运输前要满足或高于其销售市场和消费者的质量要求。果蔬应当依照合理的种植管理方法种植，应当没有影响食品安全的有害微生物，没有受到病理性疾病、生理失调或者虫病的影响。

(2)果蔬仓储和运输中的包装选择也是保证冷链顺利运行的重要因素之一。包装在物流过程中必须能够起到保护果蔬的作用。例如，果蔬的包装必须保证果蔬周围能得到足够流通的低温空气，以保证达到所要求的温度环境。易腐品包装必须能承受苛刻的环境条件，同时保证在传递、仓储和运输过程中不会被压碎或挤破。如果在包装内需要加入冰块，则要使用上过蜡的硬纸板盒或者塑料包装箱，以确保在潮湿环境下包装不破损。由于大部分新鲜果蔬的保存都需要较高的相对湿度，故包装设计应能够在这些情况下保证其架构的完整性。合理的包装和包装材料也可以避免水分的过分流失，降低其对果蔬的产品质量和价值的潜在影响。

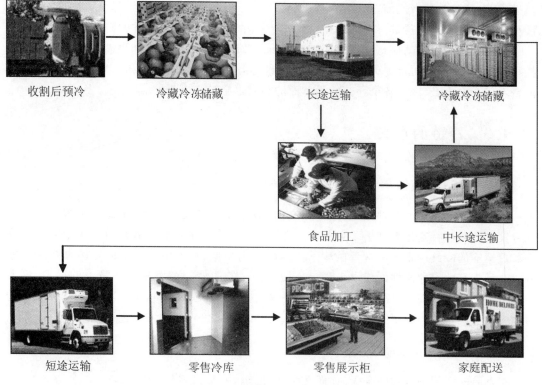

收割后预冷　　　　冷藏冷冻储藏　　　　长途运输　　　　冷藏冷冻储藏

食品加工　　　　中长途运输

短途运输　　　　零售冷库　　　　零售展示柜　　　　家庭配送

图 1-2　果蔬冷链中的主要环节

（3）果蔬必须经过恰当的预冷过程以保证其进入市场后的质量。在整条果蔬的冷链中，将产品预冷至其合适的运输和贮存温度是最重要的步骤之一。冷藏集装箱、拖车、列车、卡车等运输工具只能维持果蔬温度，并不能迅速降低其温度。如果在采收后能迅速完成预冷过程，那么消费者所期望的营养价值、香味、口感等都能被很好地保持并在之后的冷链中不易流失。相反，如果缺少了预冷步骤或预冷不够迅速，那么果蔬的货架期在被送出产地之前就已经大大缩短。

（4）如果产品需要冷冻处理，采用先进的冷冻技术则可以帮助其更长时间的保持高质量。当产品在极低的温度下被迅速冷冻并维持合适的贮存温度且包装恰当，在几个月内能保持其最佳的口感、质地、色泽和营养含量，个别情况甚至能达到几年。果蔬品质和货架期的延长能在很大程度上提高种植商的经济效益，使其能更好的掌控市场预期，同时也迎合当今消费者的消费偏好。

（5）保鲜或冷冻的果蔬产品在整个冷链流程中都需要保持理想的温度和湿度条件。根据所贮存的易腐品的不同要求，仓库中需要维持一些不同的温控区域，同时也应有合适的操作流程以确保易腐品不会暴露在不恰当或者波动过大的温度环境中。这些操作流程必须覆盖到冷链中的每个仓储点。

（6）冷藏运输的设备必须采用恰当的构造方式，设备的选择和维护必须符合周围环境条件、产品所需温度和湿度条件。为保证在装载、运输、卸载过程中易腐品都能保持在最佳温度点上，还必须采用适当的试运行、装载和操作程序。

（7）冷链的配送和零售环节中的操作规范和温度控制环节也非常重要。如果操作流程不当或者配送中心的冷库、冷藏运输工具、零售商的步入式冷库或展示柜不能维持产品的恰当温度,在到达消费者之前,易腐品在配送中心或零售商处的质量就会降低。此外,对与冷链相关的各个级别人员进行培训是提供优质产品并且获得最优化利润的必要手段。

本书中的所提供的信息对理解和打造一条高效冷链非常重要。如果能按照本书的讲解执行,那么易腐品的质量损失将被大幅降低,到达消费者的食品安全和品质将会显著提高,消费者信心会上升,冷链各个环节的运营商的利润也会随之上升。

1.3　冷链的意义

1.3.1　冷链与健康

在 2009 年,国家商务部决定开展“放心肉”服务体系建设,并于当年 8 月颁布了具体实施方案,其中包括《支持大型屠宰企业肉品冷链建设工作方案》,意味着将有越来越多的经冷链贮藏运输的冷鲜肉走入消费者的生活。与冷鲜肉相似,我国果蔬冷链的比例也在逐年递升。这种带有政府导向性的建设工程一方面是为了减少资源的浪费和经济上的损失,更重要的是满足消费者们“不仅要吃得饱,更要吃得营养,吃得健康”的宿求。那么究竟冷链通过何种方式保证食品的健康呢?本书将从食品安全、营养、美容三个方面进行阐述。

1.3.1.1　冷链与食品安全

在食品安全问题频发的今天,如何在生产、运输、贮藏、销售等各个环节保证食品的安全已经成为一个亟待解决的问题。冷链就是通过控制微生物的生长来保证食品的安全的很好的解决方案。

食品的腐烂主要是由有害微生物过渡生长所致。

微生物的繁殖力很强,而温度与微生物的生长有着密切的关系。如图 1-3 所示,当温度升高时,食品中腐败菌和病原菌的数量增多,对食品的安全性带来威胁。研究发现,当温度在-26～-10℃区间时,微生物几乎不生长,这也是很多速冻食品在此温度范围内能长期保存的原因;在-10～-3 ℃这一温度区间,微生物的生长十分缓慢,主要是食品腐败菌在生长,以肉品为例,如:大肠菌群、乳酸菌、假单胞菌、热死环丝菌等;当温度达到 3℃以上时,除了腐败菌外,一部分病原菌开始大量生长,如:肉毒杆菌、沙门氏菌、李斯特菌、金黄色葡萄球菌等。

温度是控制微生物生长的关键因素。图 1-4 中展示的是在 -2 ℃、4 ℃、10 ℃三种温度下,随贮藏时间延长,猪肉中微生物数量的增长情况。可以看到,随着贮藏时间的延长,微生物的数量呈现“compertz 曲线”的增长趋势,三种贮藏温度下,猪肉腐败

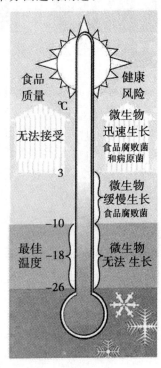

图 1-3　温度与微生物生长的关系

后的菌落总数接近,不同的仅仅是曲线的形状,也就是微生物的生长速度。在-2 ℃下,微生物的生长速度相对平缓,而在 10℃的生长速度却非常快。以第 5 天的微生物数量为例进行分析,可以发现,-2 ℃下贮藏的每克猪肉中的微生物数量为 10^3 个,而 10 ℃下为 10^7 个,为-2

℃贮藏的一万倍。研究发现,温度每升高 6 ℃,微生物的生长速度就翻一倍。所以说,低温能有效抑制微生物的生长,从而保障食品安全。

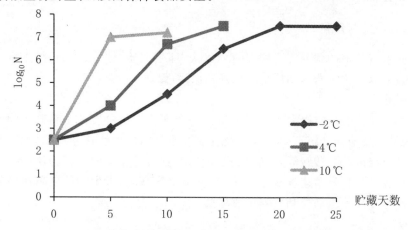

图 1-4　不同温度下猪肉中微生物的生长情况(N 表示微生物个数)

除此之外,亚硝酸盐是近年来食品安全关注的热点,摄入过量的亚硝酸盐会引起人的肠原性青紫病,同时,亚硝酸盐还会与胺类物质形成亚硝胺这种强致癌物,诱发人体肿瘤的产生。经试验证明,常温下贮藏的生菜亚硝酸盐含量很高,且增长速度快。生菜在常温下保存 7 天后的亚硝酸盐的含量高达 22.35 mg/ kg,远高于国家标准规定的食品中亚硝酸盐的限量标准 4 mg/kg,而同期低温贮藏的生菜的亚硝酸盐含量仅为 1.75 mg/kg。可以说低温贮藏极大地保障了生菜和其它含亚硝酸盐食品的食用安全。

冷藏设备的使用能够大大保证食品的安全。图 1-5 所展示的是日本的冷藏设备与食品安全所经历的变迁。1950 年,日本的冷藏设备(包括冷库、冷藏柜、冷藏运输设备等)的使用率几乎为 0,同年,国内的食物中毒死亡人数高达 332 人。而进入 20 世纪 90 年代,日本的食物中毒死亡人数已经降低到个位数,相应的冷藏设备使用率也逐年提高,在 2005 年接近 100%。可以发现,冷藏设备的使用率与食物中毒死亡人数呈现很高的相关性。

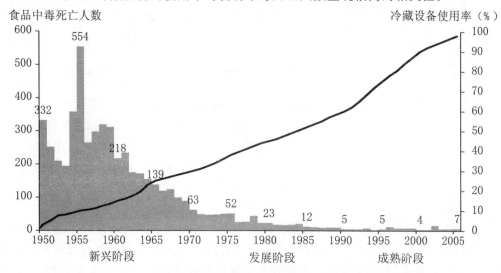

图 1-5　日本在 55 年内食品中毒死亡人数与冷藏设备使用率的关系

而我国,仅 2008 年第三季度食物中毒死亡人数就达到了 68 人,相当于日本 1960 年的水平;相应的,我国的冷藏设备使用率在10％左右,接近于当时日本的使用情况。可以预见,随着我国冷藏设备使用率的提高,食品的安全现状也将得以完善。

1.3.1.2　冷链与营养

人们通过饮食摄取的营养物质主要有六大类,即蛋白质、糖分、脂肪、维生素、矿物质和水。冷链通过对这些主要营养物质更加完好地保存,保证了食品的营养。

（1）蛋白质

微生物的大量生长可以引发蛋白质降解。一个完整的蛋白质分子在微生物的作用下,经过脱氨、脱羧等反应会分解产生一系列使食品产生臭味的低级代谢产物(如甲基吲哚,腐胺和有臭味的低级醛、酮、羧酸等),同时还会产生大量具有粘性的有害物质,导致食品的腐烂变质。微生物的生长繁殖速度受温度影响,当温度升高时,微生物的繁殖速度加快,会导致蛋白质的腐烂变质速度加快和营养价值降低。

（2）糖分

提起糖分,很多人都会想到那些在口味上带给我们甜味的物质,比如西瓜中的果糖、甜瓜中的蔗糖等等。事实上米饭中淀粉也是糖分中的一种,即多糖。蘑菇汤被誉为健康饮品的主要原因为香菇中含有的香菇多糖对人体起到抗癌、抗衰老的作用。所以糖分分为很多种,不仅包括带给食物甜味的单糖、双糖,还包括很多提供给人类能量以及具有抗癌等多种生理功能的多糖。Marita博士在美国对西兰花进行了研究,将采摘后的西兰花分别放置在0℃、10℃、20℃三种温度下贮藏,25天内西兰花中糖分含量的变化如图1-6所示。

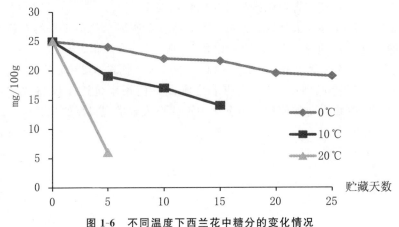

图 1-6　不同温度下西兰花中糖分的变化情况

从图中可以看到,刚采摘的西兰花,经测定其糖分含量为25 mg/100g,之后将西兰花在3种不同温度下放置,测定其糖分含量随贮藏时间的变化。结果表明当西兰花在20℃的条件下贮藏5天后,其糖分含量降低为6 mg/100g,而0℃的条件下贮藏5天后,糖分含量为24 mg/100g,所以西兰花中的糖分含量在0℃贮藏为20℃贮藏的4倍。

（3）脂肪

温度也同时影响着食品中脂肪的变化。高营养价值的不饱和脂肪酸很不稳定,极易被氧化、分解成有臭味的低级产物,而这个反应需要有酶的催化。酶的活力与温度密切相关:在最适温度的范围内,酶的活力随温度的升高呈现指数形式的增长,但在0℃下酶的活动却几乎停止。所以,低温有效的降低了酶的活力,从而降低了脂肪的氧化酸败速度,保证了食品的营养价值。

（4）维生素

维生素是人和动物为维持正常的生理功能而必须从食物中获得的一类微量有机物质，在人体生长、代谢、发育过程中发挥着重要的作用，它分为脂溶性维生素和水溶性维生素两类，前者包括维生素 A、维生素 D、维生素 E、维生素 K 等，后者有 B 族维生素和维生素 C。人和动物在缺乏维生素时不能正常生长，并容易发生特异性病变，即所谓维生素缺乏症。本书就脂溶性维生素 E、水溶性维生素 C 和 β-胡萝卜素为例，探讨温度变化对维生素含量的影响。

维生素 E 又名生育酚，在食用油、水果、蔬菜及粮食中均存在。它具有抗氧化作用，能增强皮肤毛细血管抵抗力并维持正常通透性、改善血液循环及调整生育、抗衰老作用等。高温是维生素 E 的天敌之一，在空气中，维生素 E 易于氧化而丧失活性。

维生素 C（抗坏血酸）能增强肝脏的解毒能力，提高机体免疫力，同时能促进组织中胶原蛋白抗体的形成，使胶原蛋白能够包围癌细胞，具有抗癌的作用。但维生素 C 作为一种水溶性维生素，性质是十分不稳定的，尤其对温度敏感。从图 1-7 中我们可以看到，刚采摘后，西兰花维生素 C 含量为 37 mg/100g。而经过 5 天、20 ℃贮藏条件下的西兰花中维生素 C 含量就降至 10 mg/100g，而 0 ℃中的维生素 C 含量仅略有降低为 35 mg/100g，也就是说，贮藏于 0 ℃的西兰花中维生素 C 含量为贮藏在 20 ℃的 3.5 倍。所以，低温贮藏很好的保护了西兰花中的维生素 C。

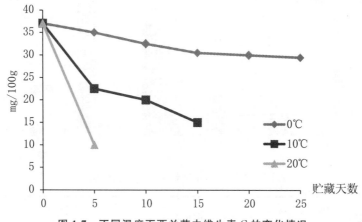

图 1-7　不同温度下西兰花中维生素 C 的变化情况

胡萝卜素是一种橙色的光合色素，这种色素使许多水果和蔬菜带有橙色，在光合作用中扮演传递能量的角色。β-胡萝卜素是人体内维生素 A 的重要来源，其抗氧化、抗衰老、抗癌的作用是十分显著的。同时，β-胡萝卜素还能起到提高人体免疫能力的功效。但这种营养素同样也具有不稳定性，在不同的温度下，其含量出现不同程度的下降，如图 1-8 所示：20 ℃下贮藏 5 天的西兰花中 β-胡萝卜素含量从 4.2 mg/100g 降低到了 1.5 mg/100g，下降了 64%。而 0 ℃下的 β-胡萝卜素含量仅下降了 4.8%，为 4 mg/100g，也就是说食用相同数量的西兰花，人体获取的 β-胡萝卜素不同，在贮藏第 5 天时 0 ℃贮藏是 20 ℃贮藏的 2.7 倍。

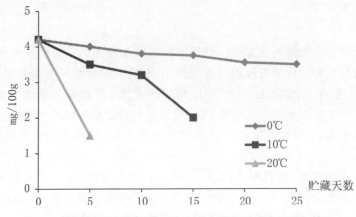

图 1-8　不同温度下西兰花中 β-胡萝卜素和叶绿素的变化情况

（5）水

低温能有效降低果蔬等易腐品的失水率。在对生菜的冷链贮藏试验中,我们可以清楚地看到,生菜在 4 ℃下保存 6 天的失水率仅为 20 ℃贮藏的 16.7％（图 1-9）,极大地避免了营养素随水份的流失。即采用 4 ℃以下的低温贮藏,可以显著降低生菜的呼吸强度和失水率,保存生菜的营养。

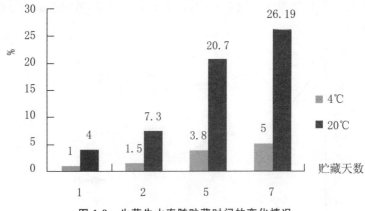

图 1-9　生菜失水率随贮藏时间的变化情况

专家访谈

豆浆与冷链

豆浆是国际公认的健康饮品。豆浆中不仅含有丰富的植物蛋白和磷脂,还含有丰富的维生素和矿物质。同时,豆浆中的大豆苷黄酮能有效调节人体内的荷尔蒙水平,减少乳腺癌、前列腺癌的发生几率,正因如此,豆浆被列为国际推荐的六大健康饮品之一。

常温下,营养丰富的豆浆每 15 分钟细菌数量就会翻一番;温度每升高 6 ℃,细菌的生长速度就翻一番。国家相关标准规定,豆浆中的菌落总数应低于 750 cfu/g;大肠菌群数量低于 40 MPN/100g;并且不得检出致病菌（沙门氏菌、金黄色葡萄球菌、志贺氏菌）。高温贮藏的豆浆极易变质,食用变质豆浆,会导致人的腹泻、消化不良甚至食物中毒。可以说,高温严重影响了豆浆的食用安全。

为了控制和防止上述问题的发生,行之有效的途径就是实现豆浆的"冷链"销售管理,即要求食品经营者建立食品"冷链"销售体系,以实现食品质量安全的有效控制。研究表明,若是将豆浆冷却杀菌,并密封保存,可以在4℃下保存7天不变质。持续稳定的低温有效地降低了微生物的生长速度,很大程度地保留了蛋白质的营养,从而延长了豆浆的食用期并保障了豆浆的食用安全和品质。冷链的不完整或是大幅度的温度波动,都会对豆制品的品质造成不可逆转的严重影响,因此,安全营养的豆制品不仅需要低温,更需要冷链。

——采访英格索兰冷链学院副院长　刘芳博士

1.3.1.3　冷链与美容

随着我国国力的不断增强,人民生活水平的不断提高,美容营养学这一新兴的学科越来越受到了国民的关注。美容营养学是通过食疗的方法维持人体的营养平衡,使人体的各项生理机能得到提高,使人体对外展现出最好的健康状态。内调外养、营养平衡是美容营养学的关键所在。

维生素 A、维生素 C、维生素 E、胶原蛋白等营养素对延缓皮肤老化有很好的作用,前文讲解了冷链对这些营养素的重要性。在平常的饮食生活中也要注意这些营养素的均衡摄入,这是美容营养学中"营养平衡"的直接体现。

1.3.2　冷链的经济效益

冷链中涉及的所有人,无论是种植商、运营商、零售商还是消费者,甚至整个城市和国家都能感受到其所带来的经济影响。这些影响中有很多是显著的、有形的并且容易量化的,然而也有一部分是不易被发现的、无形的、难以量化的。本书无法覆盖所有可能存在的经济影响,我们主要从以下六个方面展开讨论:1)降低产品损耗;2)为现代零售业发展提供保障;3)保证产品质量;4)促进反季销售;5)提升客户满意度;6)促进经济发展。

(1)降低产品损耗

降低产品损耗是冷链带来的经济影响中最明显、最容易量化的影响之一。产品在供应链的各个环节都可能产生损耗。造成损耗的原因有多种,比如:由于缺乏恰当温度控制而导致的产品腐败(这种腐败会导致易腐品安全性下降、产品物理结构损坏),从而无法到达消费者环节。冷链上发生损失的环节不同,伴随损失而产生的成本也不同。例如,在零售环节发生的产品损失,不仅包括原材料的损失,还包含了包括运输、配送、包装、零售展示以及所有环节中的人力成本。此外,随着能源价格的上涨,冷链中产品损失的代价也会不断增大。所以,这些损失累加起来非常惊人。

联合国食品和农业机构调查显示,全球每年有超过 1.13 亿吨的果蔬在从农场到消费者的过程中被损耗。将这个损耗转换成经济损失就是每年 500 亿美元的产值损失,而这个数字还未将消费者采购后发生的损耗和浪费计算在内。

冷链欠缺造成的经济损失还包括为生产所需数量的农产品占用的土地的价值和面积。如果采用合理的冷链可以将其所需土地面积降低 5%,而将省下部分的土地用于其它用途,由此创造的财富就难以估计。

（2）为现代零售业发展提供保障

中国消费者对现代零售业极其依赖，使得现代零售业以高达44％的增长率增长。这是一个非常可观的增长率，如果将现代零售业的发展速度和中国几十年来的国民收入之间建立比例关系，并据此推测，在2025年之后现代零售业将会占到几乎零售业比例的一半（图1-10）。这就出现一个问题：零售业中的食品部分——超市虽然很多，但是中国的大部分超市没有完整的冷链，把货架上的东西摆得很整齐，但是货品的质量和新鲜度却不高。调查显示，超市里包装好的水果和蔬菜的新鲜程度并不高，如果生产基地更远的话，路上花费的时间更长，水果和蔬菜的新鲜度则更低。

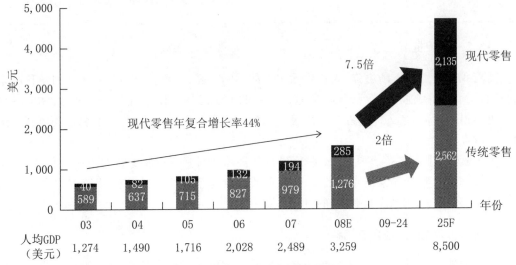

图1-10 现代零售业销售额的增长

中国的现代零售业已在市场力量的推动下飞速发展，但是现代零售业中的易腐食品没有完善的冷链技术的保障，这已成为中国现代零售业继续发展的致命性限制条件。相关从业人员应共同努力，认识到现在的冷链应该如何建设、如何操作、如何对冷链从业人员进行培训。简单来说，第一：冷链需要有技术，技术包含设备；第二：冷链要有完整的操作过程；第三冷链要对从业人员进行培训。冷链产业的大力发展将极大地促进现代零售业的发展，从而促进内需。

（3）保证产品质量

与冷链操作不当而导致的产品损耗直接相关的就是产品质量和产品价值的损失。我们可以从两个角度来对产品损耗进行分析。首先，关注产品的价值，如果一种产品开始经历的冷链采收环节是合理的，但在接下来的某些环节中操作不当，虽然该产品仍可以出售，但产品的价值会缩水。当产品质量的下降程度非常明显时，种植商、包装商、运输商、经销商和零售商都要来承担价值降低的后果，即他们的利润也随之减少。加利福尼亚大学的一项研究表明：美国南部的芒果收获季节在六月，而六月是当季最热的时候。由于经历了恰当的冷链处理，芒果到达终端消费者的品质得到保证，其价格比没有冷链覆盖的情况高了1.69倍。虽然对于不同的产品、不同的客户偏好、不同的地域冷链所产生的经济影响会有所差别，但背后的原理是相同的。

第二种分析角度关注的是按重量销售的产品。所有果蔬作物在到达消费者之前都会因水分流失等原因而导致重量损失。然而,当冷链不符合要求时,这种损失幅度的增加相当巨大。在少数情况下,果蔬产品的重量损失很少,可能从外观上还看不出来。但在更多情况下,水分流失会导致明显的萎蔫、褐茎、表皮起皱、过分萎缩等现象,这些现象都是易腐品冷链处理不当的结果,会造成产品质量和价值上更大的损失。无论是哪种情况,水分流失和浪费最终造成的都是销售方利益的损失。

相反,恰当的冷链管理能提供一系列环环相扣的正面效益,在提高客户满意度的同时提高销售收入。通过恰当的冷链处理,可以将易腐品在收获季节后很长一段时间里仍然保持在消费者可接受的状态,某些易腐品甚至可以在几年后才进行销售。

（4）促进反季销售

我国农产品开始向优势地区集中,但由于保鲜技术不过硬,产业化经营程度低,各个果蔬主产区有时会陷入产品储不进、运不出的尴尬境地。为了避免果蔬白白烂掉,农民无奈之下只能地产地销、季产季销,严重影响了产地农民增收和种植的积极性。这种尴尬格局至今没有打破。

以新疆库尔勒的香梨为例,香梨是新疆的名、优、特产品,皮薄肉细、香脆可口、营养丰富,产收季节一般为每年的9月至10月,常温下的可贮存时间为40～50天,由于相当缺乏冷链建设,当地果农只能以0.45元/千克的价格贱卖,即使这样,每年还有大量销不掉的香梨被埋到地里当化肥。从2000年起,国家开始扶持特产农产品,加大了对当地冷链建设的投入,到目前为止库尔勒的冷库保有总量约30万吨,主要用于对本土水果的保鲜冷藏。现在库尔勒一年四季都能供应香梨,还出口到美国、加拿大、澳大利亚等多个国家,当地香梨目前的收购价为5元/千克,相较于过去翻了10倍多。

（5）提升客户满意度

冷链经济效益中一个难以量化的方面就是不规范的冷链管理最终对客户满意度和品牌信誉的影响。客户满意度的降低更会对冷链上各个参与者的销售额产生潜在的影响。例如,客户满意度下降会导致产品供应商和服务供应商的销售额下降。这种影响的大小因行业不同、客户不同而有所差异。然而,对于一个投入了大量资本来培育并维系客户关系的企业来说,任意一种客户的损失对其业务而言都是极具破坏性的。事实上,对于客户源本来就较少的企业（如承包种植商或者为大型连锁企业提供产品服务的供应商）来说,这种影响就更是致命。

对于经营果蔬业务的企业而言,由于在他们的品牌被应用之后,还需经过很多步骤才能将所需质量的产品提供给消费者,故他们的品牌更难维系。他们的品牌信誉依赖于冷链上不同团体的共同合作。如果没有整条冷链的集体合作和规范操作,品牌持有者将会承受很大的并且不可挽回的损失。

（6）促进经济发展

在处于发展中的新兴市场中,丰富的果蔬产品可以为整个国家创造极大的财富。智利就是一个很好的例子,该国利用其作物自然生长能力和其它地域农产品的季节互补的特点,创造了对农产品大量内需和出口需求,从而为国家创造了大量的财富。智利意识到,有效的冷链管理是保证其农产品全球市场竞争力的关键,于是加大了对冷链基础设施的建设和维护,从而创造了很多岗位和技能的需求,为国内就业率问题做出了巨大贡献。这些基础设施后来被用来将产品运出国外,同时也为产品在国内流通提供设施保障。这样就建成了一条良性的经济循环,果蔬产品的出口产生了大量的财富,其中一部分又被用作对国内高品质的果蔬和其它易腐品的设施投入。有很多国家拥有像智利一样好的自然优势,但却未产生这么大的经济效益。因为冷链项目的成功需要从各个行业到政府机关的通力配合。冷链项目的成功所带来的经济效益是不可估量的。

1.3.3　冷链的社会效益

冷链管理作为一项改善人们生活质量的投资建设项目能够带来经济效益,必然也会形成相当程度的社会效益。

(1)促使特色农产品走出产地

"重产前轻产后"是一种较为普遍的现象,从田间到市场缺乏完整的冷链建设,缺失保鲜这一重要环节,产品从田间走向市场的过程中出现断链,无法解决产地与销地的供求不均衡问题;农产品大量损失,影响农民增收,导致不少地方特色优势农业没有市场优势。

小案例　　　　　　　　　　印度葡萄出口

印度葡萄出口曾一度面临发展瓶颈。一方面印度的农民种植出优质的葡萄;另一方面印度葡萄在国际市场占有率很低,与国际市场的强烈需求相矛盾。而印度先前尝试向英国出口葡萄也遭遇失败。国际市场缺乏对于印度葡萄的品牌认可度是造成该现象的主要原因。

印度政府开始反思这一问题。品牌认可度低只是表面现象,缺乏有效的出口营销战略,未能真正保证全程冷链中的质量控制才是本质原因。通过调查,他们发现了葡萄出口过程中的诸多问题:缺乏对采后处理技术的重视和掌握;未经 SO_2 熏蒸处理;没有对葡萄强制预冷;缺乏对陆地运输的温度管理;国际市场缺乏质量标准。

图a　印度葡萄

针对这些问题,印度政府制定出了一系列完善的解决方案。首先,战略目标从国际化角度出发,与运输服务提供商达成合作。针对葡萄的包装、标准化、处理方式等制定相关出口质量标准。在全国范围内开展冷链知识培训。实施内陆冷藏运输和预冷。强化包装,包括纸板、SO_2 发生器等。

通过一系列改进方案的实施,印度的葡萄出口冷藏运输得到了大力的发展,从而保证了出口葡萄的高品质和国际市场对印度葡萄的品牌认可度。在政府政策和贸易刺激的双重推动下,印度葡萄出口量剧增,占领了欧洲和阿拉伯湾新的国际市场,年利润额超过 15 亿美元。

（2）提供大量就业机会

据我国发改委统计,截止到 2007 年底,农产品深加工专项工程实施五年来,发改委先后批准了 252 个项目,总投资 460 亿元。这些项目全部投产后,可实现年销售收入 540 亿元,利税 120 亿元,转化农产品 1600 万吨,带动 600 万户农民增收,可解决直接就业 28 万人。

（3）保障城镇化的进程

中国国民经济在过去 30 年,平均每年增长 7.8%,累计增长 15 倍(扣除通货膨胀影响)。中国今天的国力、中国人民今天的生活与 30 年前大不一样。在今天世界有很多经济学家在研究中国经济奇迹背后的原因,图 1-11 可阐述中国经济发展的原动力——城镇化的发展。1978 年城镇人口占全国总人口的 18%,到 2007 年这个比例达到了 45%。麦肯锡咨询公司花了 11 年时间对中国 15 个省市进行了深入调查,在 2007 年底得出结论:到 2025 年,中国的城镇人口将达到 926,000,000,也就是说将会有 3 亿多人口继续实现城镇化,中国在过去 30 年里启动的人口城镇化趋势还将继续。

如图 1-12 所示,城镇人口和农村人口的食品结构,即易腐食品消耗占总的食物消耗的百分比,有很大的差异。在农村该比例为 42%,而在城镇的比例为 73%,该比例还会随着人均收入的增长而继续变化。

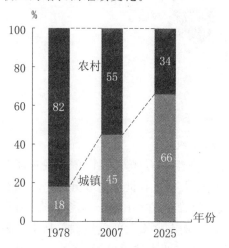

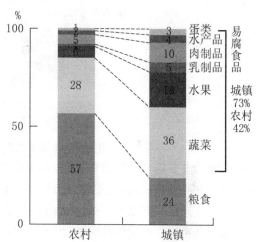

图 1-11　城镇人口占比变化(1978 年-2025 年)　　**图 1-12　城镇、农村居民食品消费结构**

就 2007 年的统计数据而言,城镇人口进一步增加 3 亿多,易腐食品的生产基地(特别是蔬菜、水果的生产基地)因城市的扩张而远离城市中心(在上海这种情况尤其突出)。随着农业生产基地数量的增加和与城市中心距离的增加,农产品物流受到了很大影响,对冷链的需求会加倍增加。可以说,冷链为农产品物流乃至城市化进程提供了强有力的保障。

（4）缓解土地资源压力

土地是人类生存和经济发展的重要基础,是安邦立国的基本依托。我国人口众多、人均资源相对不足,后备资源十分稀缺,人多地少的矛盾突出。我国以不到世界 10% 的耕地承载着世界 22% 的人口。更为严峻的是,我国优先的耕地资源还在减少。目前,我国耕地只有 18.27 亿亩,人均仅有 1.39 亩,还不到世界人均水平的 40%。国务院总理温家宝在政府工作报告中多次强调节约集约用地、坚守土地红线。这条红线是:全国耕地不少于 18 亿亩。

缓解耕地资源压力的方法主要有两个:其一,加强土地管理制度,限制过量耕地被用于建筑用地或工业用地；其二，提高耕地利用率，提升单产量。可是我国农产品冷链物流中损耗严重。有学者对中国 49 个农业生态区的水田、望天田、水浇地、旱地和菜地做了研究与统计，发现全国耕地的粮食平均单产能力为 11349.21 千克/公顷。那么我们每年因为仓储条件、运输条件、包装方式等因素在生产、加工、流通和消费过程中造成的粮食损耗有多少呢？我国每年大约损失浪费粮食 6192 万吨、水果 2195.7 万吨、蔬菜 25362.9 万吨。这样倒推回去算，相当于约 2900 万公顷耕地的产量。

另外，在今后这十几年当中，由于中国人口城镇化的大趋势，又一个重要的变化是耕地的使用分配情况。根据 1990 年的中国耕地面积分布的历史数据，总耕地面积的 8% 是用在生产水果和蔬菜，而到 2007 年这个百分比从 8% 增长到 18%，也就是说已经增长了 10%。那么按照现在的速度预测，到 2025 年，这个比例变成 28%（图 1-13）。

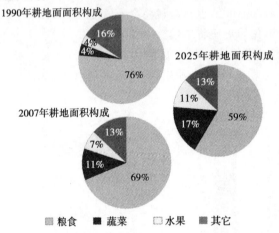

1990年耕地面面积构成
2025年耕地面积构成
2007年耕地面积构成

粮食　蔬菜　水果　其它

图 1-13　全国耕地农作物种植面积构成

据中国的农业信息网发布的信息，和美国的粮食农业组织的官方统计，中国现在蔬菜的产出达到全世界的一半，这是很惊人的数字，但是中国的人口只有世界的五分之一。那么为什么我们要生产这么多蔬菜？一个原因就是中国人对蔬菜的消费比外国人多一点，但是这并不能完全解释为什么中国蔬菜的产量和中国人口的比例有这么大的差别。英格索兰公司在其它发展中国家开展冷链项目对当地的易腐食品损耗率调查结果显示：在这个发展中国家没有实现冷链以前，易腐食品损耗率可以达到 30%，通过冷链建设可以把这个损耗率降到 5%。由此，如果按照 07 年的数据，可以节省一亿亩土地，那就意味着我们还可以用这一亿亩耕地生产粮食，养活一亿五千万人一年。而且，这个数字到 2025 年还绝对不止一亿亩，因为我们耕地总面积当中用于水果和蔬菜等易腐食品的从 8% 又增长到 28%。

所以，本书认为，冷链的建设对促进中国宏观经济的发展、克服中国自然资源缺乏具有战略性意义。

1.4　冷链相关法律法规

每个国家都会对全球供应链中的产品安全、检疫安全和公平贸易等方面制定相应的法律法规。本章节中不可能详细讨论每个法律细节，下面提供互联网上一些与冷链和运输有关的法律法规供参考，以便读者根据具体需求深入了解。

1.4.1　全球易腐品安全法律法规

全球一些知名的组织(如联邦国际贸易协会http://www.fita.org/ioma/ce.html、食品法典委员会等)提供了大量关于易腐品相关法律和标准的信息,比如:

(1)**食品法典**

食品法典委员会提供了食品法典的具体内容,由联合国粮农组织和世界卫生组织联合执行。其目的是通过制定可被政府接受的食品相关国际标准(如食品法典标准)和其它标准,从而达到保护消费者健康并促进食品贸易的目的。

(世界卫生组织食品标准:http://www.who.int/foodsafety/codex/en/)

(2)**国际易腐品运输和运输特种设备协定(ATP)**

本协定对所有在欧洲销售的冷藏设备做了规范。它在欧洲是强制执行的,在美国是自愿执行的。(ATP:http://www.unece.org/trans/main/wp11/atp.html)

(3)**国家水产养殖立法**

该法令的信息由联合国粮农组织全球渔业信息系统提供。(国家水产养殖立法:http://www.fao.org/fi/website/FIRetrieveAction.do?dom=topic&fid=16000)

1.4.2　发达国家食品安全法律法规

(1)**联邦食品、药品及化妆品管理法案**

一项关于建立食品安全相关管理机构,并对该机构的职责及如何规范和保障国家食品供应安全等具体问题进行了规定的法案。

(http://www.fda.gov/opacom/laws/fdcact/fdctoc.htm)

(2)**2005 年食品法规**

这是美国卫生与公众服务部在食品安全领域的一项典型法规,其目的为保护公众健康,确保消费者得到与描述相符、未被污染的产品。它覆盖了各食品监管部门,如食品及药物管理局(FDA)、美国农业部(USDA)、美国商业部(USDC)和国家海洋渔业局等管辖下的所有产品种类。美国大部分州的食品安全法规都是由此项法规补充修订得到。法规相当简洁,且对相关的联邦法规有详细说明,是美国国内食品规范的较好概览。

(http://www.cfsan.fda.gov/~dms/fc05-toc.html)

(3)**2005 年卫生食品运输法**

该法作为《安全、可靠、灵活及有效率运输平衡法(SAFETEA)》的一部分,于 2005 年 8 月 10 日由总统 George W. Bush 签署。这项立法法规促进了 FDA 和美国交通运输部的合作,以预防由于运输过程中接触盛放对人体摄食安全有害或未净化的容器而引起的食品或饲料的污染。美国卫生与公众服务部将负责制定能够引起食品或饲料污染的物质清单。FDA 和交通运输部也将会就运输车辆的检查和监管方面出台一些规定和指导方案。

(http://www.fhwa.dot.gov/safetealu/)

(4)**FDA 关于食品、药物和生物制剂的规定**

食品及药物监督管理局(FDA)对于所有关于食品、药物、生物制剂的规定及细节补充可在其反恐怖袭击网页上找到。(http://www.fda.gov/oc/bioterrorism/bioact.html)

(5)**美国农业部处理手册**

该手册对进口货物化学或非化学处理方式、设备和仪器进行了详细说明。水果在获得进口授权后,应进行低温处理或与熏蒸处理一起进行。如果只进行低温处理,冷处理可在抵达授权港口后进行,来自指定国家的产品也可在运输途中在特别认证的船只或容器中进行。对运输途中的处理,美国农业部必须对原产地进行实际调研并对原产地的官员解释"装载、检测和认证程序"。对航程时间小于所需处理时间的国家,冷处理必须在运输开始前进行,以保证到达港口时处理过程已经结束。

此外,手册还对不同种类的水果所需的处理时间和温度进行了详细规定。

(http://www.aphis.usda.gov/ppq/manuals/port/Treatment_Champers.htm)

(6)欧盟食品管理局(EFSA)

该条例根据欧洲议会和 N0178/2002 号理事会条例建立,于 2002 年 1 月 28 日正式启用。此项理事会条例规定了食品法规的基本原则和要求,同时还规定欧盟食品管理局为食品和饲料安全领域的一个独立的建议、信息和风险交流的科学机构。食品管理局进一步的努力将是建立一套完整的网络以加强与欧盟成员国内类似机构的合作。条例中规定,风险评估的职责应与风险管理明确分离。欧盟食品管理局负责食品安全方面的潜在风险的建议,对于风险管理应由欧盟机构(欧洲委员会、欧洲议会和理事会、欧盟成员国)进行。欧盟机构在听取食品管理局及其它机构的意见后,进行提案和立法操作,并对控制措施的执行时间和执行地点进行决策。(EFSA:http://www.efsa.europa.eu/en/science.html)

1.4.3 中国食品安全法律法规

1.4.3.1 中国的食品安全管理体制

改革开放以来,特别是我国逐步建立起社会主义市场经济体制以来,随着我国政府管理职能的不断健全,作为政府管理的重要方面,食品安全的公共管理体制已初步建立起来,形成了以《食品安全法》等食品安全法规和标准体系为依据,各职能部门(包括农业、环保、卫生、质量监督、工商等部门)实施条块管理、各司其职的管理体系。具体包括:

(1)农业行政主管部门(农业部) 负责食用农产品生产环节农药、饲料添加剂和肥料等使用的监督管理及农业技术的推广应用;

(2)经贸行政主管部门(经贸委) 负责食品加工、农产品流通领域的行业管理、生猪屠宰加工的行业管理和安全监管,推行连锁经营、物流配送等现代营销方式;

(3)质量技术监督部门(国家质监局) 负责食用农产品国家和行业标准的组织实施,地方标准的制定和监督实施,果蔬农产品农药残留、有害物质的检测及监测认评中心的组建、管理和食用农产品质量的监督管理;

(4)卫生部门(卫生部) 负责食品打假专项斗争的组织协调工作,负责食用农产品生物及化学指标的检测及监督管理;

(5)工商行政管理部门(工商局) 负责食品经营者的市场准入,食用农产品经营行为的监督管理;

(6)环保部门(环保局) 负责生产区域环境状况的指导和监督。

1.4.3.2 中国食品安全法律法规

(1)《农产品冷链物流发展规划》

2010 年 6 月,国家发展改革委员会根据《物流业调整和振兴规划》(国发〔2009〕8 号),

为我国农产品冷链物流的发展,组织编制了《农产品冷链物流发展规划》(以下简称《规划》)。《规划》在分析我国当前农产品冷链物流发展现状和问题的基础上,提出了到2015年我国农产品冷链物流发展的目标、主要任务、重点工程及保障措施。

《规划》指出,加快发展农产品冷链物流,对于促进农民持续增收和保障消费安全具有十分重要的意义。各地区要结合本地的实际情况,按照全国贯彻落实科学发展观、推进社会主义新农村建设和构建和谐社会的要求,紧紧围绕构建农业增产增效和农民持续增收的长效机制,适应城乡居民生活水平提高和保障居民食品安全的需要,以市场为导向,以企业为主体,初步建立冷链物流技术体系,制订推广冷链物流规范和标准,加快冷链物流基础设施建设,培育一批冷链物流企业,形成设施先进、管理规范、网络健全、全程可控的一体化冷链物流服务体系,以降低农产品产后损失和流通成本,促进农民增收,确保农产品品质和消费安全。

(2)《食品安全法》

2009年2月28日,第十一届全国人大常委会第七次会议审议通过《食品安全法》,并于2009年6月1日起正式施行。确保食品安全是全社会关注的焦点。而农产品物流的健康发展,不仅是实现农产品增值和促进农民增收的重要保障,而且也成为实行严格的食品质量安全追溯制度、召回制度、市场准入和退出制度的有效载体。发展现代农产品物流,可以有效保障我国农产品的质量安全。

(3)ISO22000:2005食品安全管理体系

ISO组织于2005年正式发布的国际标准规定食品安全管理体系,与ISO9001:2000标准的思路、结构基本相似,相容性较高;同时又具有食品安全控制特点,包含管理活动、资源管理、安全产品的策划和实现、食品安全管理体系的认证、确认和改进等四大过程,对安全产品的策划与实现充分体现了食品安全控制要求。ISO22000:2005标准,适用于食品供应链范围内各种类型的组织,从饲料生产者、初级生产者、食品制造者、运输和仓储经营者,直至零售分包商和餐饮经营者,以及与其关联的组织,如设备、包装材料、清洁剂、添加剂和辅料生产者。由于在食品供应链的任何阶段都可能引入食品安全危机,因此必须对整个食品供应链进行充分地控制,食品安全要通过食品供应链中所有参与方的共同努力来保证。

(4)《农产品质量安全法》

从中国农业生产的实际出发,遵循农产品质量安全管理的客观规律,针对保障农产品质量安全的主要环节和关键点,确立了相关的基本制度,主要包括:1)政府统一领导、农业主管部门依法监管、其它有关部门分工负责的农产品质量安全管理体制;2)农产品质量安全标准的强制实施制度;3)防止因农产品产地污染而危及农产品质量安全的农产品产地管理制度;4)农产品的包装和标识管理制度;5)农产品质量安全监督检查制度;6)农产品质量安全的风险分析、评估制度和农产品质量安全的信息发布制度;7)对农产品质量安全违法行为的责任追究制度。

(5)《流通领域食品安全管理办法》

《办法》重在制度建设,从市场的管理机构及人员、管理制度、现场食品制作销售的经营条件等直接关系食品安全的方面,提出了具体的管理要求。其核心内容是要求市场建立食品安全的制度保障体系、商品可追溯体系和经销商的信用档案管理体系,从而完善食品流通行业自律机制,保障食品在流通中的安全。

1.4.4 发达国家与中国食品安全法律法规比较

现阶段,我国食品安全管理体制与美国食品安全管理体制相比还存在较大的差距,? 使得食品安全整体上仍然处在较低水平。

(1)中国的食品冷链相关的标准标龄过长,缺乏科学性

我国虽然制定了一系列有关食品安全的标准,但许多标准过于陈旧,缺乏科学性和可操作性,在技术内容方面与 WTO 有关协定和 CAC 标准存在较大差距。

(2)中国的食品冷链相关标准内容大而泛,可操作性不强,不易检测

冷链相关标准措辞笼统含糊,不精确,难以测量与检测,不利于监督管理。经常会出现"适宜"、"恰当"、"尽可能"等模糊、无法量化检测的词汇,导致企业难以有效执行,管理部门监督管理有困难。在美国的相关法规和标准中,如 2005 FDA 食品法典,对易腐食品的温度和时间控制进行了非常具体、科学、可量化、可监控的规定。如易腐食品的冷却阶段、融化阶段、冷却方法、温度保持和设备使用都进行了详细可量化的规定。对于不同种类的易腐食品规定了在多少时间范围内的温度变化范围和波动幅度。

(3)相关标准法规多头管理、职能交叉重叠

目前,标准法规的管理主要以部门分块为主,基本没有形成体现全过程管理要求的综合协同机制和系统统一体制,在实际的管理上主要表现在职能交叉重叠:即部门扎堆,多头管理。如一头生猪从出生到摆上老百姓的餐桌,要经过卫生、农业、工商、质检、商业、轻工等 10 道关口,按理说这样的猪肉可以百分之百地放心吃,但事与愿违,各种名目的管理费收得不少,却没有真正为猪肉的健康安全保驾护航。近几年出现了注水肉、瘦肉精、垃圾猪等普遍性的恶性食品安全事件。

(4)我国冷链相关标准的执行监督力度不强

我国与冷链相关的标准很多是行业标准,即使是国家标准,多数为推荐性标准,造成行业对标准和法规的执行力度不强,政府监督管理也不够严格。因此很多商家都选择成本更低的违规操作,而无视食品安全和消费者健康。

美国的食品安全法规体系不仅规定了食品安全的管理问题,而且包括了公众参与和执行机制在内的综合性管理法规体系。其内容主要涉及公共参与决策机制和公平执法机制。管理机构必须遵守的程序性法令包括行政程序法令(APA)、联邦咨询委员会法令(FACA)和信息自由法令(FOIA)。APA 对制订规章的过程提出了特定的要求,管理机构依据 APA 所颁布的实质性规章具有法律的效力。

(5)食品安全标准体系方面,存在诸多空白

我国食品安全管理体系缺乏食品安全的系统监测与评价背景资料,主要表现在我国食品中的许多污染情况"家底不清"。食品中农药和兽药残留以及生物毒素等的污染状况尚缺乏系统监测资料,一些对健康危害大而贸易中又十分敏感的污染物,如二噁英和其类似物的污染状况及对健康的影响尚不清楚。食源性(生物性与化学性)是目前我国食品安全的主要因素,而当前缺乏食源性危害的系统监测与评价资料。在微生物造成的食源性危害方面,美国 CDC 通过主动监测网络对其进行监测和评价。另外,美国还逐渐建立起固定的监测网络和比较齐全的污染物和食品监测数据。如近 20 年来,美国保存了大量动物性食品中农药(如 DDT 等)的残留量资料。而我国在一些重要污染物(农兽药、重金属、真菌毒素等)方面

仅开展了一些零星工作,缺乏系统的监测数据。

(6)食品安全技术保障体系方面,缺乏关键检测技术与设备

我国目前缺乏一些关键技术来检测对健康危害大而国际贸易中十分敏感的污染物(如二噁英及其类似物)。如在农药残留检测方面,美国FDA的多残留检测方法可检测360多种农药。此外,美国还投入大量的人力和资金,研究食品中疯牛病朊蛋白和禽流感病毒的检测方法,而我国尚未有可提供监督检测用的实用技术和方法。

1.5　中国冷链的机遇与挑战

民以食为天,在中国,饮食是人们生活中的重要事项,而完整的冷链物流是食品安全不可或缺的重要元素。我国的冷链物流发展既有它得天独厚的优势,同时存在着不容忽视的问题,可以说是机遇与挑战并存。

专家访谈

中国冷链发展

由于社会基础薄弱,对于冷链物流的基础理论研究和教育滞后,使得政府相关管理部门对于发展冷链物流意义的认知不全面,社会大众更缺乏应有的认知,而相关产业链上游和下游企业多数也缺乏了解,因此造成了冷链物流人才缺乏的窘境。再者,陷入冷链"高"成本的误区。"断裂"的冷链最终没有实现易腐食品的保值和减少浪费,部分实行冷链的环节因为其它环节的断链没有获得相应的投资回报,这使得很多从业者都误认为冷链只有高投入,不能带来任何经济效益,这个误解使得冷链在中国发展更为困难。而且很多业者都误将"冷链"等同于"冷链设备",其实运营成本控制远重要于初期设备投资。

冷链的复杂性需要一个简单的模型来实现。冷链的关键因素在于易腐品"从农场到餐桌"的全程冷链的各个环节都要有机的联结起来。而一套端对端的冷链解决方案需要管理和维护良好的制冷设备;整个供应链内有效的流程控制;良好、安全的易腐品操作规范;经过有关培训的从业人员。

提高冷链运营效率与利润要从人员培训、过程控制和设备选择三方面入手。应通过恰当的途径,提供正确的冷链相关知识给政府、消费者、行业、高校;改善冷链相关企业运营效益;对运营流程改善、硬件设备选择与配置、管理层和操作人员培训。打造安全高效冷链要把所有的关键点巧妙相连。

——采访英格索兰安防技术部亚太区总裁　余锋先生

1.5.1　中国冷链的机遇

一份由仲量联行发布的最新物流行业报告显示:随着中国的日益国际化以及饮食习惯的改变,中国消费者越来越多地食用动物蛋白和奶制品,也越来越重视食品安全,中国对冷

链物流的需求正在快速增长。其中,冷链仓储市场的年增长幅度超过24%,成为目前增长最迅速的领域。

人们对冷冻冷藏食品的不断需求,将促进与冷链相关的食品生产加工、保温流通和终端消费的冷链物流服务的需求上升。冷链物流成为了未来食品、农产品、医药物流的必然选择。在食品生产中,如何保鲜、保质是食品生产商必须面对的问题。我国冷链的整体物流水平的提高将成为食品生产企业提高竞争力、扩大市场占有率的重要保障。

为促进我国冷链物流的发展,国家在2009年将物流产业列为国家十大振兴产业,并且冷链物流是该产业中最重要的组成部分之一。国家的政策支持为冷链物流的发展提供了机遇,国内冷链物流企业应抓住机遇,更新和增加冷藏设备,改良冷链设备的质量,消除冷链物流过程中的安全隐患,保证易腐品的质量和品质。

同时,国家还大量发展基础设施,不断建设大量的高速铁路、公路,提高国内交通运输水平和能力,这也将大幅度提高冷链物流的运输速度,提高冷链物流的效率,降低运营成本,缓解国内冷链物流运输成本高的问题。

此外,由于国外冷链物流发展较早,目前在物流设施、人员培训以及行业标准等方面都已经形成体系,我国可在借鉴国外冷链物流业成功经验的基础上,不断地改变我国冷链设备落后、操作不规范、运输成本高等问题,促进我国冷链物流业的快速和高效发展,缩小与国外冷链物流发展水平的差距。

1.5.2 中国冷链的挑战

我国冷链当前面临的主要问题是冷链物流成本较高、食品运输过程中损耗导致的安全隐患,这些问题困扰着我国冷链行业的发展。具体说来,冷链行业面临的挑战主要有以下几点:

(1)冷链设施和装备有待增加

据统计,目前我国冷库及冷藏面积约为700多万平方米,冷冻冷藏能力仅500多万吨,冷藏保温车辆约4万辆。我国商业系统果蔬贮存面积为200多万平方米,仓储能力130多万吨。全国铁路冷藏车辆约6900多辆,仅占全国铁路总运行车辆的2%。此外,由于国内冷链设施发展速度远远没有达到预期,近几年全国冷库和冷藏车平均增长速度徘徊在10%以下,现有大部分冷库因运转年限过久而存在种种隐患,根本不能满足现代冷链物流及我国冷链发展的实际需求。

(2)冷链物流标准有待规范

我国冷链物流系统大部分还在运用早期的冷冻设备,现有冷链技术在很多食品、果蔬种类上还不能完全得以应用,与国际先进水平相比差距很大。同时,我国冷链物流国家技术标准还不完备,在食品安全监控、服务质量监管上均不完善,从而无法为食品冷链物流系统提供低温保障。

(3)产业配套有待健全

我国冷链物流业整体发展长远规划不足,影响了食品冷链产业的资源整合,供应链上下游之间缺乏配套协调。在我国,仅冷库建设就存在重视肉类冷库建设,轻视果蔬冷库建设;重视城市经营性冷库建设,轻视产地加工型冷库建设;重视大中型冷库建设,轻视批发零售冷库建设等问题。这些失衡使得我国食品冷链产业还未形成独立完善的运作体系。此外,由于设备陈旧、不配套的食品冷链物流系统成本居高不下,整个物流费用占到易腐食品总成本的70%,而按照国际标准,易腐食品物流成本最高不应超过其总成本的50%。

(4)专业的冷链物流供应商有待出现

专业的冷链物流有三高:投资费用高、技术要求高、设备价值高。而中国目前的冷链物流服务主要集中在冷藏运输上,很少有物流供应商能够提供整个供应链环节的温度控制等专业性的冷链服务,这使得生产厂商缺乏对第三方物流服务质量的信任,宁可自行经营。这就造成了冷链的流程断接,行业的条块分割严重,影响了整体的物流服务效果,阻碍了冷链物流的发展。

(5)服务质量和服务水平有待提高

目前,中国冷链物流产业仍然缺乏相应的服务标准和服务企业准入标准。而门槛过低随之带来服务质量跟不上,运输风险理赔能力差等隐患和纠纷,最终导致客户满意度降低。解决这些问题,需要制定并实施国家相关技术标准,健全我国食品冷链物流行业的资质认证、诚信认证以及相关食品安全的一系列国标、行标,提升行业准入资格,逐步规范冷链物流服务市场,更有效地整合冷链物流资源,充分发挥行业组织的服务协调职能,将中国冷链物流产业进一步做大做强。

专家访谈

专业铸就品牌 冷链赢得市场

冷链的推广过程是漫长的。在上世纪60年代,许多学者提出使用冷链时,反响甚微。直到80年代,由于大量引进外资设备,中国经过消化吸收,进而对设备进行改造后,才对冷链的应用产生共鸣。从上世纪末本世纪初,随着生活水平的提高,人们对于新鲜果蔬的需求加大,对产品品质的要求也越来越高。尤其在一些经济比较发达的地区,消费者对于产品品质保证的意识越来越强烈,因此对于产品运输才有了更高的要求,这样就有效的带动了冷链的推广。因此我们要先在经济比较发达的地区进行冷链推广,而且先在经济价值比较高的易腐产品的运输上实现冷链的推广,或许可以通过这些企业去影响带动其它产品的冷链运输,以使冷链得到更广泛的应用。

冷链是一个环环相扣的环节,冷是基础,链才是灵魂,任何一个环节的失败都意味着整个冷链的失败,就会影响食品的质量与安全。所以我们要把重点放在冷链中最薄弱的环节。对于规范冷链中各环节的规范,我比较推崇使用大企业的引领模式来对每个环节做出要求,为了企业的质量保证、品牌保证,企业就要选择符合自己产品的经销商、配送商。如果可以通过这样一环一环监督下去,就可以真正做到专业铸就品牌,冷链赢得市场。

——采访上海海洋大学食品学院副院长 谢晶教授

冷链物流虽然在中国的物流市场上占有一定的比例,但我国的冷链物流市场还处于刚刚起步阶段;虽然其发展速度较快,但与国际水平仍然相差较大,我国冷链物流无论是在冷藏、冷冻还是保温运输上都存在不少问题。因此,面对现有的机遇和挑战,如何扬长避短、发

展和壮大冷链物流行业是摆在我国面前的重大课题。

1.6　总结

在整条冷链的设计、管理和维护中,对制冷系统设计和基本工作原理的理解是至关重要的。由于在冷链中的各个环节,如运输、包装、配送、零售展示中都需要将产品维持在最适宜的温度,故制冷设备是冷链建设的重中之重。但是,物理设备也仅仅是一条成功的冷链的一部分。如果要获得由产品寿命延长、质量提高、产品破损率和腐败率降低、品牌效应提高、保险和诉讼费用降低带来的经济效益的话,除设备因素外,我们还应在人员培训、流程设计等方面进行全面提高。

农产品在收割后其质量不断降低,保质期也在不断缩短,通过合适的冷链操作我们只能降低这些变化发生的速率,而不能将其质量提高到刚收割时的状态。

了解上述知识后,应意识到冷链必须无缝地整合所有这些因素,因为冷链中产品对热量的累积暴露情况决定了其腐败的速率。如果冷链中某一环节的缺陷导致产品发生腐败或者不能进入正常销售,那么冷链中的其它环节也不能弥补或者改变其造成的破坏。

思 考 题

(1)结合各国的冷链定义,谈谈你对冷链及其各环节的理解。

(2)简述冷链的经济效益和社会效益。

(3)你认为发展我国的冷链物流需要从哪几方面着手?

第二章　水果和蔬菜

冷链物流在我国还属于新兴行业,随着现代物流的发展,近年也如雨后春笋般快速发展起来。但由于我国冷链标准的制定、执行不尽如人意,使我国的冷链物流运行受到了很大影响。据不完全统计,我国每年有超过20%的易腐品由于缺乏冷藏设备,在运输过程中造成严重浪费,仅水果、蔬菜的损失就高达750亿元。

——中国产业经济信息网

专业术语:

呼吸跃变(Respiratory Climacteric)　　跃变型水果(Climacteric Fruits)

非跃变型水果(Non-climacteric Fruits)　　相对湿度(Relative Humidity,RH)

蒸腾作用(Transpiration)　　冷害(Chilling Injury)

鲜切产品(Fresh-cuts)　　货架期(Shelf Life)

叉车(Fork Lift Truck)

2.1　引言

新鲜的果蔬在人类的饮食结构中有着举足轻重的地位。这些食品在满足了我们某些基本营养需求的同时,也使我们日常的饮食更加多样化,满足人们对食品的口味和审美的追求。此外,由于果蔬中富含丰富的维生素和矿物质,尤其是可转化为维生素 A 的 β-胡萝卜素和 B 族维生素的含量较高。而且,它们都是低卡路里和低脂肪的食品,其营养价值上的优势和重要性是显而易见的。

然而,贮存环境对蔬菜和水果营养价值的影响非常大。一般,果蔬中的维生素 C 在采收后会迅速流失,且损失的程度随着贮存时间的推移和贮存温度的升高而加剧。比如,草莓在 1 ℃的环境中,其维生素 C 的含量在 8 天内流失将近20%～30%;在 10 ℃的情况下,维生素 C 的流失约30%～50%;而在 20 ℃的环境中,4 天之内就会流失多达55%～70%的维生素 C。

鉴于此,本章对果蔬的贮藏特性进行介绍和分类,并总结了不同贮藏条件对果蔬品质的影响,旨在对果蔬的贮存方式进行科学的指导。

2.2　果蔬的呼吸作用

果蔬在采收之后,虽然离开了原来的栽培环境和母体,但它仍然是活着的有机体,还在进行一系列的生命活动。其中,呼吸作用是果蔬采后最主要的生命活动之一,也是生命存在的最明显的标志。

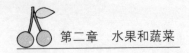

2.2.1 呼吸作用与呼吸强度

呼吸作用是植物在酶的作用下的缓慢氧化的过程，是植物的主要代谢过程。其原理是生物内的有机物，如淀粉、糖、有机酸分解后转化为简单的化合物，如二氧化碳和水。

果蔬的呼吸作用分为有氧呼吸和无氧呼吸两种。有氧呼吸是指在 O_2 的参与下进行的呼吸作用，结果是将基本营养物质氧化成 CO_2 和水，并释放大量热。而当环境中 O_2 含量不足时，就会出现无氧呼吸，它是指糖、有机酸等营养物质被分解成乙醛、乙醇等不完全氧化产物并释放 CO_2 和少量能量的过程。

由于果蔬采后呼吸作用所需要的原料，只能是果蔬本身的营养物质和水分，因此采后果蔬呼吸作用的结果是消耗其贮存的营养物质和水分，从而使果蔬品质下降。同时，呼吸作用会释放能量，且释放的大部分能量转变为热能释放到贮存环境中，这部分热能称之为呼吸热，呼吸热与果蔬贮藏方式有关。如果在贮藏中果蔬堆积过高或通风不良，呼吸热就难于放出，进而导致贮存温度升高，而温度升高又促进呼吸作用，使得释放的呼吸热更多，从而形成恶性循环。果蔬在释放呼吸热的同时，又会释放出大量的水汽，从而出现高温高湿的情况，导致病菌生长繁殖，果蔬腐烂变质。

呼吸作用的强弱可以用呼吸强度来表示。呼吸强度是指在一定的温度下每千克果蔬在一定的时间内吸入的 O_2 或呼出的 CO_2 量。呼吸强度的大小是影响果蔬耐藏力大小的主要因素。在正常情况下，呼吸作用小，消耗的营养成分就少，耐藏力就高；反之，耐藏力就低。一般地说，呼吸强度低的果蔬比呼吸强度高的果蔬更耐藏。

按呼吸强度可将果蔬分为：呼吸强度相当高（CO_2 生成速率：大于 60 $mg \cdot kg^{-1} \cdot hr^{-1}$）、呼吸强度较高（$CO_2$ 生成速率：40～60 $mg \cdot kg^{-1} \cdot hr^{-1}$）、呼吸强度中等（$CO_2$ 生成速率：20～40 $mg \cdot kg^{-1} \cdot hr^{-1}$）和呼吸强度低（$CO_2$ 生成速率：小于 20 $mg \cdot kg^{-1} \cdot hr^{-1}$）四个等级，如表 2-1 所示。因此，需要根据果蔬的不同呼吸强度采取不同的贮存方法。

表 2-1 果蔬实例（按呼吸强度分类）

呼吸强度	产品	建议温度下 CO_2 的生成速率（$mg \cdot kg^{-1} \cdot hr^{-1}$）
相当高	芦笋	60～105
	番荔枝	47～190
	百香果	39～78
较高	菊苣	45
	蘑菇	28～44
	糖荚豌豆	30～48
	甜玉米	30～51
中等	鳄梨	20～40
	豆芽	23

续表

	西兰花	20～22
	芒果	23～46
	西洋菜	16～28
	四季豆	34
低	苹果	2～11
	白菜	4～6
	樱桃(甜)	6～10
	枣	1～5
	无花果	4～8
	葡萄	2～4
	坚果	＜1
	桃	4～6
	菠萝	4～7
	柑橘	4～8
	番茄	3～16
	西瓜	6～9

2.2.2　影响果蔬呼吸作用的因素

影响呼吸作用的外界因素主要有温度、相对湿度、气体成分、电离辐射、机械损伤、病虫害、植物激素等。本书将就温度、湿度和气体成分三个因素进行讲解。

（1）温度的影响

温度是影响植物呼吸作用的最主要因素。在5～35 ℃之间，温度每上升10 ℃，呼吸强度就增大1～1.5倍。因此低温贮存可以降低果蔬的呼吸强度，减少果蔬的呼吸消耗。对呼吸高峰型的果蔬(呼吸高峰型果蔬：从生长停止到开始进入衰老之间的时期，呼吸速率的突然升高的一些果蔬，如苹果、香蕉、番茄、鳄梨、芒果等)而言，降低温度，不但可降低其呼吸强度，还可延缓其呼吸高峰的出现。但并非贮存温度越低，贮存效果就越好。每一种果蔬都有它最适宜的贮存温度，即贮存最适温度。在此温度下，最能发挥果蔬所固有的耐藏性和抗病性；低于这个温度，就可能导致冷害。如在0 ℃中苹果贮存得很好，而大多数的南方水果就不适宜此低温。

乙烯能明显促进植物呼吸、促进果蔬衰老(见2.3的详细介绍)。低温环境不仅可减少果蔬的乙烯产生量，减弱植物的呼吸作用，而且还会抑制乙烯促进果蔬衰老的生理作用。除

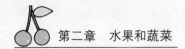

此之外,低温环境还能抑制病原菌的生长,减缓水分的蒸发,这些对保持果蔬的良好品质都是有益的。因此,应尽可能维持适宜的低温来贮存果蔬。

(2)湿度的影响

环境湿度对呼吸作用也有很大的影响。新鲜果蔬中含有大量水分,如果贮存环境的湿度过低,会使果蔬蒸发失水较多,组织内水解酶活性就加强。原来不溶于水的物质被水解成糖,为呼吸作用提供了更多的基质,故会加强果蔬的呼吸强度。但若环境湿度过高会导致果蔬的腐败率增高,故选择一个合适的湿度保存果蔬至关重要。

(3)气体成分的影响

果蔬的有氧呼吸作用需要吸收 O_2 和放出 CO_2。因此,O_2 是果蔬呼吸的必要条件,而 CO_2 是呼吸的产物,所以从一定程度上降低 O_2、增加 CO_2 的浓度会抑制果蔬的有氧呼吸,从而延缓果蔬的后热与衰老过程。如香蕉贮存于 20 ℃正常空气中的呼吸强度,比贮存于 5％浓度的 CO_2 和 3％浓度的 O_2 中高近 5 倍。

但若 O_2 浓度过小,会使果蔬必须在消耗大量的营养物质后才能产生足够的能量去维持果蔬的生命活动。另外,无氧呼吸也会产生对细胞有毒害作用的乙醛和酒精,积累过多对果蔬造成伤害,降低其品质。

除此以外,乙烯能明显的促进呼吸作用。本书将在后面做详细介绍。

一些常用气体对呼吸作用的影响:

O_2:＜1％,果实会出现无氧呼吸;

1～16％,随 O_2 浓度增加,呼吸强度增加;

16～21％,浓度的变化对呼吸强度无多大影响。

CO_2:0～10％,随 CO_2 浓度的增加,呼吸作用降低。

＞5％,能起到抑制呼吸的效果,但当 CO_2 浓度过高时,也会产生无氧呼吸。

C_2H_4:＞0.1 ppm,明显促进呼吸作用。

2.3 乙烯对果蔬成熟和衰老的影响

果蔬在进入成熟阶段以后,就会不断产生和释放乙烯,当乙烯含量达到一定水平时就会启动果蔬的成熟过程,促进果蔬成熟。应用外源乙烯可诱导果蔬产生大量的内源乙烯,从而加速果蔬的后熟过程,这就是人工催熟果蔬的理论依据。

2.3.1 乙烯对呼吸作用的影响

乙烯是由植物生成的一种天然的有机物,它可以控制植物的生长、成熟和老化,也称为"催熟激素"。不同植物在不同时期,乙烯的生成量是不同的。按照乙烯生成速率的差异可以将果蔬分为五类,如表2-2所示。

表 2-2　果蔬实例(按乙烯生成速率分类)

乙烯生成量	产品	20℃情况下的乙烯生成速率 $(\mu l \cdot kg^{-1} \cdot hr^{-1})$
相当高 $(乙烯 > 100 \mu l \cdot kg^{-1} \cdot hr^{-1})$	百香果	160～370*
	番荔枝	100～300*
	桃(成熟)	160
	油桃(成熟)	160
	李子(成熟)	200
较高 $(乙烯 = 10～100 \mu l \cdot kg^{-1} \cdot hr^{-1})$	苹果	20～150*
	鳄梨(成熟)	100
	香瓜	40～80*
	猕猴桃	50～100*
	梨	20～100*
中等 $(乙烯 = 1～10 \mu l \cdot kg^{-1} \cdot hr^{-1})$	香蕉(完熟)	10
	无花果	4～6*
	番石榴	1～20*
	番茄	4.3～4.9*
	蜜瓜	7.5～10*
	芒果	0.5～8*
	木瓜	1～15*
	杏	4～6*
低 $(乙烯 = 0.1～1 \mu l \cdot kg^{-1} \cdot hr^{-1})$	香蕉(绿色)	0.3
	黑莓	0.1～1*
	蓝莓	0.1～1*
	蔓越莓	0.1～1*
	覆盆子	0.1～1*
	黄瓜	0.1～1*
	茄子	0.1～0.7*
	油桃(成熟)	0.1
	橄榄	0.1～0.5*
	桃(成熟)	0.1
	灯笼椒	0.2
	柿子	0.1～0.5*
	菠萝	0.2
	南瓜	0.5
	西瓜	0.1～1

续表

非常低 (乙烯＜$0.1\mu l \cdot kg^{-1} \cdot hr^{-1}$)	芦笋	＜0.1
	花菜	＜0.1
	柑桔	＜0.1
	葡萄	＜0.1
	草莓	＜0.1
	绿叶蔬菜	＜0.1
	根茎类蔬菜	＜0.1

注：* 表示乙烯生成速率取决于植物的种类和成熟度。一般来说,成熟度较高的水果的乙烯生成量大于成熟度较低的水果。

　　根据果蔬成熟期的乙烯生成速率可以将其分为两类:跃变型和非跃变型(表2-3)。前者在成熟时,呼吸强度和乙烯生成率大幅度增加,而后者在成熟时,呼吸强度和乙烯生成率仍保持较低的水平。所有水果在生长过程中都会产生少量的乙烯。而在成熟期,跃变型水果比非跃变型水果产生更多的乙烯。

表2-3　跃变型果蔬和非跃变型果蔬

跃变型果蔬	非跃变型果蔬
苹果、杏、鳄梨、香蕉、苦瓜、蓝莓、香瓜、番荔枝、椰枣、榴莲、无花果、番石榴、猕猴桃、芒果、油桃、番木瓜、百香果、桃、梨、柿子、柑橘、番茄	黑莓、杨桃、腰果、樱桃、蔓越莓、黄瓜、红枣、茄子、草莓、葡萄、葡萄柚、柠檬、龙眼、枇杷、荔枝、橄榄、辣椒、菠萝、石榴、树莓、西葫芦、柑橘、西瓜

　　对跃变型果蔬来说,在果蔬呼吸跃变发生之前,尚未大量合成乙烯时,施用外源乙烯即可使呼吸高蜂提前出现,果蔬提前后熟;呼吸跃变之后施用乙烯,则没有作用。而对非跃变型果蔬来说,在果蔬收获后的任何时候,乙烯都能促使呼吸强度上升,呼吸强度上升的幅度随乙烯浓度的提高而增大,从而加快果蔬的成熟。

2.3.2　乙烯对果蔬衰老的影响

　　在果蔬成熟过程中,乙烯不能直接导致其腐烂。然而,无论是内源乙烯还是外源乙烯都能加速果蔬的后熟、衰老并降低耐藏力(表2-4),防止与乙烯直接接触,可减缓其腐烂。因为果蔬释放的乙烯以及其它排放的气体(包括机械设备例如叉车产生的尾气、香烟烟雾或其它烟雾)可能会积聚在一个封闭的贮藏间内,造成果蔬的过快成熟。这可以解释为什么不建议把乙烯生成率较高的农产品和对乙烯高度敏感的农产品进行混合贮存。表2-5列出了乙烯生成率较高的农产品和对乙烯敏感的农产品。

表2-4　乙烯对采收后果蔬的不利影响

农产品	乙烯对蔬菜伤害的表现
芦笋	口感变老
甜豆	颜色发黄
花椰菜	泛黄,菜花脱落,口味变差

续表

卷心菜	泛黄,菜叶脱落
胡萝卜	口味变苦涩
花菜	泛黄,菜叶脱落
黄瓜和西葫芦	加速软化,变黄
茄子	外皮脱落,加速变质
生菜	锈斑病
马铃薯	发芽
甘薯	变色,有异味
白萝卜	韧性增加
西瓜	果肉软化变质,果皮变薄,口味变差

表2-5　乙烯生成率较高的农产品和对乙烯敏感的农产品

乙烯生成率较高的农产品	对乙烯敏感的农产品
苹果、杏、鳄梨、香蕉(完熟)、香瓜、樱桃、无花果、蜜瓜、猕猴桃(成熟)、油桃、番木瓜、西番莲、桃、梨、柿子、李子、柑橘、番茄	香蕉(未成熟)、西兰花、胡萝卜、花菜、黄瓜、茄子、猕猴桃(未成熟)、莴苣、豌豆、辣椒、西瓜、绿叶蔬菜

乙烯组　空白对照组　　　　乙烯引起的生菜锈斑病

图2-1　乙烯对花椰菜(变黄)和生菜(锈斑病)的影响

正如在2.2中所介绍的那样,果蔬在低温环境中释放乙烯的能力明显地受到抑制,外源乙烯对刺激果蔬后熟衰老的能力也很低,因此,迅速将采收后的果蔬置于低温环境中是一项行之有效的技术措施,这种措施称为预冷,本书将在第五章对预冷相关知识做详细的介绍。呼吸高峰型果蔬在贮运时,应在果蔬中乙烯浓度未达到足以启动后熟过程之前,采用适宜的低温、低 O_2 和高 CO_2 等技术措施,抑制乙烯的产生,才能有效地抑制果蔬的后熟和衰老。

另外,果蔬在受伤后,乙烯的产生和呼吸强度明显增加,从而加速了果蔬的后熟衰老。因此,在果蔬的采后处理过程中要尽量避免机械伤。

2.4　贮存条件对果蔬品质的影响

贮存条件(如温度、湿度、气体成分、电离辐射素等)会影响果蔬的呼吸作用,进而影响果

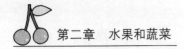

蔬的品质。本节主要介绍温度、湿度和气体成分对果蔬品质的影响。

2.4.1　温度的影响

在世界上的一些区域,尤其是热带和亚热带地区,农产品由于采收后处理技术落后(例如温度控制不当)造成的损失估计超过总产量的 50%。资料显示,适宜的温度条件可以延缓果蔬的老化和软化,减缓其质地及颜色的改变,也能减少不良的代谢变化、水分损失和微生物污染造成的损失。因此,要保持果蔬的新鲜,适当、充分的温度控制是最为重要也是最为简便的措施。

总体而言,对于大多数果蔬而言,在确保其不发生冷害的情况下,贮存环境的温度越低,货架期也越长。例如,芦笋是相当易腐的食物,一项研究结果表明,芦笋在运输过程中的温度高于适宜贮存温度越多,其品质的流失也越大。将芦笋置于模拟航空运输的环境温度中,当贮存温度在 15 ℃时,货架期比贮存温度在 0 ℃时缩短了 1.7 天;高于 15 ℃时,芦笋会在短时间内出现萎蔫的现象;在 20～25 ℃时,芦笋的货架期缩减到只有 2 天。因此,在整条供应链中,0 ℃的贮存温度可以更好地维持芦笋的品质。

图 2-2 至图 2-6 展示了高温对一些果蔬品质的影响。

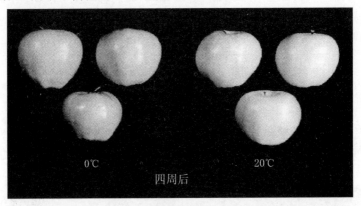

图 2-2　高温对苹果贮存的影响

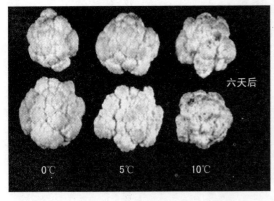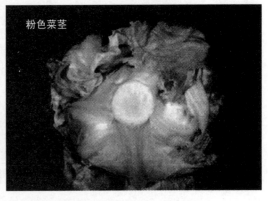

图 2-3　高温对花椰菜(菜花张开,萎蔫,褐变)和生菜(粉色菜茎)贮存的影响

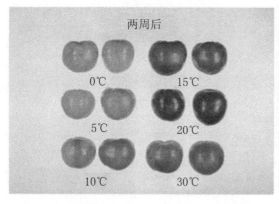

图2-4　高温对西红柿贮存的影响(加速成熟)

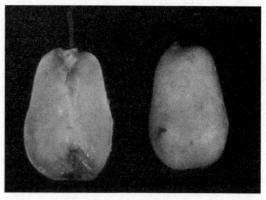

图2-5　高温对梨贮存的影响(过熟且有软烂部分)

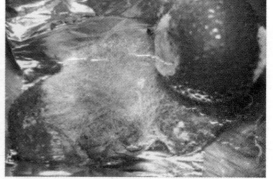

图2-6　置于0～4 ℃适宜零售环境的草莓(上左图)和置于7 ℃零售环境的草莓(上右图)

　　适宜的温度环境对于保持果蔬品质相当重要,除高温外,不适宜的低温也容易造成果蔬发生冷害。尤其对于一些产于温带、亚热带和热带地区的果蔬(表2-6),如木瓜、芒果、番茄、黄瓜、灯笼椒等,其对低温环境相当敏感,易受到冷害。这种状况常发生在温度低于10～15℃而高于冻结点的温度条件下。

　　冷害是指冰点以上的较低温度对蔬菜产品所引起的一种采后生理病害,它可对植物组织造成永久的或者不可逆转的损伤。有几个因素决定了冷害的损伤程度,如温度、暴露于低温的时间(无论是连续的还是间歇的)、农产品的老化程度(未成熟或成熟)以及农产品是否对冷藏敏感。

　　受到冷害损伤的农产品在刚离开冷藏环境时,冷害的症状往往并不明显。而将其置于非冷藏环境中后,冷害的症状开始逐渐显现,其冷害的症状表现为:表面损伤、组织水渍化、内部变色、组织损伤等。表2-6是冷害所表现的物理症状以及某些水果的最低安全贮藏温度。

　　常见的症状是果皮上有变色的腐蚀斑点,它是由表皮下的细胞受损而造成的。高度的水分流失会加剧产生腐蚀斑点。果肉组织褐变也十分常见。未成熟就被采收的水果在冷藏后,或是无法成熟,或是成熟不均,又或是成熟缓慢。而且往往会在几个小时内迅速地腐烂。另外,冷害还会使水果产生不良气味,且在口感上发生变化。图2-7、2-8和2-9显示的是低温贮存环境对一些果蔬的影响。

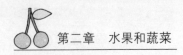

表2-6　果蔬的最低安全贮存温度及发生冷害后的症状

农产品	最低安全贮存温度(℃)	发生冷害后的症状
鳄梨	5～12	果肉褐变
芦笋	0～2	颜色暗淡,灰绿色,顶部变软
香蕉	12	褐色条纹,未能成熟
甜豆	7	褐色斑点(赤褐色污渍)
黄瓜	7	褐色斑点,块状水渍化,老化
蔓越莓	2	肉质韧化,果肉呈红色
茄子	7	表面褐变,果肉和种子发黑
番石榴	4.5	果肉损伤,腐烂
葡萄柚	10	表面褐斑,水腐病
柠檬	10	外皮褐色斑点,表皮变色,红色斑点
荔枝	3	荔枝外壳褐变
芒果	10～13	外皮有灰褐色的斑点,成熟不均
罗汉果	4～8	皮质变硬且褐变
蜜瓜	7～10	颜色暗红,有凹陷,表面腐烂,无法成熟
橄榄(新鲜)	7	内部褐变
橙	3	褐斑
番木瓜	7	褐斑,块状水渍化
辣椒	7	褐斑,黑斑病,种子呈暗黑色
菠萝	6～12	果肉呈棕色或黑色,成熟时呈暗绿色
石榴	4.5	褐斑,外部和内部褐变
马铃薯	3	表面褐斑,变色
番茄(成熟)	7～10	褐斑,水渍化,软化,腐烂
番茄(青熟)	13	成熟时颜色暗淡,黑斑病
西瓜	4.5	褐斑,口味变差

图 2-7　低温贮存环境对香蕉的影响（变色且妨碍成熟）

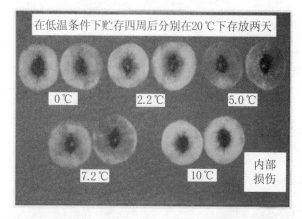

图 2-8　低温贮存环境（5～10 ℃）对桃子的影响（内部损伤）

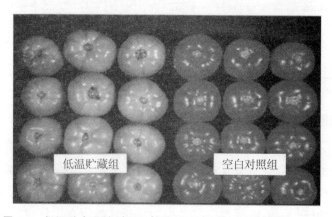

图 2-9　低温贮存环境对西红柿的影响（褐斑，成熟不均且水渍化）

　　不同果蔬最佳的贮存环境取决于其具体的特性以及对温度、相对湿度和耐乙烯方面的具体要求。然而，在批发市场、机场、零售商店中，由于设施的不完备，很难完全满足不同果蔬在运输和贮存上的需求。为了便于掌控农产品的混合贮存，兼容性图表可以来帮助管理果蔬的运输或短期贮存。美国加州大学的研究人员开发了一张兼容性图表，设立了 3 个贮存组别，非常容易使用。表 2-7 适宜于贮存或运输期限不超过 7 天的农产品，且其贮存环境中乙烯的浓度低于1 ppm。在使用这些兼容性图表时，可以根据实际情况做一些调整；在设定贮存条件时，应该权衡所有农产品的需求；需要考虑混合运输给每个农产品带来的经济效益和其它益处以及潜在的品质损失和货架期的缩短。

表2-7中，第一组是可以存放在0～2 ℃和相对湿度在90%～98%环境中的农产品。这组包含的果蔬大多数为绿叶蔬菜、温带原产地的水果和浆果。第二组是可以贮存在7～10 ℃和相对湿度在85%～95%环境中的果蔬作物，比如柑桔类、亚热带水果和部分蔬菜（如黄瓜、灯笼椒和茄子）。第三组是需要贮存在13～18 ℃和相对湿度在85%～95%的常见根类蔬菜、笋类及大部分热带水果和瓜类。

表2-7 七天时间内可兼容贮存的果蔬分类

产品	第一组 0～2 ℃ 90%～98%的相对湿度	第二组 7～10 ℃ 85%～95%的相对湿度	第三组 13～18 ℃ 85%～95%的相对湿度
蔬菜	苋菜红；八角；芦笋*；甜菜；西兰花*；花菜*；卷心菜；胡萝卜*；块根芹菜；芹菜*；甜玉米；白萝卜；莴苣菜*；茴香；大蒜；大葱；羽衣甘蓝；韭菜*；生菜；薄荷；蘑菇；芥菜*；牛蒡；芜菁甘蓝；大黄；婆罗门参；甜豆*；菠菜*；香豌豆*；青萝卜；荸荠	甜豆（涂腊）；南瓜；佛手瓜*；豇豆；黄瓜*；茄子*；豆角；甜椒；辣椒；方豆；角胡瓜；南瓜（夏季、软皮）	苦瓜；木薯；干洋葱；生姜；豆薯；马铃薯；笋瓜；甘薯*；芋头；南瓜（冬季、硬皮）；番茄
水果	苹果；杏；鳄梨；巴巴多斯樱桃；黑莓；蓝莓；波森莓；樱桃；椰子；枣；接骨木；无花果；葡萄；猕猴桃*；枇杷；荔枝；油桃；桃；梨；柿子*；梅子；李杏；石榴；李子；木瓜；树莓；木莓	鳄梨（未成熟）；杨桃；蔓越莓；榴莲；西番莲果；葡萄柚*；番石榴；金橘；柠檬*；桔子；橄榄；橙；黄瓜；菠萝；柚；番荔枝；罗望子果；柑橘；西瓜	凤梨；香蕉；番荔枝；菠萝蜜；马梅；芒果；山竹果；番木瓜；波斯甜瓜

注：*为对乙烯敏感的作物；贮存区的乙烯水平应该保持在1ppm。

2.4.2 湿度的影响

大多数果蔬中约含有80%的水分，而某些水果，如黄瓜、生菜和甜瓜含有约95%的水分，丰富的水分使果蔬的外观饱满且口感清脆。但这些果蔬在采收后，水分的流失非常快，尤其是绿叶蔬菜（如菠菜、生菜等），这导致了农产品的快速萎蔫，使蔬菜的组织硬化，不美观，最终不适宜食用（图2-10）。这种水分流失的过程被称为蒸腾作用。最大限度的降低蒸腾作用，可以有效避免农产品的萎蔫和重量的减轻。当冷藏条件为推荐温度和湿度的时候，蒸腾速度可以较好地被控制。

相对湿度（RH）是最常见的用来表示空气湿度的参数。随着温度的升高，空气的含水能力增加，即空气在10 ℃、相对湿度90%的含水量，比0 ℃、相对湿度90%的含水量多；然而，如果两间贮存室的相对湿度同为90%，10 ℃的贮存室中农产品的失水率约为0 ℃条件下的两倍。因此，在同等相对湿度的情况下，高温条件的失水率比低温时更高。

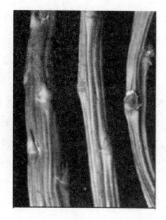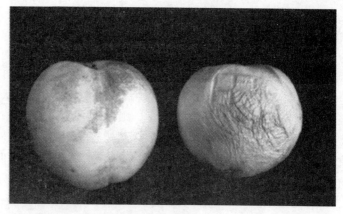

图 2-10 萎蔫芦笋和油桃水分流失的表现

和其它气体一样,水蒸气也是从高浓度区域流向低浓度区域。大多数果蔬内环境中的相对湿度可以达到99%,而外环境的相对湿度通常较低。因此,若将农产品置于相对湿度低于99%的环境中,植物组织中的水分就会蒸发。通常,贮存室内的空气越干燥,农产品的失水率也越高。虽然水分只流失了3%~6%,却对许多农产品造成品质上的损害,如部分果蔬萎蔫或干枯(表2-8)。

表 2-8 一些果蔬水分流失的最大限度

农产品	水分流失的最大限度(%)	农产品	水分流失的最大限度(%)
苹果	7.5	生菜	3~7*
芦笋	8	洋葱	10
蚕豆	6	橙	5
花豆	5	马铃薯	7
甜菜根(常规贮存)	7	豌豆荚	5
甜菜根(堆成堆,带叶子)	5	辣椒(绿色)	7
黑莓	6	韭菜	7
白菜	7~10*	大黄	5
胡萝卜(常规贮存)	8	菠菜	3
胡萝卜(堆成堆,带叶子)	4	草莓	6
花菜	7	甜玉米	7
芹菜	10	番茄	7
黄瓜	5	芜菁	5

注:* 取决于农产品的品种。

部分蔬菜当处于27℃、相对湿度81%的不利环境中时,每天的水分流失会非常高:芦笋

8.4%,食荚菜豆4.0%,切去根头的胡萝卜3.6%,芜菁甘蓝3.2%,切去根头的甜菜3.1%,黄瓜2.5%,西葫芦2.2%,西红柿0.9%,笋瓜0.3%。

影响失水率的另一个主要因素是农产品的比表面积。比表面积越大的农产品蒸发流失的水分越多。因此,在其它因素相同的情况下,生菜的一片叶子会比一个水果更快地流失水分和重量。此外,体积较小的水果、块根或块茎会比体积较大的作物因水分蒸发而使重量减轻地更快。果蔬的表面组织和内部组织的类型对失水率也有着重要的影响。许多种类的作物,例如番茄、辣椒或杨桃,外表面有一层阻碍水或水蒸汽通过的蜡质层。在采收前,这层蜡质层作为保护膜在维持组织中的含水量发挥了重要作用。但当组织受到切割、碰伤等机械损伤时,会破坏蜡质层、加速农产品的失水率。切割损伤往往比碰撞损伤更易加速水分流失,因为它完全破坏了作物表面的保护层,使果蔬内部组织直接暴露于空气中。

目前果蔬保鲜主要采取低温高湿的方法,通过减小果蔬内部与外界水蒸气压差来减少水分的蒸发。一般要求库内的相对湿度在54~64%左右。但若空气相对湿度过高,如发生库温波动,使过饱和水气在果蔬表面结成水珠,会导致微生物的繁殖而引起发病腐烂。除此之外,有些果蔬在高湿环境中果皮吸水产生浮皮现象,果品变得平淡或出现枯水病。研究表明,很多蔬菜不适合贮藏在高湿环境中,如欧洲西瓜、洋葱等,它们贮藏较适宜的相对湿度是71~74%。所以对不同的果蔬而言,将贮存环境的相对湿度调至一个适宜的范围是相当重要的。

2.4.3 气体成分的影响

果蔬后熟速度的快慢,与贮藏环境中的气体成分和浓度关系很大。

(1)氧气

氧气浓度越高呼吸作用越强,降低贮藏环境中的氧气浓度,可以延缓组织的衰老,提高果肉硬度和含酸量。另外低氧气浓度不仅抑制了具有催熟的作用的乙烯的生成,而且降低了组织对乙烯的敏感性,从而使果蔬的后熟作用下降,营养物质消耗减少。另外,果蔬经过长期低氧气处理对乙烯生成的抑制作用是一个不可逆的反应(见图2-11)。故在解除气调状态后,仍有较长时间的后效应,为延长货架期赢得了宝贵的时间。

图2-11 苹果在氧含量低于1%的环境中内部褐变

(2)二氧化碳

二氧化碳对果蔬的后熟具有多种效应,它可降低呼吸代谢速度、延缓后熟进程、减少病害发生、增加贮藏寿命。在贮藏早期立即用高二氧化碳(如10%~12%)进行短期(如8~12

天)处理,可使乙烯在大量生成之前即得到抑制,并使呼吸速率下降。但在贮藏后期,已进入衰老阶段的果蔬则对二氧化碳非常敏感,这时稍有不慎,果蔬就有可能因二氧化碳中毒而导致腐烂。

根据以上原理,在果蔬的贮藏中,常通过人为改变贮藏库的气体组成,以达到延缓果蔬的衰老(成熟和老化)及生物化学变化,从而延长蔬果保鲜的作用。这种方法就是我们常说的气调贮藏,简称CA。实验结果表明,在猕猴桃的长期贮藏中,当贮藏环境的气体成分氧气:2%～3%,二氧化碳:3%～4%,氮气:93%～95%时,与自然状态下(氧气:21%,氮气:79%)相比,猕猴桃的呼吸强度下降32%,贮藏120天之后的果肉组织崩解率下降3.2倍。由此可见,改变贮藏环境的气体成分(即气调贮藏),可以延缓果蔬的衰老进程,有利于果蔬的长期贮藏。

2.5　果蔬消费新趋势——鲜切产品

2.5.1　鲜切产品的种类

近年来,生鲜农产品市场对即食产品的需求量增加,如鲜切的水果或蔬菜。鲜切产品(Fresh-cuts)又名半加工果蔬、调理果蔬、轻加工果蔬(Minimally Processed Fruits and Vegetables)。鲜切果蔬是以新鲜果蔬为原料,经清洗、去皮、切割或切分、修整、包装等加工过程,再经过冷藏运输而进入超市冷柜销售的即食果蔬制品。它与罐装果蔬、速冻果蔬相比,具有品质新鲜、使用方便、营养卫生等特点。

鲜切产品的制作步骤包括:首先是农产品的采收、清洁、去除不可利用的部分,如去除蔬菜的外叶,茎或表皮等;然后是削切、用冷净化水清洗三次、干燥和包装。因此,鲜切的果蔬都是成品,在食用以前不需要做其它的处理。鲜切产品常见于餐馆、食堂、快餐店和零售商店(表2-9)。

表 2-9　常见的鲜切产品

鲜切水果	鲜切蔬菜
苹果(切片,切块) 香瓜(切块) 新鲜浆果 水果色拉 葡萄(去籽) 猕猴桃(切片) 芒果(切块) 番木瓜(一切二,切丁) 菠萝(切块,切片) 杨桃(切片) 西瓜(切块)	甜菜(磨碎,切块,去皮) 大白菜(切片,切丝) 卷心菜和紫甘蓝(切丝,切丁) 胡萝卜(切丁,切丝,去皮,磨碎) 芹菜(切块,切片) 蘑菇(切片) 洋葱(切块,切圈) 包装的蔬菜色拉 甜椒(切块,切片) 马铃薯(切条,切块,切片,去皮) 萝卜(切丝,切片) 凉拌卷心菜 黄瓜(切片)、大蒜(去皮)

续表

	豆薯(切条,切块)
	葱(切碎)
	南瓜(切片,切丝)
	甘薯(切片,切丝)
	番茄(切片,切块)
	西葫芦(切片,切丝)

2.5.2 鲜切产品的特点

当贮存温度被较好地设定在0℃的时候,鲜切产品的保质期大约有7到20天,这取决于具体农产品的类型。鲜切农产品不像完整无损的农产品,其更易腐烂,因为它们受到过严重的物理损伤,如剥皮、切割、切片等。因此,由于组织被损坏且缺乏表皮的保护,这些农产品极易变色。一般情况下,防护包装(如塑料袋,带有塑料薄膜的托盘或塑料杯等)可减少鲜切产品的水分流失,且保护产品不受污染。然而,农产品如果没有被合理地贮存或运输,可能会迅速地脱水和变色。

例如,"娃娃"胡萝卜在贮存时若处理不当,其颜色可能会发白,显得老化而没有吸引力(图2-12)。切削面的褐变是在处理白菜、生菜、马铃薯、苹果和桃子等时常遇到的问题。例如,贮存在5℃环境中的被切碎的生菜,可能在8天后出现褐变。这些切削面的不良变化使消费者无法接受,他们认为这是农产品不新鲜的表现。当然,人们还可以在一定程度上控制这些变化,比如用低温进行冷藏和运输;使用防护包装使氧气减少,二氧化碳增加。这两种方法将有助于降低鲜切农产品的呼吸速率并延长保质期。在抑制某些化学反应(如苹果切片的褐变)的时候,也可以使用这些方法。

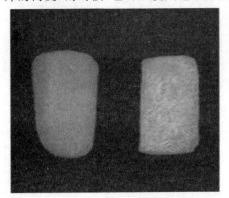 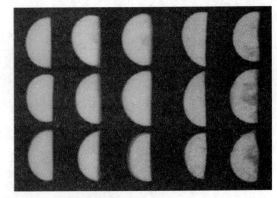

图2-12 "娃娃"胡萝卜由于失水而发白(左)以及苹果褐变的切割面(右)

鲜切产品在不恰当地运输和贮存后,外观极易变差。此外,农产品受到污染和滋生微生物的风险也是人们关心的问题。鲜切农产品滋生微生物的风险主要包括以下内容:

1)没有高温烧煮的过程来消除潜在的病原体,特别是人类的病原体;

2)鲜切农产品贮存和运输的温度常常易于某些潜在病原体的生长;

3)较长的保质期(10天至14天)取决于良好的温度控制和先进的包装工艺,却也提供给包装内已有病原体足够时间的增长;

4)气调包装(降低氧气含量,提高二氧化碳含量)可以抑制细菌的繁衍生息,但某些病原体(表 2-10)也可以在这种条件下生存和扩散;

5)鲜切农产品常常是被消费者生吃的。

表 2-10 常见病原体的聚集处与其生长环境

微生物		聚集处	生长环境
肉毒梭菌	蛋白水解型肉毒梭菌	农业土壤中;果蔬的表面上	几乎无法在温度低于 12 ℃,pH 值低于 4.6,且氯化钠浓度高于 10%的环境中存活
	非蛋白型肉毒梭菌	农业土壤中;果蔬的表面上	可以在高于 3 ℃,pH 值高于 5.9 且氯化钠浓度高于 4%的环境中生长。在此环境下,往往在肉毒梭菌毒素产生前,农产品就已发生变质
李斯特菌		水,牛奶,青贮饲料,污水以及动物(包括人类)粪便中	能够在 3%二氧化碳的气调冷藏环境中生长
嗜水气单胞菌		水和各种各样的食品中	可在冷藏环境中生长,不受环境中低浓度氧(最低达 1.5%)和高浓度二氧化碳(最高达 50%)的影响

鲜切产品在运输和零售过程中的保质期和微生物数量取决于使用的运输方式,贮存或运输时间的长短,零售商店冷藏陈列柜的温度等。快速、高效的航空运输为托运人提供一种独特的方式,使商品迅速送到最终消费者,从而最大程度地减少风险。为了符合这种贸易内在的高要求,冷藏运输应被用来保持整个销售链的温度低于 5 ℃。因为温度波动往往发生在产品离开码头、停机坪、不加控制的贮存室或零售商店等待进一步处理的时候,所以运输和装卸时间应尽量减少。

零售商店中冷藏陈列柜的温度应当始终维持在 5 ℃以下。当冷藏温度高于 5 ℃,可能会造成农产品的腐烂及微生物密度和活动的增加,从而降低了鲜切农产品的品质,缩短产品保质期。变质的鲜切蔬菜颜色发生褐变时,口味和质地会变差;水果产品在发酵变质时,会产生酸类物质、酒精和二氧化碳。在这种情况下,产品的包装可能会出现膨胀的现象,应当将其丢弃。

当有些完好的果蔬贮存在低于 10 ℃左右的环境中时,可能会遭受冷害。但是为了延长农产品的保存期限,防止鲜切农产品的腐败,应该把它们存放在 0 ℃的环境中。此外,成熟农产品的冷害症状不会表现得十分明显(鲜切用的果蔬一般是成熟的果蔬),并需要较长时间的扩散。大多数鲜切农产品是在购买后立即被消费,冷害的症状很少显现。这是因为,受到低温环境的抑制,农产品腐烂的速度低于其变质的速度。

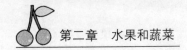
表 2-11　良好品质的鲜切果蔬与其腐烂症状的对比

鲜切农产品	良好品质	腐烂症状
花椰菜	紧凑,饱满的,深绿色,无开花	硫磺气味,茎部变色
白菜	颜色鲜亮温和,典型的白菜味	硫磺气味
胡萝卜	橙色	有白斑,表面黏糊
芹菜	茎部没有叶子	褐斑,有裂纹,端部呈白色带红
大蒜	无发芽或变色	发芽,变色
芥兰	深绿	泛黄,叶子脆化
生菜	脆嫩,饱满	褐变,颜色呈粉色,有褐斑
蘑菇	白色,紧凑	切削面褐变,起皱
辣椒	色泽鲜艳,明亮,饱满	变色,水渍化,老化,起皱
菠菜	颜色鲜绿,口感脆爽	泛黄,老化,有受损的叶子
番茄	颜色鲜红	水渍化,软化,
苹果	多汁,口感脆爽	软化,切割表面褐变
西瓜、香瓜	肉质脆爽	水渍化

2.6　总结

各种果品蔬菜的贮存方式都是利用综合措施使果品蔬菜的呼吸、后熟和衰老等过程得到延缓,同时防止微生物的侵染,从而达到长期贮存的目的。随着科学技术的发展,新的贮存技术将不断出现并成功地应用于生产之中。目前果蔬贮存的方式很多,分类的依据不同,一般分为:常温贮存、冷藏和气调贮存等。也有人以贮存条件的主要因子来划分贮存方式的类别,一类是以控制温度为主的贮存方式,另一类是以控制气体成分为主的贮存方式。

贮存条件对果蔬有着十分重要的作用。贮存条件是外因,贮存的果蔬的生理特性是内因,只有在保证内因的基础上,外因才能良好的发挥作用。

思考题

(1)乙烯对农产品贮运品质的影响有哪些?

(2)冷害的定义是什么? 冷害的常见症状有哪些?

(3)环境温、湿度的变化对果蔬的品质有哪些影响?

(4)冷冻产品的保质期取决于哪些因素?

第三章　果蔬的采收

采后商品化处理是使水果、蔬菜上档次和增加附加值的关键环节之一,果蔬的采收是商品化处理的第一步,适当的采收方法对保持果蔬品质至关重要,只有品质优良的产品经冷藏、运输才有可能保持良好的品质。

——中国消费安全网

专业术语:

成熟(Mature)　　　　　　　　　　　　　　完熟(Ripening)

后熟果(Climacteric Fruits)　　　　　　　　非后熟果(Non-climacteric Fruits)

成熟度(Degree of Ripe)

3.1　引言

果蔬冷链的第一步需要确保产品能够在采收的时候满足目标市场的标准,保证产品处于合适的状态,并进入正常的供应链流程。虽然产品的品种、各地的耕种习惯、种植和成长的环境条件以及采收前的各种因素会影响到产品采收后的品质,但是于篇幅所限,本文主要探讨采收方法及采收时成熟度对果蔬品质的影响。

本章将从果蔬学角度介绍果蔬产品成熟的概念以及大多数常见果蔬的采收成熟度,同时对采收过程中的注意事项做详细讲解:从采收时机的选择和实际操作方面介绍如何采收高质量的果蔬产品。对果蔬产品供应商和种植业运营者具有很大的参考价值。

3.2　采收方法

果蔬的采收方法主要分为人工采收和机械采收两种。用作鲜食的果品、蔬菜和用作观赏的鲜花大多数以人工采收为主,而机械采收多用于加工类的果树和蔬菜。

3.2.1　人工采收

人工采收是指用手摘、采、拔,用采果剪剪,用刀割、切,用锹、镢挖等简单方法对果蔬进行采收。它是目前世界上运用最为广泛的采收方式。

以苹果的人工采收为例:采果时,用手握住果实底部,将果实轻轻向上扭动,此时果柄基部便会与果枝分离。采摘两个以上果实时,要用手托住所有的果实,然后一个个摘下谨防掉落;采果时多用梯凳,少上树,保护好树枝和叶片,防止碰伤花芽、叶芽和枝条,更不能折断果枝;采果时先采树冠下部和外围的果实,后采树冠内膛和上部的果实;采果应在晴天进行,不

能在有雨、有雾和露水未干时采收;采果前应拾净树下落果、铲除杂草和杂物、拍平地面,以免落果被雨露淋湿发生腐烂。

人工采收效率不高,会耗费很多劳动力和劳动时间,导致了果蔬较高的成本。除此之外,由于人工采收速度慢,常常不能再短时间内完成,使许多果蔬在这段时间中由于过于成熟而脱落甚至腐烂,造成了不小的浪费。

但是人工采收也有诸多优点。首先,由于园艺产品本身的新鲜性和含水量较高、组织脆嫩、易损伤,轻柔的人工采收能最大限度的避免对其的物理伤害,减少它的损失。其次,人工采收具有灵活性,它可以根据不同产品的成熟度状态,选择最适状态,分期、分批进行采收。最后,它能使产品保持最佳的状态,如苹果带梗、黄瓜带花、草莓带萼片等。

3.2.2　机械采收

机械采收是利用机械对果蔬进行的采收。机械采收一般适合于果实成熟时易脱落或地下根茎类,以及一些用于加工的果实类。机械采收的特点是可以节省劳动力,可以自动分级、包装、提高采收率,降低生产成本。但机械采收后果实耐贮性较差,成熟度不一致的品种不适宜机械采收。机械采收是今后农业发展的方向。

虽然国外机械采收已有所应用,但进程还很慢,存在许多问题需要解决,如选果和采摘的方法、产品的收集、树叶或其它杂物的分离、装卸和运输以及保持质量等。

机械采收不需要耗费大量劳动力,较常出现于欧美的大规模现代化但劳动力稀少的农场中。2007 年,美国 40% 的蓝莓使用机械采收,玉米的比例则高于 7 成。

经过调查比较发现,同种果蔬随着栽培面积的扩大,机械采收的比例也在提高。随着经济的飞速发展,我国采收的机械化水平也在提高,2008 年烟台市就有接近 4 成的玉米实现机械采收。

3.3　果蔬成熟度的判断

3.3.1　成熟度的概念

当果蔬充分成长后,便进入成熟阶段。这里首先确定成熟和完熟两个概念。

成熟是指果实生长发育的最后阶段,在此阶段,果实充分长大、养分充分积累、完全发育达到生理成熟。对某些果实如苹果、梨、柑橘、荔枝来说,已达到可以采收阶段和可食用阶段;但对于一些果实如香蕉、菠萝、西红柿等来说,尽管已经发育到达生理成熟阶段,但不一定是食用的最佳时期。

完熟是指果实在成熟的后期,果实内发生一系列急剧的生物化学变化,果实表现出特有的颜色、风味、质地,达到最适于食用阶段。

成熟阶段一般在植物体上进行,完熟过程可以在植物体上进行也可以在植物体外即采收后进行。根据水果采收后能否继续完熟的特性,可以将其分为后熟果和非后熟果:在采收后仍然可以继续完熟的水果称为后熟果(Climacteric fruits[①]),而采收后不能继续完熟的水

---

① "Climacteric fruits"有多种译法。包括物候期水果,更年性水果,跃变性水果等。这里根据采收后继续成熟的特性翻译成"后熟果"。

果称为非后熟果。水果的这种成熟特性对水果的采收具有非常大的影响。表 3-1 中列出了一些水果的成熟特性。

表 3-1　一些常见的后熟果和非后熟果

后熟果	非后熟果
猕猴桃、番荔枝、番木瓜、柿子、苹果、榴莲、无花果、西红柿、芒果、香蕉、梨桃、杏李、子番、石榴	腰果、菠萝、阳桃、酸橙、柚子、柑橘、葡萄、樱桃、草莓、荔枝

后熟果可以根据从采收后到达消费者的时间，选择好适当的时机进行采收，使得水果能在采收后的一系列过程中变得完熟并到达消费者处。而非后熟果则需要在完熟时采收，并在采收后的过程中保持水果的品质。

3.3.2　成熟过程的变化

水果在成熟的时候会有一系列的生理变化。大体来说可以分为这几种类型：

（1）色泽的变化

色泽在果蔬成熟的过程中变化最为显著，是从外观判断成熟的主要依据之一。果蔬内的色素可分为脂溶性色素和水溶性色素两大类。脂溶性色素包括叶绿素和类胡萝卜素。叶绿素使果蔬呈绿色，类胡萝卜素呈现黄、橙、红等颜色。水溶性色素主要是花青素，可使水果呈红色或紫色。

果蔬在成熟的过程中，随着叶绿素的降解，叶绿体片层受到破坏，果蔬的绿色逐渐褪去，但果蔬叶绿体中的类胡萝卜素不会被降解，而是分为继续合成和停止合成两种演化方式。成熟时继续合成类胡萝卜素的果蔬，其颜色会随着类胡萝卜素的增加，呈现出累积的类胡萝卜素颜色。而成熟时停止合成类胡萝卜素的果蔬在绿色褪去后，原先存在的类胡萝卜素颜色便成为其优势颜色。图 3-1 为西红柿在成熟过程中的颜色变化。

1绿熟期　　2破色期　　　3转色期　　　4粉红期　　　5红色期　　6完熟红色期

图 3-1　西红柿在成熟过程中的颜色变化

果实中的花青素常呈糖苷状态，所以也称为花青素苷。在苹果、桃、李、葡萄的果皮细胞中含有花青素苷，使水果呈红色或紫色。花青素苷一般存在于液泡中，与其它酚类物质和类胡萝卜素以各种方式相互作用而共色或减色，从而呈现不同的颜色。花青素苷的形成需要光照，高温的时候易降解，从而导致水果在不同的环境中颜色不同。例如，我国南方的苹果由于环境温度较高而着色较差，苹果树冠外围果实由于光照充足而呈现红色。

（2）气味的变化

果蔬在成熟过程中，会产生挥发性物质，因此在成熟时水果会有特殊的香气产生。由于各种果蔬产生的挥发性物质并不相同，因此它们的香气也有差别。果蔬产生的挥发性成分中含多种化合物，包括酯类、醇类、酸类、醛类、酮类、酚类、杂环族、萜类等，约有 200 种以上。

成熟度对芳香物质的产生有很大的影响。例如，苹果在成熟期的芳香物质浓度增加接近 20 倍。而桃在未成熟的时候极少甚至不产生芳香物质。

由此,我们可以说,香气是果蔬成熟度的一个重要标志,例如菠萝可以用香气的完全释放来标志着完熟的开始。果蔬的这种特性,常常被个人或者小型的生产商用来作为判断采收的标志。但是由于香气难以定量测量,大型的生产商往往用另外一些指标来作为采收判断标准。

(3)味觉的变化

随着果实的不断成熟,果实的甜度增加而酸度减少。对于在生长过程中积累以淀粉为主的果实来说,在果实成熟的时候碳水化合物种类发生明显的变化。例如绿色香蕉果肉中淀粉含量为 $20\%\sim25\%$,而当果实完熟后,淀粉几乎完全被分为小分子糖,淀粉含量下降至 5% 以下。果实的可溶性糖主要是蔗糖、葡萄糖和果糖。对于以可溶性糖为主或者不积累淀粉的果实来说,在成熟过程中可溶性糖变化并不显著。这三种糖的比例在成熟过程中会发生变化,通常是蔗糖的含量比例增加。

果蔬的酸味来自于有机酸,这些有机酸主要贮存在液泡中。不同的果蔬所含有机酸的种类和比例不同,大多数果蔬以柠檬酸和苹果酸为主,而葡萄中主要有机酸为酒石酸。

由于果实成熟的时候,糖含量增加而酸含量减少,因此果实的糖含量可以作为果实成熟的标志。但是,由于糖的测定很复杂,而水果的可溶性固体的主要成分是糖,因此往往用可溶性固形物含量代替。在判断果蔬成熟度指导表中,可溶性固形物的含量和可溶性固形物和含酸量的比值(糖酸比)是两个非常重要的指标。

3.3.3 采收成熟度判断标准

产品的采收成熟度是决定果蔬产品市场生命周期的非常重要的因素,采收成熟度并不意味着产品达到生理意义上的完熟程度,而是指采收产品的最佳时期,这个最佳时期基于以下一些因素:

(1)消费者期望的食用品质

产品的采收时期大多取决于食用的口味,而不是生理成熟度。一些果蔬,如葡萄和桃子需要在完熟阶段食用;而另一些果蔬,如秋葵和甜玉米,是在没有成熟的时候上市并被食用的。当他们成熟时,秋葵会变得很硬且很难食用,而甜玉米也会变硬并失去甜味。

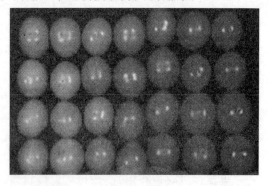

图 3-2　不同成熟度水果示意图

(2)产品到达目的地所需要的时间

产品采收成熟度的判断也必须取决于运送的目的地。当目标市场很远,产品运输需要花费很长时间到达的时候,后熟果(例如香蕉等)就必须在离成熟前一段时间进行采收,以便

它们能够在采收后的处理过程中(包括长距离运输)达到完熟状态,且不会过熟。这些果蔬的采收成熟度根据到达目标市场的时间不同而不同。在供应本地市场的时候,需要在即将成熟或者完熟的状态下采收;而供应出口市场的时候,由于运输处理时间较长,则需要在绿熟阶段或者破色阶段就进行采收。而对于非后熟果(例如柑橘),不管是针对本地市场还是出口市场,它们都必须要在完熟时期进行采收。

(3)产品的生长阶段

规模小的生产商通常通过观察下列参数来决定是否进行采收:

1)尺寸——大小和形状;

2)外观——颜色和纹路;

3)质地——硬度或软度;

4)气味——水果特有的气味或香味;

5)口感——甜味、酸味或苦味;

6)声音——敲打时的声音

规模大的生产商则可以根据更多的检测数据来决定是否进行采收,例如:

1)时间——记录从开花到采收的天数;

2)环境条件——测量成长时期积累的热量数;

3)物理性质——形状、大小、密度、质量、果皮厚度、硬度等;

4)化学性质——糖酸比、可溶性固形物含量、淀粉和脂肪含量;

5)生理特点——呼吸速率、酸度等。

由于采收的成熟度决定了产品的贮存时间和最终的品质,所以这是与采收最相关的因素。未成熟的水果易发生脱水皱缩和机械损伤,进而影响成熟时的风味和质量。过熟的水果在采收后,会很快变软,失去原有的风味。过早或者过晚地采收水果都将导致采收后的生理紊乱,缩短采后货架期。

对很多蔬菜来说,如叶类食用蔬菜(例如青菜、生菜、茼蒿等)和果实食用蔬菜(例如黄瓜、南瓜、甜玉米、青豆、豌豆、秋葵等),它们最佳的食用期是在成熟之前,在这种情况下,采收延迟会导致产品品质下降。

不同果蔬的成熟标志各不相同,将一些果蔬的成熟标志列在表 3-2 和 3-3 中。

表 3-2 部分水果的采收成熟标志

水果	采收成熟标志
富士苹果	底色从绿色变为亮绿色或者白色,且在淀粉降解过程完成之前采收。
嘎啦苹果	底色从绿色变为亮绿色或者白色,且在淀粉降解过程开始之时采收。
金冠苹果	底色从暗绿色变成亮绿色或者黄绿色,果肉强度达到 17 磅力,20%～40% 表皮层不含淀粉。
澳洲青苹	淀粉指数是衡量果蔬中淀粉含量的一个常用指标。具体测量方法为:将果样浸入淀粉指示剂中,记录果核和表皮变为深蓝色的面积百分比,按比例即可折算为淀粉指数(完全不变色记为 0,完全变色记为 6) 随机抽取 30 个苹果样品,若其平均淀粉指数大于等于 2.5,即可认为该批次产品已至采收成熟期。

续表

花牛苹果	果肉强度为 18 磅力,果核不含淀粉。采收时强度(lbs-f)×可溶解固体(％)×淀粉指数*＝250。
杏	表皮从绿色变为黄色:根据品种不同可有＞3/4 黄绿色或者＞1/2 黄色两种指标。
鳄梨	干物质含量与果蔬的油分含量有较高相关度,在许多鳄梨种植区域,该值被用作判断鳄梨是否成熟的指标。一般人为最小的干物质在 19％～25％之间的鳄梨为采收成熟(根据栽培品种不同而有所变化)。 福罗里达鳄梨品质的干物质含量较低,当地人常根据其距开花的时间判断其采收成熟与否。
亚洲梨	表皮颜色从绿色变为黄绿色(20 世纪梨、新世纪梨、苏梨与鸭梨);表皮颜色从绿色变为金棕色(丰水梨、幸水莉、新高梨、新兴梨)。
香蕉	达到一定的丰满度(例如棱角的消失)。 因为香蕉成熟后通常会有裂缝,并且纹理不够美观,所以它通常在绿色的时候被采收,在到市场的运输过程中变得成熟并可以食用。
草莓;黑莓;蓝莓;蔓越莓;覆盆子	依据其表面颜色的变化判断是否成熟。同时也考虑可溶性固形物含量和总酸值。 因为采收后食用品质并不会改善,所以所有的此类水果都需要在接近成熟的时候被采收。
番荔枝	最主要的成熟标志是表皮颜色从暗绿色变成亮绿色或者绿黄色。 另外一些指示是包括表皮上各段之间出现乳色,以及分开的心皮逐渐变得光滑。
无花果	为保证最佳食用味道,新鲜的无花果必须要在接近完全成熟的时候进行采收。其表皮颜色和果肉硬度是无花果较为常用的成熟指标。 加州黑无花果应该在其质地较软,且颜色为浅紫色到深紫色之间的时候采收。 卡里亚那无花果应在其质地较硬,颜色在黄白色到亮黄色之间之时进行采收。
葡萄	葡萄的采收成熟标志由其可溶性固形物含量(SSC)决定,SSC 为 14％～17.5％范围内表示葡萄到达采收成熟状态,SSC 的具体值根据栽培品种和产地不同而有所变化。 有时,也使用糖酸比作为一个检测指标,若其值超过 20,则可认为到达采收成熟。 对于红色和黑色的栽培品种来说,还会考虑一些最基本的颜色变化要求。
葡萄柚	根据颜色(2/3 以上的产品为黄色)和最小糖酸(5.5～6.0,根据产地品种不同略有变化)比进行判断。 葡萄柚被采收后不会继续成熟,因此它们必须在完全成熟的时候被采收以保持良好的风味。

续表

番石榴	在一些国家,番石榴在未达到成熟时就被采收,此时番石榴的颜色正从暗绿色向亮绿色转变,因为消费者喜欢在这个阶段食用番石榴。 而在另外一些国家,消费者则喜欢食用完全成熟的番石榴,这时针对远距离的市场,番石榴应该在深黄色,半熟的状态进行采收,而针对本地市场,应该在完全成熟的状态(黄色,软)进行采收。
狝猴桃	在采收的时候,最小可溶固体含量(SSC)为 6.5％。采收较迟的产品能够比采收较早的产品更好的维持硬度,并且成熟时也有较高的 SSC。
柠檬	果汁体积至少占 28％～30％,这个比例根据等级不同而变化; 对于柠檬来说,在暗绿色的时候进行采收能够保证较长的采收后生命,而采收后需要快速上市的时候,则要在全黄的时候进行采收。
龙眼	龙眼应该在成熟的时候采收。这时果物的表皮变得光滑并且颜色变为黄棕色或者亮棕色(颜色根据栽培品种不同而有区别)。琵琶 果物颜色从绿色变为黄色再变为橙色是琵琶成熟的主要标志。 完全成熟后采收的琵琶比在此之前采收的琵琶要具有更好的味道。
荔枝	荔枝成熟的标志是变为红色,同时具有足够的尺寸(直径超过 25 mm)。 荔枝应该在完全成熟后采收因为它属于采收后不能持续成熟过程的产品。
柑橘	果物表皮 75％变为黄色或橙色,糖酸比在 6.5 以上。
芒果	果实两侧变得丰满,表皮颜色从暗绿色变为亮绿色再变为黄色(各种栽培品不同而有所变化)。 对于某些品种来说,表皮部分变红不是可靠的成熟标志。 另外,成熟的时候,果肉会从绿黄色变为黄色再变为橙色。
山竹	果实表皮颜色呈红紫色。果实与茎相连的地方有一块花萼,摘下来的时候会带下来一段肉茎。当果实完熟时,果肉会和外皮分开。
油桃	果物表皮从绿色变为黄色时。可使用比色纸来确定果物是否成熟。 有些品种在成熟之前,表皮会变成红色,这时需要测试果肉的硬度。
橙子	糖酸比大于 8,且表皮面积 25％以上变为黄橙色; 或者糖酸比大于 10,且表皮面积 25％以上变为绿黄色。
番木瓜	表皮颜色从暗绿色变为淡绿色,同时在花蒂部出现黄色(色痕)。 对于出口市场,番木瓜通常在出现 1/4 黄色色痕的时候采收;而对于本地市场,则通常在 1/2～3/4 黄色色痕时采收。 当番木瓜成熟时,果肉颜色会从绿色变成黄色或者红色(根据品种不同有所变化)。部分地区要求采收成熟的番木瓜最低可溶性固形物含量要大于 11.5％。

续表

昂儒梨、波士克梨、康蜜西梨	使用果肉硬度作为成熟指标

果肉硬度			
品种	最大值	适宜值	最小值
昂儒梨	15	13	10
波士克梨	16	13	11
康蜜西梨 13	11	9	

还有一些其它的指标,包括表皮孔的阻塞,淀粉含量样本和内部乙烯浓度。

巴特利特梨	巴特利特梨在成熟-绿色阶段采收则能保持最好的食用质量。待它完全成熟时,果肉会变成粉状,而错过最佳使用时期。 在加利福尼亚洲,对巴特利特梨采收成熟的判断指标综合使用了果肉硬度和可溶性固形物含量。这些数据根据果实的尺寸和表皮颜色(如果表皮呈黄绿色,则不需要可溶性固形物和果肉硬度限制)的不同有很大的变化。

可溶固体含最小值	最大果肉硬度*	
	果实直径 2.375 英寸[②]～2.5 英寸	果实直径 >2.5 英寸
<10%	19.0	20.0
10%	20.0	21.0
11%	0.5	21.5
12%	21.0	22.0
13%	无最大值	

* 使用直径 8mm 的圆柱顶端的穿透力

柿子	采收成熟标志为其表皮颜色从绿色变成橙色、红橙色、绿黄色,或黄色(依不同产地、不同品种存在一定差异)。
菠萝	外皮颜色从绿色变为黄色。 菠萝是非后熟水果,所以必须在可食用期进行采收。为了保证味道,通常要求可溶固体大于 12% 以及含酸量小于 1%。
李子	根据果实表皮颜色变化确定采收时间,经常使用比色纸来进行成熟判断。但当果实的颜色变为红色或其它一些深色时,需要对果肉进行硬度测试。

---

② 长度单位:1 英尺＝30.48 厘米,1 英寸＝2.54 厘米

续表

石榴	表皮呈红色(各个品种不同),果汁为红色(与孟塞尔颜色中的 5R-5/12 相同或者比之更深),果汁酸量小于 1.85%。
榅桲	表皮从绿色变为黄色。榅桲需要在全黄并较硬的时候采收。
西瓜	西瓜需要在完全成熟的时候采收,因为它们在采收后内部的颜色和糖分几乎不发生变化。 一个最常见的成熟标志是,其埋在土壤里中的部分由苍白色变为乳黄色。另外一个标志是连接瓜体的藤条变得枯萎但是并没有完全干燥。一般来说,瓜体中心的果肉的可溶性固形物含量需要超过 10%,同时果肉仍然具有一定硬度,松脆并保持良好的颜色。

注:* 淀粉指数:将果样浸入淀粉指示剂中,记录果核和表皮变为深蓝色的面积百分比,按比例即可折算为淀粉指数(完全不变色记为 0,完全变色记为 6)

表 3-3 部分蔬菜的成熟标志

蔬菜	成熟标志
芦笋	在芦笋幼芽冒出地面土壤 23 厘米左右时采收。
西兰花	根据顶部直径和坚实度判断,另外,所有小花都必须闭合。
卷心菜	由菜体的硬度判断。成熟时的卷心菜经手的挤压,只会有很小的变形。
胡萝卜	通常胡萝卜在未成熟时即可采收,此时根部已经成长得足够大,同时顶部也变得丰满,形成一致的圆锥形。为了得到高效率的机械切削处理过程,常把长度会作为胡萝卜采收的指标。
芹菜	芹菜需要在整体尺寸达到市场要求时进行采收。注意采收时要防止芹菜的茎过硬。
甜玉米	消费者对甜玉米的嫩度有很高的要求。基于此,甜玉米采收时间应为其授粉须变干,但是内部的玉米粒还处在未成熟状态时。此时玉米的外壳仍然很紧而且呈良好的绿色,顶部的耳状部分肿大且结实。玉米粒饱满而且表现出乳状,当挤压的时候,并不显得柔软。
黄瓜	黄瓜一般在未成熟时采收,这时接近成长到最大尺寸,但是里面的种籽并没有长大和变硬。
茄子	茄子一般在未成熟的时候采收,这时果实里面的种籽没有长大并且变硬。
大蒜	大蒜可以在各种不同的时期采收,以满足不同市场的要求。但是一般来说,大多数大蒜都是在个体较为成熟的时候采收。大蒜表皮变干并脱落是一项较好的采收标志。

续表

长叶莴苣	其成熟标志基于菜叶的数量和菜体的发育。 松散且易被挤压变形的菜体表明没有成熟,而太硬的菜体则表示过度成熟。 未成熟的菜体(菜叶少于30片)和成熟(菜叶在35片左右)的菜体比过度成熟的菜体具有更好的味道(少一点苦味,多一点甜味)且具有更少的采收后问题。
洋葱	10%~20%的表皮脱落的时候表示已经成熟。
豌豆	豌豆的采收标志根据需要的尺寸大小进行判断。一般选择在豆荚变为亮绿色、呈扁平状,此时豆的大小要满足一定要求。
灯笼椒	灯笼椒的成熟指标为:大小,硬度,颜色。
萝卜	在进行播种或根部出现的30~70天后进行采收。 对于红萝卜来说,直径需要大于1.6厘米。 过熟的萝卜表现得具有液泡,纹理呈海绵状,在食用时有刺激味道。
菠菜	菠菜需要在确保叶片大小的同时,保证叶子处在嫩绿状态。在采收的时候变黄的叶子需要被去除。
笋瓜	在满足尺寸大小的前提下,笋瓜需要在较早的时期采收,以避免内部的种子变大、变硬。
南瓜	瓜柄变软和外皮颜色的轻微变化是南瓜成熟的主要标志。未成熟的南瓜的瓜柄较嫩,成熟的南瓜的瓜柄有一些变软,而非常成熟的南瓜的瓜柄则非常软。
甜马铃薯	甜马铃薯须在达到市场需求大小时进行采收。通常在采收前停止2到3个星期的灌溉,使茎变干以便于采收。

3.4 果蔬采收注意事项

3.4.1 产品安全

在采收阶段,获得满足市场标准的、可靠安全的产品,是果蔬产品进行冷链的前提。对于产品本身的安全来说,水和肥料是影响产品安全和品质最主要的因素。运营商必须保证水源的可靠性,防止周围环境的一些可能影响到水源的因素,包括其它一些农业活动排出的污染物,或者由于人或者动物的群体生活产生的废物。运营商必须采取一些措施来持续监测水源供应,并确认肥料满足产品销售市场的标准。

产品在采收和处理的时候,一定要避免损伤,以免将产品表面的污染物通过切口或者刮口引入到产品内部。在采收后产品一定要经过高度的清洁处理,以免污染物的残留,这些残留还有可能影响到其它产品。采收后的二次污染也是一个潜在问题,所以所有的产品存放和处理场所都必须保持清洁卫生,没有虫害。

人的因素在食品安全中处于很重要的地位,其中最重要的一点就是个人卫生。人身上带有的普通病菌会通过被处理的食物传播，同时也会造成产品的交叉污染。当工作人员需要接触食物或者食物的包装材料时，必须要实施相关的个人卫生操作。最简单最重要的操作就是在工作前用肥皂或者清洁剂洗手。同样在工作过程中，当手上沾满了泥土或者一些污染物的时候，也必须重新进行清洁。为了使得污染风险最小化，贯彻和实施关于工作人员的健康政策是非常重要的。

小案例

梨——化学标记

　　某公司采用第三方生产的喷药机对采收后的梨进行化学处理，但是，出乎意料的是，这些梨的表面出现了严重的化学标记——果皮褪色，而且有溶质聚积环的存在，严重影响了梨的表面质量。

　　该公司对梨的化学处理过程进行了全面检查，包括梨在水罐中的处理时间、罐中化学品的浓度等。检查发现，该公司在消毒处理时所使用氯水中（由氯气、次氯酸、次氯酸离子和钠离子构成的混合物，根据各物质含量的不同，其 Ph 值也不同）的氯含量在 100ppm，根据文献资料，氯含量在 50～125ppm 间都可以达到有效杀菌的目的，因此该公司的氯含量是符合标准的。一般来说，在这种浓度下，处理过的梨是不会出现化学印记的。

图a　梨的化学印记

　　此外，由于液态钠可累积，过量的次氯酸钠会灼烧水果表面的植物组织。为避免这种事情发生，该公司定期更换储水系统并监测钠的含量，以减少钠灼伤的危险。储水系统每周更换两次，一次在星期二，一次在星期五。储罐中水更换的频率以水果上不会出现明显印记或由钠超标报告为准。根据多年使用同样的直接注射系统和水更新设备的经验，水果上从未出现过斑点或印记问题。

　　研究和商业经验表明，乙氧基可有效抑制次氯酸钠对水果的灼伤，但是使用过多的乙氧基则会造成水果间或容器壁的直接接触，从而引起梨的印记。此外，表面活性剂已被证明是引起几乎所有水果印记的重要因素。表面活性剂也包括称为兼容性溶剂的成分，如溶剂和表面活性剂。由任何有效成分引致的药害潜力都会因表面活性剂的同池效应或水果表面的接触而增加。

　　因此，这个公司的梨之所以出现印记和溶质聚积环，很可能是由新的表面活性剂及过多使用蜡和乙氧基积累在水果表面而造成的。这些梨在应用喷药线和刷床后，并没有经过干燥过程，水果的不充分干燥、长时间气调贮存时使用的新表面活性剂、蜡和化学成分的累积则可能造成了这些梨的印记。也就是采后处理的化学成分组合和的干燥过程不充分，使得超标的化学成分留在水果表面，造成了水果表面溶质的积聚和标记。

3.4.2 产品品质

产品采收的运营商为使产品能够满足目标市场的预期,需要注意防止机械损伤,参考果蔬标准,以及对产品进行分级和分类。

(1)防止机械损伤

农场的产品采收过程需要避免产品的碰伤、擦伤以及刺伤。如图 3-3、3-4 所示,这些形式的损伤不仅会使产品的外观质量下降,而且会加速产品呼吸作用,使产品被污染,发生腐烂的可能性增加,降低产品的市场接受度。许多果蔬需要用人工采收来避免机械损伤。

机械采收通常是用来采收一些根菜类(即以根作为食用对象)蔬菜。目前,已有一些非常先进的机械采收技术,它们不会给食品带来机械损伤,并能保证产品质量。

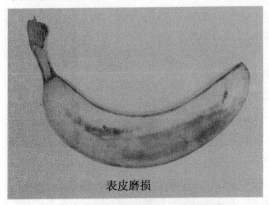
表皮磨损

碰撞损伤

图 3-3 香蕉表皮磨损,碰撞损伤

震动损伤

图 3-4 番茄震动损伤

损伤控制应该包含下面几点:

1)使用手或者工具进行适当的操作,或者使用切剪工具柔和地将产品从植物本体上分离。切剪工具不仅需要锋利,以减少机械损伤,而且要保持干净,确保不引入病原体。

2)要采用合适的采收容器,不仅仅需要易于使用,还要防止产品的挤压损伤。

3)搬运和运输采收容器的时候,动作要轻柔,防止震动和碰撞。

机械损伤的防治需要从采收扩展到分级、分类、包装、运输和贮存各个阶段。在各个阶段中都需要注意一些防护措施,比如包装盒和装箱需要结实牢固,以避免锋利的边角损伤产品。运输车辆需要有合适气压的轮胎以便于提供震动缓冲,同时选择路线避开路况极端不好的道路。

(2)标准

国际食品标准由食品法规委员会制定,该委员会是一个由美国食品与农业机构和世界卫生组织组成的一个联合委员会,它制定的标准可以在http://www.codexalimentarius.net/web/index_en.jsp中找到。

我国的果蔬标准主要由农业部制定。农业部的关于农产品的一些质量标准都可以在中国农业质量标准网http://www.caqs.gov.cn/中查询得到。

(3)分级和分类

为了获得最大的市场价值,采收后,需要对农产品要进行分级和分类。与直接将各种不同尺寸、成熟状况的产品混合上市相比,将产品分级和分类后销售能够获得较大的经济效益。在分级和分类过程中,需要将遭受到虫害或者机械损伤的产品能够被挑拣出来。同时,分级和分类能够使产品适应于不同的市场。

推荐在采收现场完成分级、分类和包装。这样,产品在在进入供应链时不需要重新包装,从而减小了产品受到机械损伤的可能性。有经验的采收工作人员能够在采收的同时进行分级和分类。而当进行一次性采收的时候,可以在产品的暂存地单独进行分级和分类,可以分拣出供应到不同距离的目的地市场的产品。

水果分级标准因种类而异。我国目前通行的做法是在果形、新鲜度、颜色、品质、病虫害和机械损伤等方面符合要求的基础上,再按大小进行手工分级。如国标 GB/T 10651-2008 规定了鲜苹果的质量分级中的一些特性。对于其它种类水果,同样可以查询分级的国家标准。表 3-4 列出了一些常见的水果的国家标准(包括分级标准)。

表 3-4　一些水果的国家标准列表

水果	标准
鲜苹果	GB/T 10651-2008
鲜梨	GB/T 10650-2008
吐鲁番葡萄	GB/T 19585-2008
鲜柑橘	GB/T 12947-2008
杏仁	GB/T 20452-2006

蔬菜由于食用部分不同,成熟标准不一致,所以很难有一个固定统一的分级标准,只能根据对蔬菜品质的不同制定不同标准。蔬菜通常根据坚实度、清洁度、大小、重量、颜色、形状、新鲜程度以及病虫感染和机械伤等分级,一般分为三个等级,即特级、一级和二级。特级品质最好,具有本品种的典型形状和色泽,不存在影响组织和风味的内部缺点,大小一致,产品在包装内排列整齐,在数量或重量上允许有 5% 的误差;一级产品与特级产品有同样的品质,但允许在色泽、形状上稍有缺点,外表稍有斑点,但不影响外观和品质,产品不需要整齐地排列在包装箱内,可允许有 10% 的误差;二级产品则是存在某些内部和外部缺陷,价格低廉,采后适合于就地销售或短距离运输。

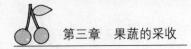

（4）培训

为了给消费者提供良好品质的产品，采收人员需要接受适当的培训以了解采收过程中的问题，并学习和实践采收技能。适当的培训并不意味着需要占用大量的工作时间和花费不菲的费用。一些简单的方法，比如关于采收问题和实践技巧的讨论，或者放置一些提醒标志和海报就能起到很好的培训效果。关于特定任务的特定训练，往往可以在实际工作中由有经验的工作人员指导完成。

专家访谈

建产区冷库促冷链采收

目前，在中国的一些贫困地区，光是运输成本果农都无力支付，更不用说冷链运输了，因此甚至放弃采收，造成了我国果蔬物流过程损失率高达30％。因此可以通过一些冷链的推广尽量减小这部分损失，首先是产区的贮存问题。但提到贮存，我们又不得不面对这样一个现实——它是一把"双刃剑"，可以说第三方收储剥夺了农民定价权。绿豆、大蒜等就是由于第三方采用贮存的手段，进而发生了投机倒卖现象。当然这其中是由于气候等的原因导致小品种减产，市场方面出现了产品缺乏，收储企业出于盈利的目的，通过科学贮存可聚集80％的资源，使得市场上供不应求，也可能形成价格不合理的飙涨。但在冷链运输的过程中贮存的作用举足轻重，低温贮存可以有效控制新鲜食品在贮存过程中温度波动对食品品质的影响。因此产区冷库的建设势在必行。

——采访现任国家农产品现代物流工程技术研究中心副主任
山东鲁商物流科技有限公司总经理　王国利　先生

3.5　总结

良好的果蔬采收是冷链的基础。在经济飞速发展、人们生活水平日益提高的今天，市场对产品的质量要求也越来越高。进行科学化的采收，在供应链的源头得到优质的产品对于提高市场竞争力具有重大意义。目前，我国的果蔬种植者往往还是根据经验而不是使用科学的定量指标进行采收判断。本章介绍的采收成熟度和一些操作注意事项，虽然需要在采收阶段进行一些技术投入，却能够在很大程度上提高优质品采收率，并增强在高端市场，特别是质量要求较高的出口市场的竞争力，从而获得更多的经济利益。

思考题

(1)简述后熟果与非后熟果的区别,以及其采收时期选择的注意事项。

(2)简述农产品分级与分类的意义与经济效益。

(3)课题报告:我国目前农作物的种植与采收基本还是以人力为主,其原因在于我国农业劳动力充足,劳动力价格较低,而同时机械设备固定资产投入较高,导致农业机械化的引进不能带来较好的经济效益。请综合考虑目前中国经济水平的发展形势、基本工资增长速度、农产品价格变动以及机械设备投资,结合实例对机械化采收进行未来的预期分析。

第四章　果蔬的包装

近几年随着超市、连锁店的快速发展及冷藏链的形成,冷冻食品凭借其方便安全的巨大优势越来越受到人们的喜爱。据有关部门统计,目前我国冷冻食品的年产量已达650万吨左右,而且以每年25%的速度在递增,人均年消费已接近10千克。随着冷冻食品包装的不断普及,对包装材料的性能也提出了更高的要求。

——中国冷链俱乐部

专业术语:

包装(Package/Packaging)　　　　销售包装(Sales Package)

运输包装(Transport Package)　　装卸(Loading and Unloading)

搬运(Handling Carrying)　　　　托盘(Pallet)

托盘运输(Pallet Transport)

4.1　引言

果蔬产品包装的最初目的是为了将产品包装成为易于运输和市场销售的统一形状和尺寸大小。在长期的商业发展过程中,包装的功能从单纯的易于运输开始变得多样化:首先,包装要保护易受机械损伤的产品(例如草莓、葡萄等),使得它们在运输过程中不会轻易受到损伤;其次,包装需要能够使得产品处在一个较好的保存环境,比如对于果蔬来说,需要保持合适的温度和湿度,让产品在运输过程中保持品质不发生大的变化;对于零售商来说,包装还需要外观漂亮大方,对消费者具有吸引力,以促进产品销售。合理的包装使得果蔬产品在流通中保持良好的稳定性,对产品起到美化宣传作用,提高商品价值和卫生质量。因此,良好的包装对生产者、运输者、销售者和消费者都是非常有利的。

包装按照用途主要分为贮运包装和销售包装两种。贮运包装是指方便于运输和贮存的包装,也称为外包装。而批发零售的单个或小计量包装的称为小包装,由于其携带方便、有助于延长货架期、方便消费者选购,所以又称为销售包装。

过去的果蔬包装通常单纯地采用木箱、纸箱等散装。这种包装方法一般不能满足果蔬的保鲜要求,保鲜时间也较短。目前果蔬的保鲜包装主要是利用包装材料和容器所具有的气调效果,以及其防雾、抗结露、抗震、抗压等特性来进行包装。在包装方法上主要有两大类,一类是透气包装,二是密封包装。而现在一般趋向于透气式与密封式相结合的包装方法。

小案例

气调包装蘑菇

在本案例中,一批蘑菇从中国运送至美国加利福尼亚,蘑菇采用 PVC 塑料膜包装,即 MAP 包装。在到达目的地时,问题出现了。货物外观看上良好,但散发出淡淡的甜味。货主担心蘑菇可能有毒,他们在考虑是销毁蘑菇还是将它们运往零售商店。

图 a　气调包装蘑菇

随后相关人员进行了调查。在生长条件(肥料)测试中,没有发现有害微生物。评估温度记录时,发现出现温度飘移情况,温度从 20 ℃到 30 ℃波动,持续了 12 小时。甜味由一种乙醇的前体——酸醛引发,新鲜蘑菇的呼吸速率很高,由于潜在生长厌氧菌(肉毒梭菌),存在严重的食品安全隐患。

表 a　发芽、生长和毒素的形成

温　度	时　间
3.3 ~ 5 ℃	7 天
5.5 ~ 10 ℃	>2 天
10.5 ~ 21.1 ℃	11 小时
> 21.1 ℃	64 小时

最终,货主决定按照规则销毁蘑菇。然而,消费者处理有毒食品的价格几倍高于产品损失的价值。经销污染的产品是一种犯罪行为,基于科学的危险评估是保证食品安全的关键。

4.2　贮运包装

贮运包装(外包装),主要是便于搬运、装卸和码放所进行的包装,一般不会送入消费者手里。不仅如此,现在许多贮运包装引入先进的贮存保鲜技术,在果蔬的贮运上发挥了极其重要的作用。

4.2.1　贮运包装的作用

贮运包装具有各种各样的材料、尺寸和形状。早期因为没有制定一定的包装标准，导致产品包装种类繁多而杂乱。据行业统计，我国每年商品出口由包装不善带来的损失高达70亿美元。特别是我国加入世贸组织以后，随着发达国家对包装检验标准增多，我国出口贸易受到日趋严重的包装壁垒。而目前，随着我国的包装标准逐渐与国际接轨，并随着一系列标准的制定，这种情况得到了很大的改善。

贮运包装容器应该具有如下作用：

（1）便于运输

果蔬产品一般不具备统一规则的形状，因此在运输过程中，将它们包装成统一的外包装形状和大小能够有效地提高搬运和运输效率，同时也便于运输计价。以运输贮运为主要目的的包装称为运输包装。运输包装具有下面一些基本要求：具有足够的强度、刚度与稳定性；具有防水、防潮、防虫、防腐、防盗等防护能力；包装材料选用符合经济、安全的要求；包装重量、尺寸、标志、形式等应符合国际与国家标准，便于搬运与装卸；能减轻工人劳动强度、使操作安全便利；符合环保要求；运输包装器具设计应遵循标准化、系列化原则，集装化、大型化原则，多元化、专业化原则，科学化原则，生态化原则等。

可以看到，对于运输包装来说，除了要满足基本的强度和尺寸要求以外，还有一系列的环保、经济等方面的要求。本书在后面的内容中会对这些要求作详细的说明。

（2）**防止损伤**

果蔬在采收后的处理中，一个最基本的要求就是防止损伤。生长过程和采收过程中出现损伤的产品可以在采收后的分类过程中去除。而剩下的产品在进入市场流通前，需要利用良好的包装来避免搬运、运输等一些不平稳操作中对产品带来的物理损伤。产品在运输过程中出现的损伤大致分为下面几类：

1）碰伤

在产品受到强烈冲击时容易发生碰伤（图4-1）。由于表皮没有受到明显的损伤，因此碰伤不够明显，且不容易被发现。在机械自动包装、搬运以及运输过程中，都有发生碰伤的可能性，因此不但要选择合适的包装来防止搬运和运输的损伤，同时还要设计合理的包装过程避免包装中的损伤。后者显得更为重要，因为一旦在包装过程中使产品受到损伤，无论在搬运过程中采取多么细致的管理，带有损伤的产品都会到达销售市场。

在设计机械自动包装的时候，设计人员要通过减速带、减少产品下落距离等方法来避免碰伤。在搬运过程中，因为每次搬运都有带来碰伤的可能性，因此减少搬运次数是降低碰伤率的有效方法。包装材料在搬运以及运输过程中能够起到缓冲作用，使产品得到有效的保护。然而，不管采取多好的包装材料，避免碰伤的办法仍然是对搬运和运输进行细致的管理。

从12英寸的高处落下

图 4-1　梨的碰伤

2）压伤

较软的产品，比如草莓、葡萄、香蕉等，受到较强承重时会产生压伤（图 4-2）。压伤从表面开始，延伸到果肉内部带来较为严重的质量损伤。一个包装箱中通常有多个产品，由于往往不能为每个产品都提供具有承重能力的包装外壳，位于底部的产品会承受上部产品的重力，因此，当包装箱内部盛放产品过多时，底部的产品容易发生压伤。因此包装箱的产品盛放数量需要处在一个合适的范围内，以避免内部压伤。一些果蔬具有最大的推荐装箱高度以避免压伤：苹果和梨为 60 厘米，柑橘为 35 厘米，洋葱、马铃薯和甘蓝为 100 厘米，胡萝卜为 75 厘米，番茄为 40 厘米。

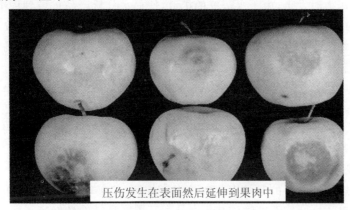

压伤发生在表面然后延伸到果肉中

图 4-2　金冠苹果上的压伤

包装箱多层叠放时，过量盛装的包装箱造成更多的产品压伤。首先由于包装箱过重容易对其它厢体产生较大压力，增加其它包装箱内的产品被压伤的可能性。其次，过度包装的纸板箱易于变形，导致承受能力减弱并有破裂的可能性。一旦箱子破裂，那么上面箱子的重力将由产品来承受，此时造成的压伤是最严重的。包装箱的承重是有限的，所以叠放层数也有一定限制。如果在运输中出现了不可避免的超出限制的多层叠放情况，此时应该使用多层叠放的托盘对包装箱进行支撑。

3）震动和擦伤

产品在运输过程中，因为震动会导致损伤（图 4-3）。例如葡萄会从葡萄串上脱落，而另外一些产品则会与其它物体发生摩擦后导致表面上出现擦伤。虽然，这些损伤并不会影响产品的食用效果，但是由于在表面比较显眼，会在很大程度上影响市场销售。

图 4-3　梨的震动损伤

擦伤是有办法预防的。首先，可以使用带有空气悬架的运输设备来防止震动损伤。这种设备现在已经很常见，对于震动敏感的水果来说，应该指定这种设备来运输。同时还要合理选择运输路线，应避免经过颠簸的道路。另外，将产品进行合适的包装，使得它们无法移动也是一个防止震动损伤的好办法。

（3）保持水分

因脱水而萎蔫的产品很难在市面上被消费者接受。即便果蔬表面没有呈现萎蔫状态，由于失水造成的重量减轻也会造成不可忽略的经济损失。脱水发生在产品表面蒸气压力大于周围环境蒸气压力时发生，由于水蒸气的扩散，使得水分从产品扩散到周围环境中。为了较好地保持产品中的水分，良好的包装需要能够将产品周围的环境维持在较高的湿度。

包裹纸和塑料薄膜常常用来保持水果的水分，由于包装物阻碍了湿气的流通，不会轻易让水分离开产品。

对水果表面进行打蜡操作具有非常好的保持水分效果，并且能够使水果表面光鲜亮丽，非常吸引消费者。目前这种方法在国内和国外都很流行。在打蜡时必须使用食用蜡，工业蜡含有对人体有害的成分，是绝对禁止的。但是由于肉眼很难区分食用蜡和工业蜡，因此需要进行严格的检查以保证食品安全。

（4）便于通风和冷却

很多产品在运输和贮存的时候需要实施温度控制，包装箱必须能够提供良好的通风条件以适应这个需求。良好的温度管理基于产品和其周围空气的良好接触而实现。对一些产品来说，有些通过包装表面的气流即可满足要求，而有些则需要在箱子内部放置强制通风风扇，并增加通风区域面积以加速热交换。此时包装箱表面需要增加通风口，使得冷空气能够进入包装箱。需要注意的是，为了保持箱子的强度，通风口与边缘的距离至少要超过 5 厘米，以免包装箱强度减弱，对产品造成破坏。

然而，保持水分所采取的措施往往和包装箱的通风冷却要求存在一定的矛盾，因为对果蔬产品的包装往往具有隔热功能，使得通风和温度管理较为困难。在这个时候，往往需要增加通风量来保证温度控制。一些有小孔的塑料盒也能很好的保持产品周围的湿度，而由于小孔的存在，使得通风冷却更为容易。现在的包装设计中，越来越多地采用这些小孔的设计，虽然会造成少量水分损失，却能在很大程度上提高通风冷却的效果。

一些特定的水果在到达零售市场前，还在持续着成熟过程。此过程需要将它们维持在一定的合适温度中,有时还需要用乙烯气体对它们进行处理。一个好的包装,既能适应通风的需求,也能满足水果成熟过程所需的温度和气体调节。

4.2.2　贮运包装的类型

贮运包装的种类有很多,常用的有:

（1）包装筐

1）荆条筐:取材方便,成本低,不怕受潮,通透性好;但使用寿命短,易扎伤产品,防撞伤擦伤的能力较弱,不方便码放。

2）竹筐:取材方便,成本低,不怕受潮,通透性好。现多数已由圆锥形改为长方形,配有盖子,便于码放,提高装载容量。

3）泡沫塑料筐:具有良好的隔热性能,能在运输过程中保持稳定适宜的温度条件。装卸方便,抗冲撞,适合各类果蔬。

4）塑料筐:具有较强的支撑力,使用期长,便于清洗、消毒。

（2）包装箱

1）木箱:具有较强的支撑力,使用期长,便于清洗、消毒,能吸潮,不易变形。但取材困难,不环保,成本较高。

2）纸箱:常用的为瓦楞纸箱,它使用硬纸板或者瓦楞纸粘合而成,硬度较大,厢体上留有空隙,能通风,外形整齐,方便堆放。可在内外抹蜡或树脂等增加其防潮性能,减少变形。可折叠回空,并再次使用。在箱内填充泡沫等软物质后能贮运各种柔嫩果蔬,是十分理想的包装容器。

（3）包装袋

包装袋主要有草袋、麻袋、编织袋、塑料袋等。其材料来源丰富,制作简单,成本较低,便于回空和重复使用,目前在贮运中被广泛使用。由于其本身属于软包装,故主要包装质地较硬、耐压性优良的果蔬,如马铃薯、豆角、胡萝卜等。

4.2.3　贮运包装的标准规格

包装尺寸标准化已经成为果蔬商品化的重要内容之一。世界各国都有本国相应的果蔬包装容器标准。东欧国家一般采用的包装箱标准是 600 mm×400 mm 和 500 mm×300 mm（长×宽）,高度则根据给定的容量标准来确定。一般来说易伤果蔬每箱装量不超过 14 千克,而仁果类不超过 20 千克。美国红星苹果的纸箱规格则为 500 mm×302 mm×322 mm（长×宽×高）。我国出口的柑橘每箱净重 17 千克,纸箱容积 470 mm×277 mm×270 mm,按装果实个数分级,规格为每箱装 60、76、96、124、150、180、192 个。

针对包装箱的尺寸,在统一装卸时对托盘的尺寸也有标准的要求。由于目前通常使用瓦楞纸箱进行包装,而瓦楞纸箱的边角强度大而其它部位非常脆弱,所以在将纸箱放在托盘上时,需要正好使得边角处在支撑位置上。同时包装箱也应该正好摆满托盘,提高托盘使用率。

世界各个区域的托盘标准各不相同。在美国,托盘的尺寸标准为 1219 mm×1016 mm。而在欧洲,其尺寸标准是 1200 mm×1000 mm 和 1200 mm×800 mm,略低于美国标准略。日本、韩国则使用 1100 mm×1100 mm 的托盘。其中,1200 mm×1000 mm 的托盘在全球应用最为广泛,在国内也得到了最广泛的应用。由于它与美国标准尺寸接近,因此在我国国内发往美国的货物也常常使用欧洲标准的托盘。

中国从 1996 年起开始对国内的托盘进行标准化制定,并根据国际标准 ISO6780 制定了 GB/T 2934-1996《联运通用平托盘主要尺寸及公差》标准,并规定了 4 种托盘尺寸,即 1200 mm×800 mm、1200 mm×1000 mm、1219 mm×1016 mm 和 1140 mm×1140 mm。此后,根据国内的实际使用情况,在充分考虑了目前在我国 1200 mm×1000 mm 规格托盘使用最为普遍,而近年来 1100 mm×1100 mm 规格托盘生产量及占有率提升幅度最大的现状,在新的 GB/T 2934-2007《联运通用平托盘主要尺寸及公差》的国家标准中最终确定了 1200 mm×1000 mm 和 1100 mm×1100 mm 两种托盘规格,且特别注明 1200 mm×1000 mm 为优先推荐规格。

虽然各个地方对托盘的尺寸要求不一样,最重要的是要选择合适的箱子来满足将要使用的托盘。在设计包装箱子尺寸的时候,需要检查出发地和目的地的托盘尺寸要求,以便尽量合理的进行设计。

4.2.4　贮运包装的要求

从包装到用户购买和消费,整条供应链中存在着多个环节,这些环节对包装的要求各不相同。在包装设计的时候,需要满足这些要求,以保证产品在供应链中能够顺畅的流通,并保持高质量的状态到达最终消费者。这些要求包括以下两个方面。

(1)适于搬运需求

包装的结构需要适应各种搬运过程,包括机械搬运和人工搬运。

许多箱子需要人工搬运,所以产品的包装重量需要有一定限制。而一些产品的包装设计仅仅允许机械搬运,因此常常是一些体积庞大,人工无法搬运的包装箱。比如西瓜、袋装苹果以及用托盘运输的待处理的莴苣等。

有一些常用于人工搬运的瓦楞纸箱,两侧有开孔(图 4-4),使得搬运人员能够将双手伸入并抬起。没有开孔的纸箱,可以利用绳子等捆带捆绑纸箱,并将把手固定在捆带上面,使得搬运人员可以单手提起箱子。这种纸箱重量往往较轻,避免搬运人员受伤。

图 4-4　侧面开孔适应搬运的纸箱

对于一些使用机械搬运的包装箱,往往将它们放在托盘上进行统一搬运。这时要求包装箱的尺寸和托盘一致。

一些产品,比如根部、球茎和块茎植物,例如土豆,常常放在大的塑料或者编织袋中而不需要其它包装。袋子具有成本低、包装过程简单、易于提高工作效率等优点。这种包装适合于人工搬运(当重量适中的时候),也可以用起重钓钩进行搬运(较重的情况下)。但是这种包装方式不能给产品提供较好的保护,同时不适合于需要强制通风和冷却的场合。

(2)适应各种环境和处理要求

产品的包装需要能够在贮存、运输和市场销售的各种处理过程中具有良好的性能,在处理过程中保持良好的强度和硬度,并能一直起到保护产品的作用。

1)耐湿

许多果蔬产品包装必须能够耐受高湿度环境。贮存设施通常具有高达85%～90%的相对湿度,而产品呼吸作用产生的水分则往往能够使包装内制造接近100%的相对湿度。当包装从冷藏车辆中或者冷藏库里取出来的时候,湿气可能会在包装的表面结露。一些蔬菜产品使用水冷或者为了保证低温运输而在箱内放有冰块,这些时候同样也很容易发生结露。因此包装箱必须能够耐受直接与水接触而不发生变化。

塑料或者木制包装一般能够承受高湿度环境,也可以与水直接接触。纸箱可以通过在表面涂覆蜡、聚乙烯、树脂和其它一些塑料的混合物来提高耐湿能力。

2)耐热

有些包装箱在现场包装时,不可避免地会暴露在太阳照射的高温环境下。这种高温环境容易使包装箱劣化。例如,表面涂蜡的瓦楞纸板可能会由于蜡的熔化导致变色,强度降低,失去防水功能。为提高纸板的耐热能力,通常会利用耐热树脂对纸板进行上光和压光处理。同时,将纸板表面做成浅色也能在较大程度上减少暴晒产生的高温。

3)检查

包装设计应该能够易于打开包装进行产品检查。瓦楞纸板包装能够很容易的通过打开盖子进行检查。带卡扣的盖子和检查孔也能帮助检查。包装的设计原则是必须要保证包装箱在打开后能重新封紧,可持续在运输过程中保护产品。

4)易于处理和再利用

基于环境保护和可持续发展的理念,绝大多数地区都鼓励对包装进行回收再利用,以避免资源的浪费。与此同时,许多地区也对焚烧进行了限制和禁止,提高了垃圾处理成本,以促进资源的回收利用。目前,在北美和欧洲,托盘的再利用十分普遍。超市用于果蔬产品包装的塑料托盘也是专门重新回收利用的。在我国,存在更为严重的环境污染和资源不足的问题,因此,未来的包装设计会逐渐易于处理和再利用方向发展。

小案例

葡萄包装

某知名公司需要运送一批高质量的葡萄,为保证葡萄的质量,该公司在葡萄运输前对其进行了预冷、包装等一系列的处理。在包装上,首先使用开孔塑料袋对其进行散装,然后将其放入可盛放5千克葡萄的波纹纸箱内。但是当这批货物到货时,却出现了严重的破损和高温,高质量的葡萄成了价值一般的葡萄。

图 a　运输前的葡萄　　　　　　　　图 b　到货后破损的葡萄

为找出问题所在,该公司对从葡萄采收到送至客户的整个过程进行了检查,包括包装盒的质量、运输冷藏单元、预冷设备、集装箱装运以及预冷、包装过程。结果发现:在包装盒内装入了太多的(8千克)葡萄,由于葡萄间的相互碰撞而招致了机械损伤。除此外,在预冷、运输和贮存时,由于葡萄间的堆积作用也加剧了葡萄的损坏。

检查每个厢体,则发现每个厢体都有些许膨胀现象。这种包装使厢体不能沿直线堆积,而由于不能沿直线堆积,阻碍了厢体间空气的流出。同时,厢体的空气出口错位,加上空气出口过少,而且在部分出口处有塑料袋阻塞,这些因素均使箱间的空气流过少,导致葡萄的冷却不均匀,无法达到最适的冷却温度,致使葡萄的高温。此外,运输时间过长及运输过程中厢体的滑移也进一步加剧了葡萄的机械损伤。

4.2.5　贮运包装的测试

在开发一种新的包装方法时,测试是一个非常重要的过程。客观的实验室测试是评价新包装的第一步。它能够减少花费更高和时间更长的实际运输测试,并提供多种参数的准确评价。

4.2.5.1　测试基础条件

为了保证效果,实验室测试必须满足以下条件:

1)实验室能够模拟在实际运输中对产品造成的伤害;

2)实验室能够模拟恶劣的交通或者搬运条件;

3)实验过程能够快速测试大量的参数;

4)实验参数具有良好的重现性。

4.2.5.2　测试过程

测试的目的是为了确定包装盒产品在震动、坠落、水平冲击(轨道运输情况)、挤压等各种情况下的测试结果,以此来评价包装的性能。在美国,大部分测试标准由美国测试和材料协会(ASTM)制定,少部分由国际运输安全组织(ISTA)制定。

在我国,包装测试标准由国家包装产品监督检验中心制定。可以通过查询 http://www.packagetest.net/packagetest/bzzhi.htm 来查阅我国的包装测试标准。这些标准里面对各种包装材料(包括纸质包装、塑料制包装和木制包装等)都制定了测试标准,并限定了全部的测试参数。

4.2.6　贮运包装实例（瓦楞纸箱）

瓦楞纸板最早应用于商业是在 1903 年,因其质量轻而且价格便宜、制作简易且能回收甚至重复利用而逐渐广泛使用。由于使用瓦楞纸板制成的包装容器对美化和保护内装商品有其独特的性能和优点,因此在与多种包装材料的竞争中脱颖而出,成为迄今为止长用不衰并呈现迅猛发展态势的制作包装容器的主要材料之一。

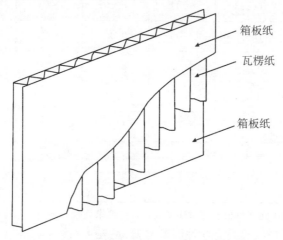

箱板纸

瓦楞纸

箱板纸

图 4-5　瓦楞纸板的基本构造和标准术语

图 4-5 是单层瓦楞纸板的图示。根据瓦楞层数的不同,常用的瓦楞纸板分为三类(一些特殊的产品包装会使用 4 层或者 4 层以上的瓦楞纸):

单瓦楞纸板(S):由两层纸或纸板和一层瓦楞纸粘合而成的瓦楞纸板;

双瓦楞纸板(D):由三层纸或纸板和两层瓦楞纸粘合而成的瓦楞纸板;

三瓦楞纸板(T):由四层纸或纸板和三层瓦楞纸粘合而成的瓦楞纸板。

在瓦楞纸板的构造中,瓦楞纸都与平纸板粘合在一起,形成夹层。图 4-5 中所示的图片是单瓦楞纸板。实际上,不同层数的瓦楞纸板具有不同的强度,国标 GB/T 6544-2008 对瓦楞纸板强度等级制定了具体的标准和规范,如表 4-1 所示。

表 4-1　瓦楞纸板的强度等级列表

代号	瓦楞纸板最小综合定量/(g/m²)	优等品			合格品		
		类级代号	耐破强度(不低于)/kPa	边压强度(不低于)/(kN/m)	类级代号	耐破强度(不低于)/kPa	边压强度(不低于)/(kN/m)
S	250	S-1.1	650	3.00	S-2.1	450	2.00
	320	S-1.2	800	3.50	S-2.2	600	2.50
	360	S-1.3	1000	4.50	S-2.3	750	3.00
	420	S-1.4	1150	5.50	S-2.4	850	3.50
	500	S-1.5	1500	6.50	S-2.5	1000	4.50

续表

	375	D-1.1	800	4.50	D-2.1	600	2.80
	450	D-1.2	1100	5.00	D-2.2	800	3.20
D	560	D-1.3	1380	7.00	D-2.3	1100	4.50
	640	D-1.4	1700	8.00	D-2.4	1200	6.00
	700	D-1.5	1900	9.00	D-2.5	1300	6.50
	640	T-1.1	1800	8.00	T-2.1	1300	5.00
T	720	T-1.2	2000	10.0	T-2.2	1500	6.00
	820	T-1.3	2200	13.0	T-2.3	1600	8.00
	1000	T-1.4	2500	15.0	T-2.4	1900	10.0

注:各类级的耐破强度和边压强度可根据流通环境或客户的要求任选一项。

我国国标规定的瓦楞纸板具有 5 种凹槽类型,见表 4-2:

表 4-2　瓦楞纸板楞尺寸

楞形	楞高/mm	楞宽/mm	楞数/(个/300mm)
A	4.5～5.0	8.0～9.5	34±3
C	3.5～4.0	6.8～7.9	41±3
B	2.5～3.0	5.5～6.5	50±4
E	1.1～2.0	3.0～3.5	93±6
F	0.6～0.9	1.9～2.6	136±20

　　瓦楞纸箱的强度取决于贮存时间、湿度、瓦楞方向、通风口大小和位置的设计、使用和环境条件等因素。包装设计的时候,可以根据产品类型和包装容量来从表 4-2 中选择合适的瓦楞纸箱。不过需要注意,瓦楞纸板在长时间支撑重量后会失去强度,这种现象称为疲劳。例如,一个盒子在支撑重量持续 10 天以后会变得只有最初 65％ 的强度(实验室标定强度);100 天以后,则会减少到 55％。

　　纤维板在高湿度的环境下会吸收环境中的水分。在表 4-2 中标定的强度都是在GB10739 中规定的温度 23 ℃、相对湿度 50％ 时测定的。然而,当相对湿度达到 90％ 时,瓦楞纸箱的支撑强度会降到 40％。吸收水分也会使得纸板膨胀,增大箱子的尺寸,有时候还可能造成弯曲。

　　在制造过程中对纸板适当涂蜡可以延缓纸板在高湿度环境中的吸水过程。通常在衬垫纸板或者瓦楞层上涂敷 12％～18％ 的蜡来增加纸板对高湿度环境的承受能力。也可以将制作完成的纸板通过湿蜡帘的方式来进行涂蜡。这种处理方式能够让纸板具有直接和水接触而不损坏的功能。或者将纸板浸泡在湿蜡中以涂敷大量的蜡（相当于45％～60％纸板重量的蜡），这种纸板可以用来水冷或者存放冰块。涂蜡处理增强了包装盒的防水能力，能够在高湿度环境中长时间保持强度。但是经过涂蜡处理暗棕色纸盒具有更高的成本，它们的再回收利用需要经过特殊的处理过程并且不能和普通盒子一样混合回收。

GB/T 6544-2008对瓦楞纸板进行了详细的规范和标准要求。另外，在GB/T6543-2008中对运输包装用的单瓦楞纸箱和双瓦楞纸箱的分类、结构形式、要求、试验和检验方法设置了规定。可以通过查询这些标准来获得更详细的信息。

4.3　销售包装

销售包装（小包装）是以销售为目的，可以和果蔬产品一起到达消费者手中的包装。这些包装可以适应超市市场陈列出售的要求，有的还可以延长货架期。

4.3.1　销售包装的作用

（1）延长货架期

果蔬属于易腐产品，为解决季节性生产和均衡供应的矛盾，贮存保鲜很重要。近年来，除了冷藏等方法之外，包装所具有的良好保鲜作用已引起人们的重视，无论是保鲜包装材料还是保鲜包装技术与方法，都取得了很大的进步，并已经成功应用于生产实践。

（2）防止损伤

消费者通常会拒绝购买具有明显损伤的产品，导致这些产品往往只能打折出售。良好的包装能有效地防止果蔬在采收完毕到销售过程中的各种损伤，从而保证果蔬的质量。由于果蔬的损伤更常见于运输过程，故包装的防止损伤功能在上节中已有详尽的介绍。

（3）促进销售

销售包装是提高商品竞争能力、促进销售的重要手段。精美的包装能在心理上征服购买者，增加其购买欲望。在超市中，包装更是充当着无声的推销员的角色。随着市场竞争由商品内在质量、价格、成本竞争转向更高层次的品牌形象竞争，包装形象将直接反应一个品牌和一个企业的形象。

（4）提高商品价值

包装是商品生产的延续，产品通过包装才能免受各种损害，避免降低或失去其原有价值，因此包装投入的价值不但在商品出售时得到补偿，而且能给商品增加价值。包装的增值作用不仅体现在其在成本上给商品增加的价值，更在于货品通过包装塑造的品牌价值这种无形而巨大的增值方式。适当的运用包装增值策略，将取得事半功倍的效果。

4.3.2　销售包装的类型

（1）铭带包装

铭带包装是利用纸、塑料或其它复合材料制成的带状或条状包装材料。它的作用是将果蔬按照一定的规格和数量固定在一起，如把500 g菠菜用塑料胶带收缩包装捆在一起，在铭带上还可标明品牌、产地和产品的标识等。

（2）塑料袋包装

塑料袋应采用各种无毒的塑料薄膜，选材需考虑适应商业需要外，也需要注意通透性。

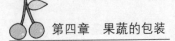

包装上可标明品牌、产地和产品标识。这种包装方法要求使用的薄膜材料具有良好的透明度,对水蒸气、氧气、二氧化碳等气体透过性适当,无毒副作用。大部分果蔬可采用此方法进行包装保鲜。

(3)泡罩包装

它是把果蔬封合在泡罩内的包装方法。泡罩由透明薄片拉伸而成,薄片通常采用氯乙烯聚合物 PVC 塑料薄膜,泡罩固定在平面底板或托盘上,底板或托盘可用纸或泡沫塑料制成。

(4)贴体包装

这是一种真空包装。先把果蔬放在底板上,上面覆盖加热软化的塑料透明薄膜,并把薄膜热封在底板上,然后通过底板抽成真空,使薄膜紧紧的包贴着果蔬。

(5)气调包装

这是一种可以调节气体成分的包装方法,是目前果蔬包装的主流方法,本书将在 4.3.5 中对其进行详细介绍。

(6)冷藏包装

用于速冻果蔬的包装方式。主要包装物有马口铁罐、内衬胶膜纸板盒、玻璃纸以及塑料袋、塑料桶等。包装物以完全密封为宜,要求食品冻结后再包装。

此外,双层纸袋、开窗纸袋、带孔眼纸袋和纤维网袋也常用于包装新鲜果蔬,如马铃薯、洋葱、柑橘、葡萄等。

4.3.3　销售包装的规格

销售包装多种多样,一般没有固定的规格限制。而且以目前销售包装越来越多样化的发展趋势来看,销售包装越是新颖好看,越是受到消费者的青睐。

4.3.4　销售包装的要求

销售包装规格的不限定,并非意味着销售包装没有自己的规范和要求。

销售包装要符合以下要求:1)造型美观,有吸引力;2)便于陈列展示,便于商品识别;3)便于携带和使用;4)对商品有一定的保护作用;5)安全,无毒害作用。

比如盛放草莓的小篮子或者一些具有固定个数的果蔬(如苹果、橙子、西红柿等)的包装箱,这些包装具有以下优点:产品周围的气体浓度适宜,延长产品货架期;由于消费者无法直接接触产品本身,产品不易被污染;产品周围空气的相对湿度适宜,尽可能减少水分损失;保护产品不受机械损伤。但是这种包装也存在一些缺点,比如:一旦品质不合格的产品被混入包装内,销售的时候很难进行调整;高湿度环境容易导致产品腐烂;包装有一定隔热性,影响对产品的温度控制。然而,对于零售商来说,上面的一些优缺点往往不是最重要的,重要的是包装的外观需要对消费者有足够的吸引力,满足零售的要求。

4.3.5　销售包装实例(气调包装)

气调包装的主要特征是包装材料对包装内的环境气氛状态有自动调节作用,这要求包装材料对气体具有可选择透过性,以适应袋内产品的呼吸作用。生鲜果蔬产品自身的呼吸特性要求包装材料内具有气调功能,由此保持稳定的理想气体氛围,以避免因呼吸而可能造成的包装缺氧或二氧化碳含量过高。

在气调包装体系内,包装内外环境气体成分可以通过包装材料互换,同时包装材料具有一定的其它阻断性能,使包装内环境气体组成因果蔬呼吸作用的进行而达到低氧高二氧化碳的状态,该状态又反过来抑制呼吸作用的进行,使果蔬的生命活动降低,延缓衰老,从而具有保鲜作用。

所以对气调包装而言,包装膜的二氧化碳和氧的渗透系数的比例(CO_2/O_2)相当重要。几种常见的膜材料的透气性能见表4-3。

表 4-3　几种适合新鲜果蔬气调包装膜的透气性能

膜材料	透气度/[mL/(m²·24h·0.1Mpa)] (膜厚度 25.4 μm)		透气性
	CO_2	O_2	CO_2/O_2
HDPE	23 010~26 000	3 900~13 000	2~5.9
PVC	4 623~8 138	620~2 248	3.6~6.9
PP	7 700~21 000	1 300~6 400	3.3~5.9
PS	10 000~26 000	2 600~7 700	3.4~3.8
Saran™	52~150	8~26	5.8~6.5
PET	180~390	52~130	3~3.5
乙酸纤维素	13 330~15 500	1 814~2 325	6.7~7.5
盐酸橡胶(Rubbero HCl)	4 464~209 260	589~50 374	4.2~7.6
PC	23 250~26 350	13 950~14 725	3~3.5
甲基纤维素	6 200	1 240	5
乙基纤维素	77 500	31 000	2.5

气调是为了延长产品的贮存期,包装内的理想气体氛围可由包装后的呼吸作用自发形成,也可在包装时人为提供。一般来说,对于本身就有较长寿命的果蔬,可以使用自发形成气体氛围的方式;而对于那些只有很短贮存寿命的产品,则可考虑人工提供理想环境气氛,使包装系统很快进入气调稳定状态。

硅窗气调包装在果蔬的包装中十分常用。它是将聚甲基硅氧烷涂覆于织物上而制成的硅胶膜,对环境中各种气体具有不同的透过性。它可以自动排除包装内的二氧化碳和乙烯以及其它对果蔬贮存有负面影响的气体,同时透入适量的氧气,抑制和调节果蔬的呼吸强度,防止发生生理病害,保持果蔬的新鲜度。一般根据不同果蔬的生理特性和包装数量选择适当面积的硅胶膜,在薄膜上开设气窗,用704胶水粘合起来,因此称之为硅窗气调袋包装。

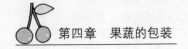

4.4　总结

　　仅仅控制温度并不能完好地保持产品品质,因此冷链也不仅仅包含冷藏库、冷藏车等冷冻设备,同时还包含了整个供应链中的食品辅助保护措施,而包装就是其中非常重要的部分。由于需要适应于冷链的低温要求,冷链中的果蔬产品包装除了提供物理保护功能外,还要能够使得产品易于冷藏等冷却处理,提高产品的货架期。这也是冷链中产品包装独有的特点和难点。随着中国冷链市场的发展,必然会对目前的食品包装提出更多要求,同时也会带来更多的标准。对于食品供应商来说,需要根据冷链市场需求选择合适的包装方法,以满足产品保存和安全的需要。同时对于包装供应企业来说,也要持续关注新需求和标准,开发并提供适应冷链市场发展的包装产品。

思考题

　　(1)农产品包装按用途分为哪几类?并简述其用途。
　　(2)简述水果在运输过程中产生的损伤类别和产生原因。
　　(3)简述气调包装的原理,并搜集现实中应用气调包装的两个实例。

第五章　预　冷

预冷具有以下作用：①迅速降低果蔬温度，从而降低呼吸强度，减少消耗，有利于保持贮藏期间的果实的品质新鲜，减少腐烂变质；②经过预冷后的果蔬进入冷藏车或冷藏库后消耗较少的冷气，防止车温或库温的上升；③经过预冷的果蔬在以后的冷藏中比较抗冷害，可减少生理病害；④未经预冷的果蔬装在冷藏车内或冷库内，由于果蔬温度和库温或车厢内温度相差大，果实水分蒸发快，加速果实的失水，同时也使冷库或车厢内湿度过高，顶部水汽凝结成水珠滴回果箱上，这对贮藏或运输极为不利，经过预冷就可避免这个问题。

——中国荔枝网

专业术语：

预冷（Pre-cooling）　　　　　冷却（Chilling）

冻害（Freezing Injury）　　　冻灼（Freezer Burn）

5.1　引言

冷链的目的是使易腐品送到消费者手中的时候仍能保持其刚被采收时的品质与新鲜度。如果冷链的整个过程都能够运营得当，那么在为远距离终端消费者提供"新采收"品质产品的过程中实现的产品价值将是巨大的。

果蔬等农产品在采收后，营养成分含量、颜色、味道和质地等品质就会开始下降，而这些品质通常是人们衡量产品质量比较看重的方面。为此需要在采收后保护其不受如太阳辐射等不利环境条件的影响，并开始采收后的预冷冷却处理，去除田间热量，降低呼吸作用，从而起到保持产品品质，延长贮藏期等目的。

冷库和冷藏运输设备主要作用是保持或缓慢降低产品的温度，如果直接将未经降温处理的易腐品放进冷库或进行运输，一方面会增加制冷机组的能耗，因为不同的应用，制冷机组的能效和经济性是有差异的；另一方面，降温所需的时间比较长，这对于温度需要降低到冻结点以下的易腐品会产生品质上的不可逆转的损害；此外，未经降温处理的易腐品会影响到其它处于贮藏温度的产品。所以易腐品在进入冷库贮存和冷藏运输环节前就需要迅速降低到所要求的温度，即预冷。

所谓采收后的预冷是指将刚采收后的农产品的中心温度从田间环境温度快速降到适合冷藏运输和低温仓储温度的过程。这里预冷的对象主要是指易腐品，其实在冷藏运输前也需要对冷藏车的厢体进行预冷，关于厢体的预冷会在第七章冷藏运输部分详细讲述。

在冷链中，易腐品预冷的应用很多，在此我们可以根据降温处理所达到的温度分为冷却和冷冻两类。冷却是将易腐品的温度降低到接近其冰点但不冻结的冷加工方法。需要指出

的是,果蔬类的易腐品冷却温度不能低于发生冷害的界限温度。冷冻是将易腐品的温度降至冻结点以下的冷加工方法。冷却和冷冻的选择需要根据易腐品自身的冷藏特性和实际需要而决定。一般冷冻后的易腐品货架期会更长。肉类在作长期贮存前,需要进行冷冻,短时间的贮存就可以进行冷却操作即可,并且冷却肉由于没有经过冷冻,避免了温度波动引起的冰晶的形成和融化过程,品质上要更接近新鲜肉,更适应市场需求。

5.2 冷却

冷却的主要对象是果蔬类的植物性食品和冷却肉类。果蔬作物在采收后需要以尽可能快的速度从田间温度降低到贮存运输的理想温度,并且在这个过程中不发生冷害或冻害,我们把将刚采收后的农产品的中心温度从田间环境温度快速降到适合冷藏运输和低温仓储温度的过程称为预冷。预冷操作的几个小时的延误可能会导致冷链终端易腐品货架期长达几天甚至几个星期的损失。

对于以冷却温度为贮藏和运输温度的果蔬、肉类和其它易腐食品,在进入冷库和冷藏运输阶段前,都需要进行冷却操作。采用冷库或冷藏运输的制冷系统无法将产品温度迅速降低到要求区间,产品中心温度降低需要的时间将会很长(根据农产品质量和其它因素,最多可能需要几天的时间)。对于某些货架期较长的果蔬品种,比如香蕉、柑橘、苹果等,这种降温效率尚可使其维持"新采收"的品质。然而对于某些较腐败的果蔬品种,如生菜、芦笋、草莓和秋葵等货架期一般只能以天来计算,如要延长它们的货架期就必须进行迅速的冷却处理。

不同易腐品理想的贮存和运输温度不同,有些易腐品的理想贮存运输温度和冻结温度非常接近,然而另一些产品,尤其是热带和亚热带国家出产的水果,它们的理想贮存运输温度通常偏高。这些理想温度较高的水果被列为冷害敏感产品。这些冷害敏感产品也是需要快速冷却的,但只能降温到它们理想的贮存运输温度。如果在一段时间里,冷害敏感产品的周围环境温度低于理想温度(这个温度可能高于冻结点),那么就会发生冷害,造成干瘪,加速腐烂和斑点等症状。在易腐品的冷却过程中,除了冷害,还有水分蒸发、串味、淀粉老化和寒冷收缩等问题需要注意。

小案例

致命的西兰花

这是一起由不当操作引发的严重事故。装有西兰花的拖车到达分销中心,两名工人从拖车内的货物中拿出温度数据记录仪,他们当即失去知觉。随后工人被送到了当地的医院。医生初步怀疑是西兰花被杀虫剂污染,最终导致工人中毒。当然,工人失去知觉的真正原因有待进一步确定。

图 a 西兰花

在随后的检测中,发现西兰花并没有被杀虫剂污染。卡车的 GPS 跟踪和温度记录显示西兰花因受闷温度升高,呼吸速率很高,从而引发环境温度升高。高呼吸速率导致容器内二氧化碳浓度升高,而工人失去知觉的原因是在进入拖车内时暴露在高浓度的二氧化碳中。

造成该现象的根本原因是操作流程不当,西兰花预冷不充分。卡车先进的技术和记录保持在调查中发挥了重要作用。虽然没有违反食品安全,但不当操作带来的危害是严重的。如果是花椰菜被污染的话,预计对整个行业的影响可达 10 亿美元。

5.2.1　冷却方法

鉴于冷却过程的重要性,各种冷却方式和冷却系统也逐渐发展成熟起来。这些系统的存在使得根据农产品不同的物理属性而选择最恰当的冷却方式成为可能。下面我们将一一介绍目前常见的冷却方式。

(1)冷室冷却

冷室冷却,顾名思义,就是将产品放入一个恰当温度的冷冻冷藏设施内进行冷却(图 5-1)。这种冷却方式的传热比较慢,适用于呼吸作用速率较低的果蔬,如土豆、洋葱、大蒜和苹果等。应用此冷却方式应注意在冷室环境中确保散装或托盘产品之间有足够的空气流通,否则传热受阻,会导致冷却延迟、冷却不均或者冷却不足等情况发生。

图 5-1 冷室预冷产品

(2)强制性风冷

强制性风冷以多种方式进行,但一般都需要较大的制冷量和产品间大量的空气流动。在固定式空气预冷设施中(图 5-2),产品的货盘可以放置在大风机的任何一侧。托盘用篷布覆盖,空气在风机驱使下由产品的侧面完成过流。随后,空气穿过壁面流经大型制冷盘管,盘管将空气所吸收产品的热量移出,并使空气再次回到冷库的环境中。这种方法对于尺寸小、预冷过程短的产品非常适用。为了确保预冷均匀,在预冷过程中托盘可以适当旋转以改变气流在托盘间的流动特性。移动式强制风冷设备(图 5-3)适用于那些收获区域较小、不必要专门安置固定预冷设施的果蔬种类。移动式强制风冷设施中的制冷系统的冷量可以很大,其中产品的托盘以规定的方式加载,以便产品能得到大量的冷空气来完成预冷过程。这种移动式预冷设备可以随采收的进行从一个区域移到另一个区域,并对那些无法采用其它

预冷方式的农产品区域提供预冷服务。冷王基于其集装箱制冷机组 MAGNUM 制造了移动预冷设备。

图 5-2　固定冷藏设施内强制风冷过程　　　　图 5-3　移动式强制风冷设备

（3）蒸发式预冷

蒸发式预冷是一种相对简单且低成本的预冷方法。这种方式在空气较干燥的区域最为有效。风机驱使空气通过湿润的填塞物或者薄雾，并使产生的混合物通过通风箱。在箱内水由液态变为气态并吸收周围热量，对农产品起到预冷作用。这种预冷方式降温范围在 5.5 ～8 ℃左右，因此只适合那些理想贮存和运输温度较高的、不需迅速降温的产品。其中用到的水必须安全，并且经过了严格处理，避免导致食品污染。

（4）水冷预冷

水冷预冷是采用特定温度下的持续水流作为冷媒的一种预冷方式。需要被预冷的农产品可以浸没在水中，也可以暴露在源源不断的水淋浴中。

图 5-4　批量式水冷系统

水冷系统的基本构成：供水源、水泵和带有热交换器的制冷系统。制冷系统的作用是带走从被冷却的农产品上所吸收的热量。为保证水冷的顺利进行，产品的包装必须能暴露在有水的环境，通常包装的材料都是上过蜡的纸箱或者可重复使用的塑料容器。在用于农产品的批量式水预冷设备中，铲车将产品托盘放到一个产品各处都能被喷雾淋洒到的位置。当产品被冷却之后，它就被运送至冷库仓储或者装载运输。连续水冷系统使用的冷却系统与批量式系统是相同的，只是再添加了一个传输系统，使产品缓慢地通过冷却设备经预冷处理后传送到另一个冷藏设施中。对于无机农产品，为防止细菌感染，保证食品安全，水冷时会在水中添加少量氯气（50～200 ppm）。与蒸发冷却一样，水冷也必须保证有安全的水源，如果是回收利用的水要经过特别处理，保证没有食品安全隐患。此外，对于有机农产品，还要有专门的设备来防止其受到氯元素的污染。用于有机产品的预冷设备必须经常清洁,以防止滋生各种疾病和细菌。

(5)真空预冷

真空预冷方式(图5-5)对表面积较大的叶类产品的预冷特别有效,如莴苣和其它多叶类果蔬等。在真空预冷过程中,产品会被加载到一个真空管内。这些真空管通常是由不锈钢制成的,能承受736毫米水柱的真空度,一般能同时对2~20个托盘的产品进行预冷。产品装载后,密封门会关闭且真空泵会开始将空气抽出真空管。一旦达到适当的真空度,产品表面的水分将在真空管的环境温度下蒸发。经蒸发吸热,产品瞬间被降温。真空预冷的设施比较昂贵,故只适用于大批量产品的预冷操作。

(a)真空预冷 (b)预冷后产品装载

图5-5 真空预冷

(6)"水流真空"冷却

水流真空冷却是将水冷和真空冷却相结合而进行的一种冷却方式。在真空冷却过程中,产品的温度每降低6 ℃就会损失1%的水分。所以在水流真空冷却过程中会不断喷洒冷却水以减少产品水分流失。和其它水冷方式及蒸发冷却方式相同,冷却过程中涉及的卫生和食品安全问题,在水流真空冷却中也需要特别注意。

(7)冰冷预冷

冰冷预冷或者碎冰预冷的基本流程是制造冰水混合物,然后将它们放在盛有待冷却产品的防水容器里(图5-6)。涂蜡的纸盒包装和可重复利用的塑料容器的包装都可应用在冰冷方法中。如果使用冰浆,需要将冰浆混合物从纸箱的手孔处注入到产品周围,待水慢慢流出纸盒,留下冰紧密地围绕在产品周围。制冰过程中所需要的水也必须是安全水源。和水冷方式及蒸发冷却方式相同,冷却过程中涉及的卫生和食品安全问题,在冰冷中也需要特别注意。

(a)冰浆注入设备 (b)制冷车间 (c)预冷后包装盒

图5-6 冰冷预冷

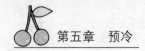

5.2.2 冷却参数的计算

为了确定将一定量的产品降温到要求的温度所需的冷却时间,可以利用如下公式进行计算:

$$T = C \cdot M \cdot \triangle T / Q$$

式中:T——产品达到冷却温度所需的时间,sec;

C——产品的比热,kJ/(kg·℃);

M——产品的质量,kg;

△T——产品初始温度与预设温度的温差,℃;

Q——冷却设备的制冷能,kW。

关于比热的计算,公式为:

$$C_1 = 0.84 + (0.0335 \cdot q)$$
$$C_2 = 0.84 + (0.0126 \cdot q)$$

式中:C_1——高于冻结点的比热,kJ/(kg·℃);

C_2——低于冻结点的比热,kJ/(kg·℃);

q——产品水分含量,%

表5-1(信息主要来源:《Krack制冷量估算工程手册》)所示为部分农产品在高于和低于冻结温度时的比热以及其最佳仓储温度。表中同时列出了各种果蔬的含水量,对于未列表中的果蔬产品,可根据同类水果的含水量推测其比热值。

表 5-1 部分农产品的比热、水分含量和最佳仓储温度

果蔬产品	高于冻结点时的比热 kJ/(kg·℃)	低于冻结点时的比热 kJ/(kg·℃)	水分含量 %	最佳仓储温度*	
				℃	℉
苹果	3.66	1.90	84.1	-1.1	30
杏	3.70	1.92	85.4	-0.6	31
鳄梨	3.59	1.87	82.0	7.2	45
香蕉	3.35	1.78	74.8	13.3	56
浆果类	3.65	1.90	84.0	-0.6	31
樱桃	3.53	1.85	80.4	-0.6	31
椰子	2.41	1.43	46.9	0	32
蔓越橘	3.77	1.94	87.4	2.2	36
无核葡萄干	3.68	1.91	84.7	0	32
枣椰子(加工)	1.51	1.09	20.0	-2.2	28
果脯	1.78	1.19	28.0	0	32

续表

无花果（新鲜）	3.45	1.82	78.0	0	32
葡萄柚	3.81	1.96	88.8	14.4[i]	58[i]
葡萄	3.57	1.87	81.6	-0.6	31
柠檬	3.83	1.97	89.3	12.8	55
莱姆酸橙	3.62	1.88	82.9	8.9[i]	48[i]
西瓜	3.75[ii]	1.94[ii]	87.0[ii]	4.4	40
橄榄（新鲜）	3.36	1.79	75.2	7.2	45
橘子	3.76	1.94	87.2	2.2	36[i]
桃	3.82	1.96	89.1	0	32
梨	3.61	1.88	82.7	-1.1[i]	30[i]
未熟透的凤梨	3.70	1.91	85.3	10.0	50
成熟的凤梨	3.70	1.91	85.3	4.4	40
李子	3.60	1.88	82.3	-0.6	31
梅干	3.60	1.88	82.3	-0.6	31
温悖	3.70	1.91	85.3	-0.6	31
葡萄干	1.97	1.38	—	4.4	40
覆盆子	3.54	1.86	80.6	-0.6	31
草莓	3.85	1.97	89.8	-0.6	31
橘子	3.76	1.94	87.3	4.4	40
洋蓟	3.64	1.89	83.7	-0.6	31
芦笋	3.96	2.01	93.0	2.5[i]	36.5[i]
绿豆类	3.82	1.96	88.9	7.2	45
青豆类	3.07	1.68	66.5	4.4	40
甜菜	3.77	1.94	87.6	0	32
花椰菜	3.85	1.97	89.9	0	32
牙洋白菜	3.85	1.97	89.9	0	32

续表

卷心菜	3.94	2.00	92.4	0	32
胡萝卜(成捆)	3.79	1.95	88.2	0	32
胡萝卜(成箱)	3.79	1.95	88.2	0	32
花椰菜	3.91	2.00	91.7	0	32
芹菜	3.98	2.02	93.7	0	32
甘蓝叶	3.75	1.93	86.9	0	32
玉米(新鲜)	3.32	1.77	73.9	0	32
黄瓜	4.06	2.05	96.1	10.0	50
茄子	3.95	2.01	92.7	10.0	50
菊莴苣	3.97	2.02	93.3	0	32
大蒜(干)	1.86	1.22	30.5	0	32
青菜(带叶)	3.72[ii]	1.92[ii]	86.0 [ii]	0	32
甘蓝类蔬菜	3.74	1.93	86.6	0	32
莴苣	4.02	2.03	94.8	0	32
大葱(新鲜)	3.70	1.92	85.4	0	32
蘑菇	3.89	1.99	91.1	0	32
秋葵	3.85	1.97	89.8	7.2～10	45～50
洋葱	3.77	1.94	87.5	0	32
荷兰芹	3.69	1.91	85.1	0	32
荷兰防风草	3.47	1.83	78.6	0	32
嫩豌豆	3.61	1.88	82.7	0	32
胡椒	3.94	2.00	92.4	7.2～10	45～50
马铃薯	3.56	1.86	81.2	3.3	38
番薯	3.13	1.70	68.5	12.8	55
南瓜	3.87	1.98	90.5	12.8	55
萝卜	3.98	2.02	93.6	0	32

续表

大黄	4.02	2.04	94.9	0	32
芥菜	3.82	1.96	89.1	0	32
泡菜(小桶装)	3.83	1.96	89.2	0	32
菠菜	3.95	2.01	92.7	0	32
橡实南瓜	3.87	1.98	90.5	7.2	45
夏产南瓜	3.99	2.02	94.0	7.2[i]	45[i]
冬产南瓜	3.81	1.96	88.6	10.0	50
未熟透的番茄	3.96	2.01	93.0	12.8	55
成熟的番茄	3.99	2.03	94.1	10.0	50
芜菁	3.91	1.99	91.5	0	32
蔬菜种子	1.24	0.99	12.0[ii]	0	32
各种混合蔬菜	3.92[ii]	2.00[ii]	92.0[ii]	1.7[ii]	35[ii]

注：* 最佳温度可能随产品种类或种植地点的不同而不同；
　　i 表示冷冻易腐品的海运集装箱运输；
　　ii 表示平均值。

表 5-2 各种产品的最佳预冷方式（摘自《冷却果蔬产品》）

产品		操作量		备　　注
		小型	大型	
木本果类	柑桔属水果	冷室预冷	冷室预冷；强制风冷	杏子不能用水冷
	核果	强制风冷	强制风冷；水冷	
	仁果类水果	冷室冷却	强制风冷；冷室冷却；水冷	
	亚热带水果	强制风冷	强制风冷；水冷；冷室冷却	
	热带水果	强制风冷	强制风冷	
浆果类		强制风冷	强制风冷	
猕猴桃		强制风冷	强制风冷	
葡萄		强制风冷	强制风冷	需要能适应 SO_2 熏蒸的速冷设施

续表

叶类蔬菜	卷心菜	强制风冷	真空预冷;强制风冷	
	卷心莴苣	强制风冷	真空预冷	
	甘蓝	强制风冷	真空预冷;冷室冷却;洒水真空冷却	
	生菜;菠菜;菊苣;小白菜;大白菜;莴苣菜	强制风冷	真空冷却;强制风冷;洒水真空冷却;水冷	
根菜类蔬菜	Without tops	水冷;强制风冷	水冷;强制风冷	胡萝卜可以用真空预冷
	Topped	水冷;冰冷;强制风冷	水冷;冰冷	
	爱尔兰土豆		带有蒸发制冷器的冷室预冷	加工操作需要使用带有蒸发制冷器的设备
	甜土豆	冷藏室冷却	水冷	
茎类和花菜类蔬菜	洋蓟	强制风冷;冰冷	水冷;冰冷	
	芦笋	水冷	水冷	
	花椰菜,抱子甘蓝	强制风冷;冰冷	水冷;强制风冷;冰冷	
	花椰菜	强制风冷	强制风冷;真空预冷	
	芹菜,大黄	水冷;强制风冷	水冷;洒水真空冷却;真空预冷	
	葱,韭菜	冰冷	冰冷;水冷;洒水真空冷却	
	蘑菇	强制风冷	强制风冷;真空预冷	
豆荚类蔬菜	菜豆	强制风冷	水冷;强制风冷	
	豌豆	强制风冷;冰冷	强制风冷;冰冷;真空冷却	
葱蒜类蔬菜	干洋葱	冷室预冷	冷室预冷;强制风冷	
	大蒜		冷室预冷	
水果型蔬菜	黄瓜,茄子	强制风冷;强制风冷-带蒸发设备	冷室预冷;强制风冷;强制风冷-带蒸发设备	
	瓜类 甜瓜	强制风冷;强制风冷-带蒸发设备	水冷;强制风冷;冰冷	

续表

	蜜瓜	强制风冷;强制风冷 蒸发冷却	强制风冷;冷室预冷	
	西瓜	强制风;冷室预冷	强制风冷;水冷	
	辣椒	强制风冷;强制风冷 蒸发冷却	冷室预冷;强制风冷;强制 风冷蒸发冷却;真空冷却	
	西葫芦,秋葵	强制风冷;强制风冷 蒸发冷却	冷室预冷;强制风冷;强制 风冷蒸发冷却	
	甜玉米	水冷;强制风冷;冰冷	水冷;真空冷却;冰冷	
	番茄		强制风冷;强制风冷 蒸发冷却	
	笋瓜	冷室预冷	冷室预冷	
新鲜草本植物	未包装	强制风冷;冷室预冷	水冷;强制风冷	
	已包装	强制风冷;冷室预冷	强制风冷在水冷中易被 水流冲击而发生损坏	
仙人掌	仙人掌叶	强制风冷	冷室预冷	
	仙人掌果	强制风冷	冷室预冷	

5.3　冷冻

为了使消费者所购买的产品有更长的保质期,有些产品在采收后需要以最快的速度冷冻起来。在极低的温度下迅速冷冻并维持合适的贮存温度。保存适当的果蔬产品在几个月内能保持最佳口感、质地、色泽和营养含量,个别情况甚至能达到几年。果蔬品质和货架期的延长大幅提升了种植商的经济效益,使其能更好地掌控市场预期,同时也迎合了当今消费者的消费偏好。

5.3.1　冻品及其变质过程

冻品在冷冻状态下的稳定状态与其口味和颜色的变化速度有关。虽然冷冻仓储应用的范围很广泛,但并不是所有产品都适合。例如,用于做沙拉的蔬菜在解冻后会失去其清脆口感。一般而言,新鲜果蔬含水量越高,解冻后品质降低也就越大。

在管理良好的冷链中,相比于其它食品保存方法,冷冻过程更有助于提高产品质量和保持产品完整性,因为微生物在-10 ℃或更冷的环境下会停止生长和繁殖。当温度处于-10～3 ℃,一些微生物会导致食品变质但不会引起食品中毒。当温度处于0～5 ℃之间时,能够导致食品中毒的有害微生物会停止或减缓增长,根据病原体的不同,减缓程度也会有所差异。此外,冷冻温度会阻碍原本会发生的生化反应和酶促反应的发生。但是冷冻过程不能消除

已存在的病原微生物和微生物毒素。

　　未完全冷冻食品变质的主要原因是遗留在未结冰水中的高浓度溶质。运输或仓储时温度的波动会加重这些溶质对冻品的影响。产品在融化后重新冷冻的过程中,先前从小晶体中融化出来的水会趋于和未融化的晶体结合,使那些未融化的晶体尺寸扩大。而大型的晶体会导致冷冻食品的质地、口味、颜色和其它性质产生不良变化。值得注意的是,"冷冻"产品有时表面看是冷冻状态,但其实未必。举例而言,肉制品在-4℃时,虽然看起来像是完全冻结,但实际只有70%的水分处于冻结状态。这也就是为什么肉制品在温度越低的时候货架期越长。由于回温会给产品质量带来巨大损失,许多冷冻食品行业将-12℃设为产品能接受的最低温度。

5.3.2　冷冻果蔬需要考虑的主要因素

(1)原料的选择和前处理

　　为了保证冻品在运输和仓储中的质量,食品在装载到冷藏车和冷库的过程中需要保持完全冻结的状态。未被冷冻或冷冻不足会在运输和仓储过程中造成产品质地、外观和口味等品质的严重下降。

　　果蔬冷冻成功的关键在于能否将新鲜果蔬的品质最大限度地保留在冷冻后果蔬中。为了达到这个目标,对于新鲜原料的选择要谨慎,品质不佳的原料不应采用冷冻保存。成熟、健康的果蔬可能适于新鲜消费品市场,但对冷冻而言并非最佳选择。这是由于果蔬对于冻害非常敏感。鉴于细胞蓄水能力对冻品的质地和整体质量的重要影响,冻结过程中的物理和化学效应对冻品有很大损害。在冷冻过程中产生的胞内冰会使有些产品永远无法回到原始状态。这种对细胞的损害会导致冻品在解冻过程中流失更多水分,同时产品外形和质地也会发生变化。

　　果蔬品种选择和冷冻前预处理是提高果蔬产品冷冻后质量的两个主要方法。对于某一特定果蔬产品的多种品种,其中某些品种会更适合冷冻加工。即使这些冻品在冻结前的自然新鲜的状态完全相同,在解冻过程中,由于脱水而引起的质量流失很大程度上也会因产品品种不同而不同。冷冻前预处理的本质是阻断那些会降低质量和含水量的生化反应,有效地减少甚至消除质量损失。通常的处理方式有清洗、浸泡、热沸,同时还有一些分段处理方法如粉碎、涂料、研磨和包装等。热沸处理对于高品质冷冻蔬菜的生产非常重要。在这个过程中,沸水或蒸汽可消灭会导致食品变质的活酶。此后,食品必须迅速降温,以避免被煮熟。热沸处理也有助于消除破坏蔬菜表面的微生物,从而更有效地保障产品质量和延长保存时间。对于水果而言,预处理中产生的化学物质有助于控制引起褐变和维生素C流失的酶的产生。

　　水分流失是果蔬产品在冷冻冷藏阶段品质下降的一个重要因素,快速降温能限制结晶的尺寸,减少脱水,从而提高产品品质并减少产品损害。

小案例

冷冻苹果和梨

　　某公司向客户运送一批苹果和梨,要求在运输过程中设置温度为 0 ℃。但是,当这批水果送至顾客时,却出现了意想不到的结果。整车的水果全部冻结住,水果的中心温度为零下 20 ℃。由于冰冻的水果无法食用,因此造成了整车的全部损失。

图 a　冷冻苹果(左图)和梨(右图)

　　为找出这批水果低温和冷冻的原因,该公司对整个运输过程进行了检查。在水果运输前,华盛顿农业部(WSDA)的认证表明这批水果状态良好,并没有受到任何冷冻伤害。而送至客户那里时,温度数据采集器则显示所设定温度为 0 ℉,而并不是规定的 0 ℃。这种没有区分华氏度和摄氏度的人为失误,为公司带来了很大的损失。

(2)温度控制

　　在大多数情况下,冻结不足的产品在低于冰点的温度下,其品质将进一步恶化。冷冻食品的变质速度和温度息息相关。温度越低,产品变质速度越慢,货架期也越长。未冻结或者部分冻结的食品则会出现质地、颜色、味道和其它性质的变化。部分冻结产品中的未被冻结的水对产品品质的影响是致命的,因为这些水会导致酶促反应和非酶促反应的发生,从而导致产品褐变和腐败,当这些未被冻结的水分逐步增加时,对产品的损害是最大的。减轻或避免这些问题发生的关键就是要控制温度。目标温度越低,未冻结水分就越少,可获得的产品品质也就越高。

　　如果想获得高品质的冻品,最好将食品存贮在-18 ℃或更低温度的环境下。高于-18 ℃,产品变质的速度会加快,因此也减少了产品的货架期。对于某些产品,即使短时间暴露在高于-18 ℃的环境下也会明显减少产品货架期,如蔬菜、肉类和鱼类。举例来说,冷冻豆类在-18 ℃下一年内的质量损失,在-12 ℃时只需三个月,而在-7 ℃时只需要三个星期。对于某些冻品,其贮存温度甚至要低于-18 ℃。比如,-18 ℃时生冷虾壳上出现白色斑点的速度是其在 - 25 ℃时的四倍。此外,预先煮熟的食品和鱼类相较于生肉,其货架期更短,且必须要放在更低的环境温度下贮存。举例来说,熟食在-30 ℃下货架期是 27～70 个月,在-15 ℃下货架期是 5～15 个月。

(3)反复冻结-解冻

　　一旦达到预设温度,将温度控制在最佳温度附近并使温度波动达到最小就变得非常重

要。这种温度波动会导致少许冰晶的融化并重新冻结。每次发生这种融化后,小冰晶就会重新冻结到大冰晶上,这样会加剧细胞损害并且破坏产品的质地。此外,这种温度的波动也会造成产品的水分流失。

如果冷冻食品反复经历冻结-解冻-重新冻结的过程,那么产品就很可能腐败。事实上,对于冻品而言,没有什么损害比反复冻融来得更大了。

融化或部分融化

细胞中的小型冰晶　　　　　　细胞中的大型冰晶

图5-7　反复冻结-解冻过程致使植物细胞内冰晶尺寸增加过程演示图

仓储温度波动达到3℃上下时就会产生变质。当水在冷冻食品中冻结,它的体积会膨胀9%,并且会形成冰晶,冰晶的体积根据冻结的速度不同而不同(缓慢冻结导致较大冰晶,快冷冻结导致较小冰晶)。冰晶通过在其表面水分的增加而不断增长。当冻品融化时,从小冰晶上融化的水分重新冻结到大冰晶的表面致使冰晶体积增长。冰晶越大,对冷冻食品的组织损害越大,导致产品的货架期的缩短、汁液流失、营养流失和外观变形。

(4)冻灼现象

食品包装是食品冷冻时要考虑的另一个因素。适当的包装能减少水分流失,防止冻灼现象的产生,同时防止外部环境中的空气、水汽和污染物进入包装内。

产品冻灼是食品品质问题,而不是食品安全问题。它不会导致食品对人体产生伤害。冷冻食品的冻灼表现是出现一块棕灰色区域。这种变色是由食品色素的化学变化导致的。处理冻灼对食品的伤害最简单的方法就是将受损区域切除。严重灼伤的产品只能被丢弃。

冻灼不是由于温度波动而引起的。冻灼主要是仓储期间脱水、冰升华而引起的食品变色和变味,当空气接触产品表面并将水分吸走时就会发生冻灼。这个过程增加了氧气与食品表面的接触面积。冻灼的扩展主要与"升华"现象有关。升华是指当食品被冻结时水汽分子通过冷空气而逃离冻品表面的现象。升华会加剧氧化反应,而氧化反应会永久性地改变产品色泽、质地和味道。

当没有采用合适的气密、防水、防汽的材料对产品进行包装时,冻灼就会产生。仓储温度过高或者温度波动会加速冻灼现象的扩展。因此防止冷冻灼伤最好的方式是恰当的包装和合理的温度控制以避免水分流失。在冷冻食品表面平铺、浸渍或者喷洒一层冰膜对防止冷冻灼伤也很有效。此外,有些用作冻结融化的稳定剂会控制水分的移动,所以也会有助于通过减缓水分的释放而增大对冻灼的抵抗力。

5.3.3　冷冻技术与设备

5.3.3.1　冷冻技术

多数冷冻机的设计都是基于机械制冷或者低温液体冷冻技术。机械制冷技术在需冷却的现场或附近制造低温环境,通常依靠电源运行。常见的系统通过蒸气压缩循环能达到

-40 ℃。通常,利用机械制冷的现场都有一个制冷的中央系统。这些系统可以使用各种压缩机,包括往复式、滑片式、螺杆机和离心式。中小型工厂通常使用往复式压缩机,而一些更大的工厂则用螺杆机和离心机。低温液体技术通常采用液氮或干冰等低温液体,能达到-80℃甚至更低的温度。低温液体冷冻方式的制冷效果远比机械制冷好,特别是在要求快速冷冻的情况下。大型冷冻机厂通常通过管道或储罐来供应低温液体。

这两种冷冻技术在各种冷冻机设计中都会用到。尽管制冷手段不同,但不同的冷冻机类型也可以共享一些共同的特征。先进的制冷设备一般都采用集成流水线冷冻或者批次冷冻技术,也可根据处理产品的不同对制冷设备进行分类。对每种速冻包装的产品,需要考虑的因素很多,因此也需要不同的冷冻处理。在食品加工行业,运营商更愿意采用能整合加工与包装的流水线系统。

多数冷冻机设计都采用空气作为冷媒。由于各种潜在问题,这种方式的使用存在很多弊端。然而,很多仓储室还是设计成一种气流式的冷库,称为速冻冷库或者鼓风冷库。这种冷库的冷冻速度通常较缓慢,从而会降低产品质量。此外,如果将温度较高的产品放到一个已存放冻品的冷库中,那么新入库的产品的味道就会传递到已冻结的冻品上。这种方法最主要的问题是,在产品上通常没有合适的气流过流。然而,这种设计仍然被用于冷冻大块的产品,如大块牛肉,但是对于加工过的食品不适用。

5.3.3.2 冷冻设备

隧道式冷冻机(图 5-8)由一组冷冻机组成,当产品放在隧道或通过隧道时,冷却的空气就在产品周围流动。这种冷冻机既能用机械制冷也能采取低温液体冷冻技术,故大多数产品都能适用。最基本的设计形式是将一排货架或托盘并排放在隧道里面,让冷冻气流在其间流动,并使用叉车或者其它推动机械运送载有产品托盘的机架。由于冷冻机的制冷能力和空气流量配置只符合特定的产品取件,待冻结的产品加工量和品种的改变有可能对冻结效果产生不利影响,并且引起产品品质的降低。此外,操作效率的低下也会导致产品水分流失和更高的人力要求。隧道冷冻方式也可以被设计成全自动化,利用一个轨道推动装置推动产品经过冷冻机。这种推动装置通常采用液压系统作为动力源。这种隧道冷冻系统和一般的隧道冷冻系统的优缺点相仿,只是在流水线操作功能上更胜一筹。在这些系统中,机械制冷设备设计时采用的构造都基本相似。带有蒸发盘管的钢铁框架立在隔热板上。风机运作使空气流动,然后穿过装载着产品的轨道小车。冷冻机的产品冷冻能力可以从每小时几百公斤至几吨不等。

图 5-8 两种制冷能力不同的隧道式制冷机(左图所示制冷能力较大,右图制冷能力较小)

　　隧道冷冻也可以采用低温液体冷冻技术。系统设计基本不变,只是要用喷嘴机械将液态氮或者二氧化碳直接喷洒到食品表面而不是像机械制冷那样使用蒸发盘管。隧道冷冻具有冷冻速度快、灵活性好等优势。产品与冷媒之间的直接接触,提高了传热效率,使得降温速度更快。此外在低温隧道里低温液体的添加速度不依赖于气体速度,因此可以方便的适应生产变化情况。然而,低温液体与产品的直接接触会消耗大量的低温液体,特别是当加工量和产品品种变化时会更为明显。

　　鼓风式冷库是最简单的机械制冷冷冻设备。这些设备通常是由不锈钢制成,通过一条传送带使产品通过该系统,同时传送带上放的风机使蒸发盘管出来的冷空气在产品周围流通,然后回到盘管里。适用这种方法冷冻的产品包括汉堡包、比萨饼、蔬菜和半成品饭菜。隧道制冷和鼓风式冷库的共同缺点是它们都需要占用很大的空间。

　　螺旋式冷冻机则占地较小,将笔直的传送带以垂直螺旋的方式放入一个隧道或鼓风式冷冻机。这些冷冻机通常采用机械制冷方式,其制冷能力从 500 千克/小时至 10 000 千克/小时不等。

　　除了上述的几种方式外,还有其它一些冷冻机型式。板式或者接触式冷冻机采用机械制冷并且适用于大批次产品的处理。这种典型形式的冷冻机应包括一个能生产标准冻结产品的冷冻仓。一个 25 站垂直板式冷冻机能生产 75 mm 厚的板块,每天能处理 10 000 千克的产品。其对于大批产品的快速冷冻和仓储十分有效,但是对于个别产品的转售就不适合了。自动鼓风式冷冻机相较于自动板式冷冻机也有一些特别的优点。由于冻结的是标准化模块,鼓风冷冻机能持续处理不同厚度的产品。同样的,产品是可以非正规形状,它们的制冷能力也更大一些。

　　沉浸式冷冻机是把产品和无毒制冷剂直接接触,如甘油、氯化钙、糖盐混合物或液氮等。对于体积较小的果蔬产品,如液氮中的豌豆,液氮的沸腾能使豌豆互相隔离,并保证很高的传热系数。对于体积较大的禽类产品,这种技术往往是和机械制冷结合使用的。家禽会在液态制冷剂中浸泡 5～50 秒,快速形成一个冷冻膜,有助于防止脱水。如果只采用沉浸式冷冻,那么产品需要浸泡达几个小时才能完成整个冻结过程。因此在最初的浸泡完成之后是隧道冷冻或者鼓风冷冻,以便在较短时间内完成全部冻结过程。此时,浸泡产生的冷蒸汽会提高机械制冷的制冷能力。

　　流化床冷冻机对于体积较小的独立产品的速冻非常有效,如果蔬的半成品等。冷空气穿过一层形状和尺寸适当的固体颗粒,如小型蔬菜切片等单体速冻产品。当气流上升,颗粒就会漂浮起来并达到一种类似流体的状态。如果没有这种现象,切割成小体积的产品很容易粘结在一起形成块状,导致冷冻的效果非常不理想。因为满负载与部分负载的空气分布是相同的,所以这种冷冻机的工作与负载量的大小没有关系。每小时的加工量范围从 5 吨至 12 吨不等。由于被冷冻机覆盖表面积较大的缘故,翻滚和旋转隧道可利用低温冷冻来实现较高的产品质量和较大的吞吐量。需要被冷冻的产品必须能承受发生在冷冻机中正常的振动。因此,它们经常被用来冷冻拌有肉末肉丁的蔬菜和面包。固定隧道式或板箱式冷冻机通常利用机械制冷技术,产品通常被放在托盘、货架或推车中,然后整个被放入到一个带有制冷盘管和风机的绝热箱子中。

5.3.4　冷冻机的选择与操作

　　选择冷冻机的时候要考虑尺寸、可靠性、通用性和清洁性等因素。待冻结产品的尺寸和类型很大程度上决定了应该选用何种冷冻机。不同形式的冷冻机和不同形式的冷冻技术会对设备投入资本和运营成本产生很大程度影响。总的来说,低温冷冻技术的初期投资要比机械制冷技术要低。但是,因为运营商要从第三方采购所需的低温液态气体,运营成本将提高。就尺寸而言,低温冷冻技术的单位尺寸比机械制冷要小,意味着在相同加工量的情况下,低温冷冻所占的面积只需要机械冷冻机的一半。机械制冷冷冻机的初期投资会比较高,而运营成本相对较低。但是,机械制冷中用到的制冷系统对操作人员和维修人员的技能素质要求比较高。

所有的冷冻系统都必须经常清洗。所以在选择型号时要选择一个能方便清洗,或者至少能清洗运转部件的机型是很重要的。此外,针对独立的多温控区域的复杂配置还必须准备一套计划明确的控制预案。这一点在使用低温冷冻技术时尤为重要。因为它关系着制冷剂的消耗量,也就直接影响着运营成本,当产品更换或加工量改变时,运营成本就会上升。

另一个操作时要注意的是机械式冷冻机的蒸发器盘管结霜造成的负面影响。考虑到这一点,对于水分排放量较大的产品应该放在较大的冷冻机中以给结霜提供缓冲区。此外,系统还可以进行自动化设计,使在正常运行时能进行除霜操作而不会导致停机。在这点上,低温冷冻技术优势比较明显,因为它们通常不需要除霜。

在讨论流水线系统较短的冷冻时间时,我们必须要分清"设计能力"和"工作能力"的区别。设计能力是在当产品已连续特定的方式供给时,产品温度降低的情况。然而在实际操作中,产品负荷会变动,在峰值时必须要适当减少产品的供给量以确保实际工作能力不超过设计能力。这种调整是必要的,因为产品处理量的变动会影响产品温度。故产品的平均供给量可能会低于设计能力的供给量。

此外,由于换班、人员休假、设备保养以及达到满载能力的过渡时间都应计算入产品供给量的削减考虑中。整体而言,对一个特定产品,一个冷冻系统的实际工作能力一般是其设计能力的70%。

表 5-3　常见果蔬在不同温度条件下的仓储时间比较

常见水果在不同温度条件下的仓储时间比较			
产品	-12 ℃	-18 ℃	-24 ℃
水果 木莓,草莓(未处理)	5 月	24 月	＞24 月
用糖腌制的木莓,草莓	3 月	24 月	＞24 月
桃子,杏子,樱桃(未处理)	4 月	18 月	＞24 月
用糖腌制的桃子,杏子,樱桃	3 月	18 月	＞24 月
高浓缩果汁	—	24 月	＞24 月
蔬菜· 带绿芽的芦笋	3 月	12 月	＞24 月
绿豆	4 月	15 月	＞24 月
利马豆	—	18 月	＞24 月

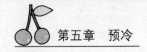
续表

蔬菜	西兰花	—	15 月	24 月
	芽洋白菜	6 月	15 月	＞24 月
	胡萝卜	10 月	18 月	＞24 月
	花菜	4 月	12 月	24 月
	煮玉米	—	12 月	18 月
	玉米（切开的）	4 月	15 月	＞24 月
蔬菜	人工栽培蘑菇	2 月	8 月	＞24 月
	嫩豌豆	6 月	24 月	＞24 月
	红辣椒、青辣椒	—	6 月	12 月
	油炸土豆	9 月	24 月	＞24 月
	菠菜（切碎的）	4 月	18 月	＞24
	月洋葱	—	10 月	15 月
	经漂白处理的大葱	—	18 月	—

注:摘自美国《冷冻食品加工和处理建议》

5.4　总结

冷却与冷冻是易腐品进入冷藏贮存和冷藏运输环节,保证冷链完好的必要途径。在合适的时间,采用合适的降温方式,达到合适的温度,这对于延长易腐品贮存期,保持易腐品品质,降低能耗都有益处。特别是在果蔬在采摘后进行的及时预冷,对于果蔬的贮存意义非凡。目前,我国的农业生产和流通领域中,一些资金实力较为雄厚,经营手段先进,管理水平较高的企业已经普遍采取采后预冷的措施。但是,在大多数地区,特别是广大的农村生产作业单位,由于受资金、信息、观念、种植和管理水平等诸多因素的影响,农产品采收后大都不进行预冷处理,这就大大降低了农产品采收后保鲜贮存的时间。不但产品品质上不去,而且许多产品在贮存中出现较大的损失,直接影响作业单位的经济效益。

冷却和冷冻的不同处理需要根据易腐品的性质和实际的需要决定。需要注意的是,在进行不同的降温处理的时候,要考虑是否要进行相应的预处理操作等,例如果蔬的细胞组织比较脆弱,在需要进行冷冻处理时,必须进行相应的预处理。

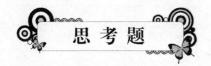

思 考 题

(1)农产品在采收后为什么要进行预冷?

(2)简述各种冷冷方法。

(3)冷冻果蔬时需要考虑的因素有哪些?

(4)冷冻机的种类主要有哪些?简述其工作原理及适用情况。

第六章 低温仓储

我国果蔬物流过程损失率高达30%,一旦遇到恶劣天气,情况更糟。可以通过一些冷链的推广(首先是产区的储存问题)尽量减小这部分损失。在整个冷链过程中储存的作用举足轻重,低温储存可以有效地控制新鲜食品在储存过程中温度波动对食品品质的影响。因此产区冷库的建设势在必行。

——国家农产品现代物流工程技术研究中心负责人 王国利教授

专业术语:

配送中心(Distribution Center)　　　　越库配送(Cross-docking)
仓储(Warehousing)　　　　　　　　　　储存(Storing)
库存(Inventory)　　　　　　　　　　　制冷剂(Refrigerant)
冻伤(Frostbite)

6.1　引言

低温仓储设施通常用于易腐品在冷藏温度(室温~-2.2 ℃)或者冷冻温度(-18~-40 ℃)的短期、中期或者长期储存,目的是保证易腐品的品质和消费者的安全。本章将讨论所有类型的冷藏设施,包括冷库、配送中心、加工中心以及步入式冷柜,其中有些共性问题和因素需要在设计和建设阶段予以考虑。

6.2　低温仓储设施的类型

这里按照全程冷链的过程分别介绍从供应链上游到下游所涉及到的低温仓储设施。

(1)**大型冷库**

冷库用于易腐品的储存,可分为不同类型,比如散装货物仓库和成品货物仓库。也可分为降温库和保温库。冷库的真正功能和货物的类型将决定冷库的各种参数:仓库大小、平均储存时间、温湿度分区(分库)的数量和类型。冷库有时也会包含一定的加工区域,而不仅是简单的温湿度控制,在设计的时候应特别考虑。图6-1为大型冷库图片。

(2)**加工中心**

加工中心(如图6-2)一般负责把原材料部分或全部加工成包装产品,通常使用大型设施,设有仓库。由于较多地使用机械设备,比如传送带、恒温箱等,因此冷冻加工中心通常比大型冷库或者配送中心需要更多的制冷量。加工中心的设备通常用来处理货物表面的颗粒或者化学物质,以及加工车间卫生的清洁。

图 6-1 大型冷库

图 6-2 加工中心

（3）配送中心

配送中心通常也是大型仓储设施，用于短期储存和整理不同来源的货物以及根据订单给客户发货。配送中心和大型冷库在设计和建造时的理念往往是类似的，但是两者在具体使用时会有所不同，例如：

1）配送中心需要分类产品和填写订单；

2）由于放置时间短，货物很可能储存在配送中心；

3）货物箱和条板箱会放置在配送中心；

4）配送中心也会有自己的装卸月台，且开关门更加频繁。

越库配送中心（如图 6-3）几乎不设储存区域，比较典型的配送中心一般宽约 75 米，长约 300 米，两端设置若干装卸进出口。产品在一端从车辆卸下，分类整理，然后在另一端头装上冷藏车离开中心，进入零售环节。

图 6-3 越库配送中心

（4）步入式冷柜/冷藏室

步入式冷柜/冷藏室一般是非独立设施，通常和其它制冷设备共享一套制冷机组，应用于零售或者餐饮服务，少量的产品在较短时间内保存，直到被使用或者出售。

有些零售场所需要采用多温设计，此时可采用多个互相独立的步入式冷柜/冷藏室，或者是混合步入式冷柜/冷藏室。后者采用多个小隔间共用同一个外围壁面的设计。最常用的是两室混合设计。在一些较大的食品服务设施中，这种混合式的步入式冷柜/冷藏室可以有多达 6 个甚至 7 个隔间，包含了来料散货储存（肉类，鱼类及其它农产品），中央处理厨房（CPK）以及成品储存区域。这些内部隔间之间通常有活动门可以互通。

图 6-4 步入式冷柜/冷藏室

在便利店、药店这样的零售场所,步入式冷柜/冷藏室往往带有展示功能,设计有自助式的货架,且会集成冷冻和冷藏功能,如图 6-4。

6.3 低温仓储设施的设计

6.3.1 热负荷的定义

低温仓储设施会同时与外部环境和内部货品进行热交换,它会最小化并平衡各种热源。主要热源有:太阳热负荷,天花板、壁面、地板导热,漏热,产品热和附加热负荷。这些热负荷的大小决定了低温仓储设施的制冷量。将各个房间的热负荷单独计算,以便根据制冷量和必要的安排来合理设计系统。

为了保证得到不同的冷藏温度,需要对各单独的制冷空间的热负荷进行计算处理。每种热负荷的描述及与仓储设计相关的注意事项如下:

(1)太阳热负荷

太阳热负荷是指低温仓储设施因暴露于太阳辐射下而获得的热量。两个最重要的影响因素是设施的位置以及建造的方法,比如设施的环境、朝向、经纬度、每年以及每天使用时长等都会影响设施的太阳辐射量。例如,相对于植被较多区域,建在反射表面(沙子或水)区域附近的低温仓储设施,需承受更多的太阳热负荷,在设计时应考虑这些热负荷。另外,建造过程中采用具有较好绝热性能的材料,将有助于降低太阳热负荷。

(2)天花板、壁面、地板导热

低温仓储设施的天花板、壁面、地板所采用的建筑材料,对于降低设施的热量传递以及太阳热辐射会起到重要作用。材料本身的类型以及厚度是至关重要的因素。从材料本身来说,具有低热传导率的材料意味着更好的绝热效果。同等条件下,越厚的材料具有越好的绝热效果。

为简化起见,材料的热阻 R 被用来综合衡量材料组成及厚度对传热的影响,R 越大,材料的绝热性能越好。

(3)漏热

由于冷暖空气的密度不同,当门开启时,外部的暖空气会进入低温储存区域,导致热量渗入低温区域。另外暖湿空气中的水分凝结所释放的潜热也会增加制冷系统的负荷。开关门的次数和时长通常是不一样的,然而,制冷系统的设计必须考虑补偿这些潜热和显热的负荷。对于那些含(释放)水量较多的产品,必须考虑去除空气中的水分,避免在货品表面结冰。

（4）产品呼吸热

低温仓储设施的目的是用来储存易腐品,但正是这些产品附加了热源,被称为产品呼吸热。当产品运至低温储存设施内部时,空间内部温度升高,产生了附加的热源。这些热源主要来自两个方面:产品与储存空间的温差以及产品呼吸作用产生的热源。产品刚装入储存区域时,产品本身温度一般高于区域温度,此时需要做降温,直至温度与区域温度一致。果蔬等货品在采收后仍会继续呼吸。呼吸作用会产生附加热源,这对于制冷设备来说是额外"负担"。呼吸作用所产生的热负荷与温度有关,温度降低时,热负荷会显著减少。一般温度每升高10℃,呼吸热就会增加2～3倍。应当注意,肉类货品不具有呼吸作用,也就不会在储存时继续产生热量。

（5）附加热负荷

除了所储存的货品,低温仓储设施中所进行的操作也会带来额外的热源,例如区域内工作人员人体产热、呼吸产热、光源、电机及其它产热设备(如叉车等车辆),这一点在进行制冷系统和设施设计时也应予以考虑。对于产品本身以及设施使用的充分全面考虑是低温仓储设施优化设计的关键。另外,库存周转量也是需要考虑的。

图6-5　低温仓储设施中的操作

6.3.2　产品要求

产品的类型以及客户要求决定了设施的温度要求。各种产品已经有了标准化的温度要求,在分析这些要求时,必须考虑贮存的兼容性,确保将不能贮存在一起的产品分开贮存。如:1)确保所有贮存在一起的产品温度和相对湿度具有相同的范围;2)将乙烯释放量较高的货品与那些对乙烯敏感的货品分开;3)将释放气味的货品与那些容易吸收气味的货品分开;4)评估各种货品的化学处理方法;5)评估所有贮存在一起的货品的气调参数的兼容性。

果蔬对于温度的变化较敏感,很小的温度波动都会对某些货品产生不可逆转的损害。例如,许多热带水果如果在较低温度下储存会被冻伤。这些果蔬的适宜冷藏温度各有不同,一般在2～12.8 ℃。另外,较低的温度或者较大的入库温差会导致某些货品严重脱水,因此

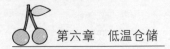

在系统设计时应特别注意,在中等湿度时,尽量减小蒸发器盘管的温差,或者通过加湿器提高湿度等。

不同货品不仅有不同的温度要求,而且在气调(湿度、氧气、二氧化碳、一氧化碳或者乙烯等)、冷处理和预冷处理(敷冰的货品需要地板上有排水设施)上的要求都有所不同。

对于加工型设施,要求具有清洁的环境。为此,带有空气处理设备的制冷设备必须满足严格的卫生和清洁要求。这种设备可以安装在室内或者室外,通过导管来连通。也会要求附加部件(比如空气过滤器和紫外灯)来去除微生物。英格索兰的环境管理系统亿美师(EMS),采用一套表面及空气净化的专利技术,能有效地杀灭各种细菌、霉菌和病毒,且没有任何化学残留物质,从而延长易腐品的货架期。

6.3.3　制冷系统的选型

6.3.3.1　低温仓储设施的规模要求

按照所用制冷剂的类型,低温仓储设施可以分为氟系统和氨系统。在选择冷库的过程中,从成本角度来讲:氟的贵一些,氨的较便宜;从环境角度来说,即从安全、健康的角度来说:氟有很多的优点,没有怪味,而氨稍微多了一点就易引起中毒,所以国家对氨型冷库有很多规定;从运行或服务角度来讲,因为氨可能会泄露,泄漏后可能会引起中毒,所以氨型冷库在这方面有很多的要求,它要求厂家、服务人员 24 小时在岗,相对来说,氟型冷库在这方面的技术要求会低一点,它的管理大都是自动化的。

通常,制冷系统的类型决定于设施的规模要求:较大型的配送中心和冷库(面积大于5000 m² 左右),冷量在 350 kW 以上(基于热负荷要求),经常选用氨系统(图 6-6);面积小于1500 m² 的经常采用 R404A 或者 R134a 系统;面积介于二者之间的通常根据实际情况考虑选用以上某种系统。

图 6-6　氨系统局部

实际操作中,如果是商业上用的较小的冷库,用氟可能优势会多一点;如果是大型的商用冷库,如 25～700 吨的冷库,究竟是选择氟还是氨还要根据企业规模的大小和地理位置而定。因为如果处于市中心,周围有很多居民居住,就要谨慎处理了,一般在这种情况下建议选择氟型冷库。如果地处郊区,就可以选择氨型冷库。在工业上还是用氨的冷库比较多。

除了设施的规模大小要求,还要考虑政府的法规,客户的喜好以及有无合适的服务维修人员。

6.3.3.2 法规要求

在低温仓储设施的设计及设备选型时,必须遵循相应的制冷设备及建筑设施的法律规范要求:

1)氨压缩机房的防火要求应符合现行《建筑设计防火规范》中火灾危险性乙类建筑的有关规定;

2)氨压缩机房的自动控制室或操作值班室应与机器间隔开,并应设固定观察窗;

3)氨压缩机房屋面应采取隔热或保温措施;

4)设备间的墙裙、地面和设备的基座应采用易于清洗的面层;

5)配电室与氨压缩机房毗邻时,共用的隔墙应采用耐火极限不低于 4 小时的非燃烧体实体墙,该墙上只允许穿过与配电室有关的管道、沟道,其孔洞周围应采用非燃烧性材料严密堵塞;

6)氨压缩机房和配电室的门应向外开启,不得用侧拉门;

7)配电室可通过走廊或套间与氨压缩机房相通,走廊或套间门应采用阻燃烧体,并配有自动关闭装置;配电室与氨压缩机房共用的隔墙上不宜开窗,如必须开窗时,应用难燃烧的密封固定窗。

6.3.3.3 客户喜好

制冷系统的最终选型也取决于客户的喜好。有些客户只要氨系统或者卤化烃系统,而不关注设施本身的规模大小。这通常与客户对于系统的认知程度有关,或者与他们为满足地方规范而采取的方式有关。

6.3.3.4 服务维修人员

如果低温仓储设施的位置比较偏远,那么当地的服务维修人员很可能对于新的系统或设备没有足够经验,一旦发生紧急情况,就可能无法及时找到合适的有经验的维修人员。

6.3.4 制冷设备的选型

6.3.4.1 蒸发器

蒸发器的作用是使低温低压的液态制冷剂通过时吸收设施内(室内)热量,蒸发为气体。由于蒸发器正好位于设施内,因此选择时必须考虑设施的使用情况、产品本身的要求以及设计要求。蒸发器的位置以及气流的布局、方向和大小等都是很重要的因素。例如,在狭长的库内,蒸发器通常位于走廊之间,保证气流吹到整个库内,而不会被货架或者堆栈堵塞。较大的房间往往需要若干蒸发器机组,此时可采用吹风或者抽风方式来保证所需的气流。例如,冰淇淋对于气流的要求较严格,因为温度的持续稳定性对于冰淇淋的质量至关重要,所以需采用较大的气流来保证温度的稳定性。

产品的包装也会影响气流的设计。例如,比较结实的包装(防止损坏货品)或者塑料包

装(防止脱水)都会减弱气流在货品周围的流动,这会严重影响冷却效率。

另外,蒸发器盘管材料的选择也是需要考虑的因素。目前主要有四类盘管材料,它们各有优劣:

(1)镀锌钢

镀锌钢是常用的材料,非常耐用,并且能和任何制冷剂兼容(特别是氨),所以广泛使用在氨系统中。然而,这种盘管较重,在抗震等级要求比较高的地区,要使用该种材料就必须要加强建筑的结构强度。

(2)铝合金(铝制换热管和翅片)

铝制盘管通常用于氨系统或者卤化烃系统。铝合金具有轻质的特点,一般不会被气体腐蚀(用于处理某些货品的气体),但是容易被酸腐蚀。此外,铝制盘管具有较高的传热效率与更短的融霜周期。在气调库中,特别是在有乙烯存在的情况下,铝制盘管是较好的选择。值得注意的是,铝的抗拉强度低于钢,在铝制盘管与钢管路连接处,容易产生因表面层机械分离而发生的失效。另外,目前也没有比较成熟的钢与铝的焊接经验。

(3)铜管铝翅片

铜管铝翅片盘管具有质轻、不易腐蚀、传热效率高以及融霜周期较短等优点,可用于卤化烃、水或者乙二醇系统。由于铜和氨会发生化学反应,所以该种盘管不能用于氨系统,且该种盘管还有表面层机械分离及电化学腐蚀的风险。

(4)不锈钢管铝翅片

此种盘管是目前市场上较新的盘管,将来可能代替镀锌钢盘管。由于采用了铝制翅片,所以在处理相同的制冷剂容量时,具有轻质的优点。同时,因该种盘管有铝翅片及较薄的钢管壁厚,所以它具有更短的融霜周期。

蒸发器风扇的噪音也是设计时必须考虑的,保证室内操作人员的正常工作和沟通。货品在某种程度上可以减弱噪音,所以在那些不是持续性装满货品的房间内,尤其要注意噪音问题。减小噪音的方法有很多,诸如减小风扇的直径,降低转速,使用小叶片的风扇,或者使用离心风机。

6.3.4.2　压缩机

压缩机吸入从蒸发器出来的低压制冷剂气体,将其压缩为高温高压气体。压缩机的选择是整个制冷系统最重要的环节之一,决定于多种因素:系统的类型、客户的使用喜好、成本、设施所在区域的维修资源、所在区域的气候和水资源条件等。

活塞式压缩机的使用具有悠久的历史,但是一般冷量较低(小于186 kW)。活塞式压缩机因具有较多的运动部件,维护要求较高。螺杆式压缩机(图6-7)具有较大的冷量(37至373 kW)。螺杆式压缩机的润滑系统要求较高,必须得到足够的润滑,以保证螺杆的密封效果。螺杆式压缩机会产生较大的噪声,一般放置在室外,如果放在室内,则要放置在单独的压缩机房。

6.3.4.3　冷凝器

冷凝器的功用是将高温高压的制冷剂气体冷凝为液态制冷剂,并向室外散热(图6-8),最常见的冷凝器有蒸发式(水冷式)和风冷式两种。

图 6-7　采用螺杆压缩机的机房

蒸发式冷凝器采用将水喷淋在盘管上，并依靠风机气流充满整个盘管的方法来达到散热的目的。该方法成本较高，但是效率很高，特别适用于大型系统。蒸发式冷凝器要求有持续水源供应、水处理以及水泵、排水设备等附加设备。另外在某些条件下还需要考虑防冻，附加防冻设施。蒸发式冷凝器需要定期维护从而确保高效性。

风冷式冷凝器不需使用水，更适用于小型系统。该方式需要较大的地基（尤其在氨系统中），但是不需要水供应，泵等附加设备。另外，风冷式冷凝器也需要定期的维护从而确保其运行效率。蒸发式冷凝器在湿度较低时效率较高，而风冷式冷凝器可在高湿度时保持较高效率。

对于小型步入式冷柜/冷藏室的选用，其计算方法类似，但是设计、安装、运行和维护更简单。采用分体式系统和整体冷凝机组具有较大的优势，它们可安装在室外的地面或者房顶，通过管路连接系统其它部件。

图 6-8　室外冷凝机组

6.3.4.4　膨胀阀

制冷系统第四个主要部件是膨胀阀，其主要作用是使制冷剂从系统的高压侧流到低压侧，再回到蒸发器。膨胀阀本身不能控制压力或者温度，但是可通过对温度和压力的感应控制进入蒸发器的制冷剂流量。通过对四种力的同时作用及平衡来控制阀的运行，这四种力包括：1）阀的入口压力；2）蒸发器出口温度；3）蒸发器出口压力；4）设定过热度（通过阀内部的弹簧调节）。

6.3.5　建筑和系统特征

6.3.5.1　温度分区

通过控制同一设施不同区域的制冷量可以达到温度分区控制的目的,即使维持这样的温度分区有难度,但如果采用一些分割物,就会简单很多。例如,隔热墙或者塑料隔热帘。后者主要是阻止暖气流进入温度较低的储存区域,特别是两侧温差不大于 5.6℃时,可取得很好的效果。而当温差较大时,推荐使用隔热墙。

6.3.5.2　库门及装卸货月台

低温仓储设施的门是设计时必须要考虑的重要因素,特别是在漏热计算时。门起到分割室内外的作用,但是为了装卸货,必须经常开闭,对于维持设施内部温度十分不利。可采用一些方法尽量减少或避免漏热现象的发生,比如使用塑料隔热帘或者拉线开关,或使用开门计时器或地板压力传感器等。另外,空气幕也是一种行之有效的方法,早期的空气幕是一种简单风机系统,能有效地避免有害物质进入设施,但是不能保持室内的温度。新型的空气幕技术与设施制冷系统本身集成,可产生低温的气幕,从而有效地把暖空气拒之门外,并且可以防止结冰。

装卸货月台本身的温度控制也需考虑。有些低温储存货品需要在月台上存放一定的时间,等候装载进入运输环节,因此月台本身也需要保持低温,特别是当外界环境温度较高时。这也是保证冷链“无缝”连接的重要环节。另一方面,当环境温度很低时,月台就需要通过加热来防止一些温度敏感货品被冻伤,而这种热量可以通过制冷系统的热回收来实现。

6.3.5.3　冷冻室地板

冷冻室的地板有时发生隆起和破裂现象,这种现象常称为“冻胀”。这种危害在大型的冷库中相当明显,超市的冷冻室也会经常发生冻胀。在寒冷区域,冻胀是比较常见的现象,比如路面的冻胀破坏,如图 6-9。

图 6-9　典型的路面冻胀破坏

冻胀产生的原因,主要是由冷冻室地板下的土壤水分结冰引起,温度较高的水向温度较低的土层方向转移,在温差聚水作用及地下毛细作用下,水分迅速聚集到土壤表层并逐渐形成聚冰层,通常为数层凸镜面状的冰层,结冰后土体膨胀增大,形成冻胀,最终导致地板的隆起和破裂(图 6-10)。冷冻室地坪的基土发生冻胀后,不仅使地板隆起影响堆货和使用,而且可破坏内衬墙致使冷藏库门无法开启或关闭。更重要的是地板隆起后将破坏地坪隔气层和隔热层,使地板隔热失效,加剧冻害,形成恶性循环。

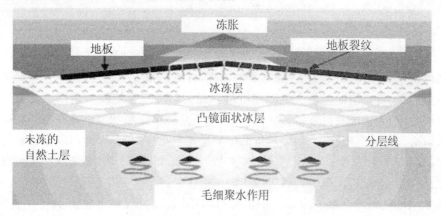

图 6-10　冻胀示意图

冻胀通常只是发生在某种土壤中,比如结构较细的土壤,这种结构的土壤毛细作用较强,能够将水输送到聚冰层。由于从地下向上流动的热量很小,不能有效地阻止土壤温度达到冰点。因此,一般可借助外部热源,比如地板加热系统,来阻止土壤温度达到冰点。对于占地面积较小的设施,可通过自然对流获取周边热源。但是对大于 20 英尺的大型设施,则必须借助地板加热系统。

对于冷冻室地坪,采用"主动式"隔热处理至关重要。近年来,国内外冷库地坪隔热的处理方法倾向于寻求一种既廉价又实惠的热源来保持冷库基土始终处于 0 ℃以上,从而使基土不致发生冻结。归纳起来看,目前国内外冷库地坪隔热处理方法主要有下列几种:

1)架空地坪:又可分为高架空地坪和低架空地坪两种。高架空地坪即是在冷库首层下部设地下室,地下室可作控温或其它用途。低架空则是用梁板系统或地垄墙将首层地坪托起。无论高架空地坪还是低架空地坪,均是以空气间层把冷库基土与地坪隔开,使库内冷量不至于直接传到基土,但空气间层温度过低时仍能导致基土产生冻害。

2)通风地坪:在冷库地坪保温层下部埋设通风管道。通风管道一般为水泥管或缸瓦管铺设。通风地坪又可分为自然通风和机械通风两种。自然通风地坪是靠室外空气为热源,当室外空气在热压和风压的作用下通过通风管道时不断补充热量,使冷库保温层下部始终保持在 0℃以上。机械通风地坪则采用将蒸气送入通风管道的办法来提高冷库保温层下部的温度。这种方法一般在采暖季节使用,平时则采用风机将室外空气送入通风管道。自然通风地坪一般用于进深较短、冬季室外温度较高地区的冷库。机械通风地坪一般用于大型冷库,必须将通风管道通过通风管沟组织起来进行有计划的送热。

3)敷设热源地坪:在冷库地坪保温层的基层中敷设各种热源,如电热丝、油管、乙二醇防冻液等来防止基土的冻结。

冷库地坪隔热的作用,不仅仅是要满足围护结构对冷损耗的要求,从而使冷库经济、合理地运行,更重要的是要有相应的构造措施来防止基土的冻结。

冷库在发生基土冻胀时必须停产升温进行维修。轻度冻害在采取必要措施后,可恢复

基土原状。重度或严重冻害,则很难使冷库基土恢复到原状。由于冻土中含有大量水分,一旦融化就会变成软土。这时,地基的承载力会大大降低,压缩将急剧增高。同时,将产生地基融沉,带来难以预料的后果。目前,解决冷库融化冻胀地基问题的有效方法还在探索当中。认识冻胀的危害,并作好冷库地坪的设计及完善管理工作,对于预防冻害的产生是非常必要的。

6.3.5.4 气调库

气调库通常通过控制氧气和二氧化碳的浓度,并维持在一个合适的水平,从而减少果蔬的呼吸,达到延长货架期的目的。气调库可以和任何制冷剂系统配合使用。催熟库是一种特殊的气调库,用来诱导并控制货品的成熟度,而不是简单的将货品维持在某一状态。气调库在建设时必须注意气密性,否则会对货品的质量产生严重影响,因此门及密封系统是必须仔细考虑的因素。美国 ASHRAE 手册(2002 版,第 21、22 及 23 章)详细解释了何种类型的货品可以从气调库中获益,读者可做进一步的了解。

苹果是采用气调最典型的水果。根据品种的不同,通过气调可使苹果保存期延长至 2 到 11 个月。苹果的最佳气调参数为:2%～3%的氧气、1%～2%的二氧化碳,以及 0～5 ℃的温度和 90%～95%的相对湿度。梨也是较普遍使用气调的水果,根据品种不同,通过气调可延长保存期 3 到 9 个月。

采用气调的货品,必须是在其采收收获的最佳时期,并且需避免物理损伤。气调在果蔬运输过程中也非常重要,特别是长距离运输的货品或者那些容易腐烂、变质或者易熟的货品。除了气调,其它形式的环境调节方式,比如新风管理系统(AFAM＋)、气调包装(MAP)等也被用于货品的运输中,从而延长货品的货架期。各种蔬菜和热带水果的进出口贸易通常采用具有气调功能的制冷集装箱运输,具体可参考本书第七章相关内容。

催熟库常被用来储存需要乙烯气体的货品,比如香蕉、西红柿、芒果等,这些水果往往需要乙烯来催熟,以达到零售的最佳"卖相"。一般来说,果蔬可以采收了,并不代表已经成熟了。采收后,催熟系统可调节果蔬色泽的一致性。在催熟流程开始时,往往需要升高货品的温度达到设定值,以优化催熟流程和时间,并诱导乙烯的产生。外部附加乙烯可缩短催熟时间并提高催熟的一致性。

将氮气或者二氧化碳加入气密性好的包装,从而调节氧气和二氧化碳的含量,称之为气调包装。气调包装可有效延长货品在零售储存环节的货架期。新鲜加工的沙拉和香蕉就是使用这种方法的典型例子。

6.3.5.5 加工和清洁设备时需注意的问题

在操作过程中,微粒状物质都会聚集在设备机器上,比如冷凝器盘管、风扇电机及蒸发器等,尤其是安装在室内的风扇电机及蒸发器。这种情况会严重影响系统的效率。

化学物质也会聚集在设备上,产生腐蚀,缩短设备运行寿命。设备上聚集微粒、化学物质、冲洗设备时水分和化学清洗剂均会产生腐蚀。同样,经常的杀菌消毒也会存在类似的问题。另外,靠近锅炉或者其它燃烧设备比较近的设备也会有腐蚀情况存在,因为化石燃料燃烧所排放的二氧化硫会与水结合,生成硫酸等具有腐蚀性的物质。所以在这些易腐蚀的环境中,通常采用不锈钢或者具有表面涂层的设备。

6.3.5.6 安装指导

低温设施隔热层一般采用预制的隔热板,隔热板一般为两侧板金或者塑料,中间为隔热材料的夹心结构。最常用的隔热材料是聚氨酯和聚苯乙烯,他们具有不同的隔热和结构特性。这些特性以及其它因素都是在进行隔热设计时必须考虑的。下面列出了一些在设计时应关注的普遍性问题。

(1)隔热特性:热传导,系统效率和施工

提高隔热效率意味着要获得较高的热阻,热阻以 R 表示,一般应高于 R-30。表 6-1 和表 6-2 列出了在线发泡聚氨酯隔热板及聚苯乙烯隔热板的 R 值,可以看出,在 4.4 ℃的平均温度下,R-17 至 R-52 的范围内,典型的在线发泡聚氨酯隔热板的每英寸厚度的 R 值大致是聚苯乙烯隔热板的 1.5 倍。因此,聚苯乙烯隔热板需要更厚的厚度来达到与聚氨酯隔热板相当的隔热效果,聚苯乙烯隔热板可使用在壁厚较大的结构中。

表 6-1 现场发泡聚氨酯的隔热性能

板厚		导热系数	传热系数	热阻	
in.	cm	W/(m·k)	W/(m²·k)	R 值	k·m²/W
2	5.08	0.0165	0.326	17.45	3.07
2.5	6.35	0.0165	0.261	21.81	3.84
3	7.62	0.0165	0.217	26.18	4.61
4	10.16	0.0165	0.163	34.90	6.14
5	12.7	0.0165	0.130	43.63	7.68
6	15.24	0.0165	0.108	52.35	9.21

注:基于 4.4 ℃的平均温度下测得。

表 6-2 现场发泡聚苯乙烯的隔热性能

板厚		导热系数	热阻
in.	cm	K-因子	R 值
2	5.08	0.24	8.34
2.5	6.35	0.24	10.43
3	7.62	0.24	12.51
4	10.16	0.24	16.68
5	12.7	0.24	20.85
6	15.24	0.24	25.02

续表

8	20.32	0.24	33.36
10	25.4	0.24	41.7
12	30.48	0.24	50.04

注：基于 4.4 ℃的平均温度下测得。

（2）设施隔热板的表面处理

不会暴露于腐蚀性环境的标准隔热面板一般采用 26 号钢板，根据制冷设施存在腐蚀性的环境的具体情况和成本预算，可采用更厚的钢板（如 22 号钢板）、不锈钢、纤维增强复合塑料（FRP）以及升级油漆（比如 PVC 塑溶油漆）等来避免腐蚀现象的产生。

（3）漏风

隔热面板的设施建设必须保持气体密封性，从而维持室内温度和效率。面板连接处、墙角、壁面与地板及天花板的连接处都是需要仔细考虑气密性的区域。

（4）火灾安全要求

根据隔热面板的可燃性，对于不同的隔热材料，保险公司通常会有不同的要求。当采用比较严格的要求时，建议选用可燃性较低的聚氨酯面板。

（5）政府对于隔热面板的要求

政府有关部门对隔热面板的使用都作了规定。例如，国家有关部门在《建筑设计防火规范》以及《硬泡聚氨酯保温防水工程技术规范》中对于聚氨酯等隔热面板的使用提出了严格的要求。

（6）库房围护结构隔热层应防止在下列部位形成冷桥

冷桥是冷库的隔热结构中由于局部构造不同而引起该部位隔热性能降低的冷量大量传输的通道。在设计时应注意：

1）外墙、隔墙、地面及楼面隔热层的相互交接处；

2）门洞和管孔的四周；

3）冷藏门门洞外面局部地面和楼面；

4）柱子与地面或楼面的连接处。

6.3.6 能量效率

在低温仓储设施中，制冷系统是最大的能源消耗系统，系统的维护、温度控制技术等是节约能源及成本的关键。科学合理的温度监控系统可以促进设施的高效运行，从而达到更好的节能效果。将温度监控系统集成到整个低温仓储设施的设计中，并进行温度控制数据的测量和记录是提高能效的必要手段。关于温度监控的详细介绍请参考第九章。

关于节能设施的具体要求和注意事项如下：

1）确定设备满足整个设施的热负荷要求，当负荷随时间变化时，可采用多种压缩机类型混合的方案来最有效地满足负荷需求；

2）采用多台压缩机，当其中某台实失效时，可以有备用压缩机；

3）使用合适的油冷却方式；

4）使用高性能电机；

5）氨系统中采用空气排放器：空气（或者是氨在高温下分解成不凝性气体，如氮、氢等）在制冷系统中是有害的，它能使冷凝器的工作压力升高；由于排气压力增高，排气温度也增高，产量减少，耗电量增加；据经验，冷凝压力升高 105 帕，耗电量增加 6%～8%，所以必须经常清除高压系统的空气，氨系统中的空气排放器就是专门用来排放空气的；

6）采用合适的蒸发器类型：直接膨胀式、满液式或者再循环式；

7）采用专门的计算机控制系统调节能量，通常可节省至少 25% 的能量。

6.3.7　设备设置和人员问题

设施内部的设备选择和位置都必须考虑工作人员的因素。例如蒸发器的风机位置和气流方向必须避免产生使工作人员不舒服的感觉。货架的位置也必须考虑这些因素。正如上文所提到的，风机的噪音问题也是必须考虑的。

6.3.8　保险问题

在设计过程中，必须考虑可保性的标准，一旦设施建设完毕，业主获得相关保险。设施的业主或者代表，在项目早期就应该清楚地调查建筑、锅炉、产品损耗等的保险事宜，并且让应用工程师及工程合同方清楚地意识到这些保险要求的必要性。

6.4　设备运行和维护的最佳方法

6.4.1　温度监测与跟踪

温度监测（图 6-11）除了保证货品的质量，也保证了制冷系统设备、空气处理设备、压缩机得到正确的维护，同时还可提供设备潜在失效的早期预警。

图 6-11　温度监测

温度监测和跟踪的方式因设备、场地和人员操作而异。温度计是最常用的温度监测工具，通常置于货品中间位置，如果是多种货品，则分置于各个货品的中间位置。有些人喜欢使用手动的测温方式，有些人倾向于自动的电子温度系统，这样可以提供实时的温度数据。总之，测温方式的选择决定于空间的大小、货品类型、设备购买能力以及规范的要求等。不管何种方式，最重要的是温度记录的保存和可追踪性，以此来确保货品的安全、质量，并为保险索赔、申诉等事宜提供依据。

此外,系统的压力和油况也需监测,以此保证系统的正常运行。英格索兰工业制冷部门正在开发一种新型的监测系统,不仅可以监测系统本身的运行情况,而且还记录了公司的运行/维护历史记录,以此来建议维修还是更换。同时,正致力于远程诊断甚至维修的研发。

6.4.2　维修与服务

客户都要求高质量的售后服务,有些客户通过雇佣内部的操作人员来维护设备,而有些客户则倾向于使用外部认证的服务工程师,根据维护计划来进行定期的设备维护。维修与服务的选择,某种程度上决定于系统设计预付款的方法以及客户愿意为使用外部服务工程师而支付费用的多少。

气调库是较为典型的需要特殊维护的例子,由于气调库不是全年使用,有些分库会被季节性地闲置,但是经常没有被正确地关闭及维护,会导致泄露和其它问题的产生。在系统中充注干燥氮气可有效保护这些系统。

6.4.3　培训

在人员培训上的投入是节省成本最有效的方法之一。大多数与冷链有关的货品损失都与人为错误有关。这些错误一般都是因为缺乏知识技能,包括正确处理货品本身或者运行制冷系统的知识和技能。因此,培训对于人员是非常重要的。

对于操作人员的培训应注重以下几方面:系统如何工作;如何维持设备合适的运行条件;如何实施正确的防护性维修计划;出现问题应采取何种措施。

对于员工的培训应注重:对于系统基础知识的理解;安全知识培训,例如如何在发生紧急情况时停机、如何监测泄露情况、发生泄露或其它紧急情况时应该第一时间通知哪个部门。

6.5　总结

低温仓储设施用于易腐品的短期、中期或者长期储存,分布于整个冷链的各个"冷点",类型包括用于长期储存的冷库、配送中心、加工中心的冷藏设施以及零售环节的步入式冷柜等,它们是保证易腐品的品质和消费者安全的关键环节。

思　考　题

(1)低温仓储设施的制冷量由哪些因素决定？并对其因素进行简单分析。
(2)制冷系统选型时,经常会选用氨系统或者卤化烃系统,试对二者进行比较。
(3)低温仓储设施的主要制冷设备有哪些？并对这些设备的功能作简单说明。
(4)气调的含义是什么？

第七章　冷藏运输

冷藏车老化问题是当今国际制冷学会关注的关键问题之一。但目前,冷藏汽车、集装箱和铁路冷藏车在性能指标上的要求差异显著(如隔热率、漏气量等),企业对该问题重视也不够,铁路和大型汽运企业有车辆定期监测和维护的要求,但众多中小型运输企业车辆很少甚至从不检测,造成运输能耗增加、食品品质难以保证等问题,在这一问题上,也需要加以重视。

——广州大学商学院院长　谢如鹤教授

专业术语:

运输(Transport)　　　　　　　　冷藏运输(Refrigerated Transport)

冷藏车(Refrigerated Vehicle)　　铁路冷藏车(Refrigerated Truck)

冷藏船(Reefer)　　　　　　　　　道路运输(Road Transport)

水路运输(Waterway Transport)　　铁路运输(Railway Transport)

航空运输(Air Transport)　　　　　配送(Distribution)

集装箱(Container)

7.1　引言

食物从收割到贮存、零售、餐饮店,直至上餐桌,连接这些点的正是各种类型的温控运输设备。在一个个具体的冷链过程中,每一个连接都至关重要。如果冷链中的温控运输设备有良好的设计和正确的操作,那么每个点的产品品质(收割时的品质或加工时的品质)就可以在运输的途中被保持,从而保证产品的货架期。常见的温控运输方式包含卡车运输、拖车运输、铁路运输、集装箱运输(海运及铁路运输)、冷藏散货船运输和空运。本章将详细介绍每一个类别的运输方式。

7.2　运输制冷的基础知识

各种运输制冷方式,其目的是维持温度的一致性并且避免货品的温度变化,这里先简单介绍一下隔热、传热、漏热及制冷量等知识。

隔热指在货厢的外部与内部之间建立一个隔层,以阻止外界热量通过一些导热体传入货厢内部。现代冷藏车厢一般采用聚氨酯泡沫进行隔热,这种材料替代了之前使用的玻璃纤维,具有高绝热效率、易加工、整体成型等特点,一般采用在线发泡(现场发泡)方式。首先将混合好的聚氨酯泡沫注入内外夹层之间,聚氨酯会固化,与夹层壁面结合,形成一个模块化的整体结构。可用于门、壁面、底板及顶板的隔热。发泡的过程其实是一个化学反应的过程。气体在泡沫中膨胀,并保留在聚氨酯的微小空隙结构中。随着厢体的老化,这些气体会从微小空隙逃逸,而外界的空气与水便会渗入这些空隙,从而严重降低其隔热性能。按一般经验,这样的隔热性能会有每年5%的下降,5年就是25%。因此,在美国,一般的冷藏运输公司每3至5年会进行一次冷藏车厢的更换。

热可以在任何材料中渗透及传递,包括卡车等运输制冷的厢体。在相同的隔热层厚度下,厢体的容积越大,传热越大。当整个厢体制造完毕,需计算厢体的漏热(传热),从而确定制冷量。在北美等一些地方,漏热以 Btu/h/°F 表示,而其它一些地方以 W/℃(瓦特/摄氏温度)表示,其中温度是指厢内外的温差。

除了上面的厢体基本漏热热负荷外,热负荷还包括:服务热、太阳热负荷、产品呼吸热及附加热负荷等。

(1)服务热

主要指配送过程中产生的热量。货品被分配到目的地,如餐厅、便利店等,在卸货过程中,冷藏厢体的门必须打开,这时门内外的冷暖空气就会交换,即使是很短的时间,货品也会吸收外界的热量。当门关闭时,制冷系统必须将这部分热负荷吸收,这一因素必须考虑。

(2)太阳热负荷

由厢体直接暴露在太阳中产生的热负荷。厢体的外表面从太阳的辐射中获取大量的热负荷,这与周围空气的环境热负荷是不一样的。可采用在厢体外表面喷涂白色或者亮色来减少太阳热负荷(图7-1)。

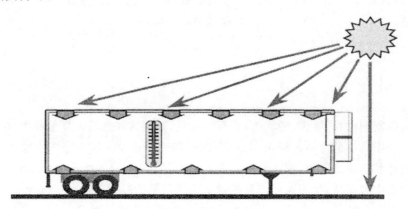

图 7-1   太阳热负荷示意图

(3)产品呼吸热

新鲜的果蔬在采收后会继续呼吸,消耗氧气,产生二氧化碳及水蒸气和热量。在呼吸过程中产生的热量就称为呼吸热负荷。各种货品产生的呼吸热多少是有区别的,取决于温度及货品周围的氧气和二氧化碳浓度。一般来说,温度每增加10℃,货品的呼吸作用会增强2至3倍。某些货品,如香蕉、芒果、木瓜及梨等,即使是在合适的运输温度下,也会产生大量的热。相反,像葡萄及核果类(桃、李等)货品产生的呼吸热则较少。

在设计的设备选型时,对每种货品进行呼吸热的计算非常困难,一般来说,运输公司需考虑最常运输的果蔬类货品,并采用运输制冷机组制造商提供的商用选型软件进行计算,如下图所示,如最常运输的果蔬为香蕉,那么选择香蕉,软件的数据库提供了最佳贮存温度、呼吸速率等数据,再根据货品重量等,计算出相应的呼吸热,如图 7-2。

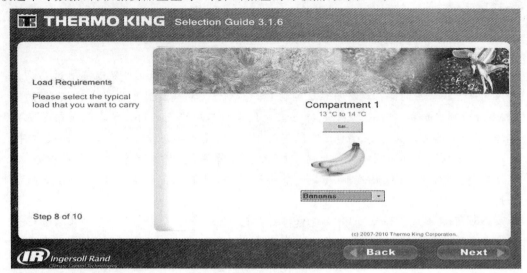

图 7-2 设备选型时的货品选择

（4）附加热负荷

除了上述热负荷,考虑到融霜、隔热层性能降低及其它一些极端因素的影响,还应加上至少 20% 的附加热负荷。以上这些热负荷都要在设计时全面考虑。从长期的运行来讲,设计一个合理的隔热厢体是非常重要且必要的。

图 7-3 显示了总热负荷的计算,包含漏热、服务热、呼吸热以及附加热负荷等。

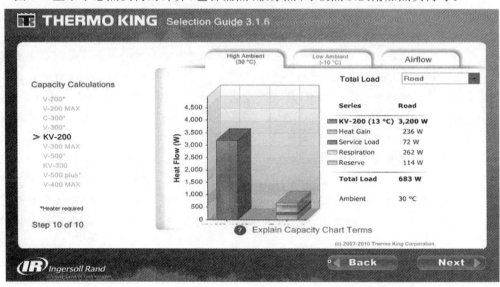

图 7-3 热负荷的计算

须时刻记住,大多数的运输制冷系统都是用来维持合理的产品温度,而不是降温。所以,在装载之前,有必要将货品温度降低到其合理的运输温度。另外,在装货之前,冷藏厢体内的空间温度也需预冷至合理的运输温度。预冷通常要关闭厢体门,运行制冷机组,从而达到要求的运输温度。预冷的时间取决于制冷机组本身的性能、厢体的大小、厢体的隔热效果及环境温度等。

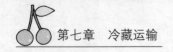

专家访谈

冷藏运输用隔热材料

　　隔热的目的是在货厢的外部与内部之间建立一个隔层,以阻止外界温度通过导热体传入内部。较常用的隔热材料有聚氨酯、EPS 和 XPS。聚氨酯因其具有高绝热性、热固性、多样化加工形式、可整体成型等特点被现代冷藏车厢广泛采用。聚氨酯是聚氨基甲酸酯的简称,英文名为 polyurethane,缩写为 PU。它是一类用途十分广泛的合成材料,是从十分柔软到极其坚硬的泡沫材料、耐磨性能优异的弹性体、涂料,也有合成纤维、合成皮革、胶粘剂等。PU 已经形成了一个品种多样,性能优异的新型聚合物合成材料系列。

　　1937 年德国拜耳公司的 Otto Bayer 教授首先发现多异氰酸酯与多元醇化台物进行加成聚合反应可制得聚氨酯,并以此为基础进入工业化应用。英美等国 1945～1947 年从德国获得聚氨酯树脂的制造技术,并于 1950 年相继开始工业化应用。日本 1955 年从德国拜耳公司引进聚氨酯工业化生产技术。20 世纪 50 年代末我国聚氨酯工业开始起步,进入新世纪后飞速发展,现已经成为世界聚氨酯生产及消费大国。

　　冷藏运输用聚氨酯硬泡的主要物理性能包括四个方面:1)表观密度:表观密度是指将泡沫体去除所有表皮后测得的密度,一般冷藏运输用的泡沫密度在 $30\sim70\ kg/m^3$ 之间;2)导热系数:导热系数是衡量绝热层绝热能力的最重要指标,其数值越低保温性能就越好,其单位是 $W/(m \cdot K)$,目前通用的指标是小于 $0.023\ W/(m \cdot K)$;3)强度:强度包括压缩强度、拉伸强度、粘结强度、剪切强度,冷藏运输用的泡沫压缩强度都要求在 150 kPa 以上;4):聚氨酯的老化测试一般要进行三项:-30 ℃、70 ℃和 70 ℃外加 95%湿度,老化时间按不同应用的要求,以其测试前后的体积尺寸变化率为测试值。高闭孔率的聚氨酯硬泡(如拜耳公司的 Baymer® 和 Baytherm® 系列)的各项性能是不会衰减的。但在使用过程中聚氨酯硬泡会受到撞击,破损而受到水和空气的侵袭而降低其隔热性能,按照一般经验,隔热性能会每年下降 2.5%～5%。因此,在美国,一般冷藏运输公司都是每 3 到 5 年作一次更换(车厢维护或更新)。

　　可持续发展的理念是每个行业发展壮大的基础,因此环保、安全、节能低碳是聚氨酯硬泡的努力目标。主要的发展方向有以下几点:低导热系数、阻燃、环保发泡剂。除了以上几点外,拜耳公司作为聚氨酯业的领导者正在其他几个方面如:从植物油提取原料替代石油原料、纳米技术、低密度低导热高性能等方面与国内的行业龙头企业进行广泛的合作。

——采访拜耳材料科技集团聚氨酯部亚太区新市场　市场总监　张杰博士

7.3　陆路运输

7.3.1　陆路运输制冷方法

　　陆路运输冷藏车辆具有多种方法进行制冷,包括:机械制冷、冰冷、低温工质制冷、蓄冷系统制冷等。过去常采用低温工质（如干冰或液氮）进行制冷；现在，机械制冷已经成为陆路冷藏运输的主要制冷方式。

(1)机械制冷

机械制冷的工作原理与一般的单级蒸气压缩制冷原理类似，采用汽油发动机、柴油发动机或电动机作为动力源，驱动压缩机使制冷剂在系统中不断循环，制冷剂流经蒸发器时，通过蒸发吸收厢体中的热量（热负荷），然后通过厢体外部的冷凝器释放热量，如此循环往复，从而实现连续制冷的效果。

通常，卡车或者拖车上的制冷机组大多是"前凸式"或称"鼻置式"，某些短途配送的车上也会采取"顶置式"，在机场飞机配餐时会采用"底置式"，如图7-4。一般来说，发动机、冷凝器和其它配件装在厢体外部，而在内部安装蒸发器和风扇。底置式应用于一般道路运输时，对于道路设施的要求比较高，因为底置式容易被泥土灰尘等堵塞，所以底置式在日本等发达国家应用较多。

(a)前凸式　　　　　　　　　(b)顶置式　　　　　　　　　(c)底置式

图7-4　陆路运输制冷机组的各种安装方式(www. thermoking.com)

机械制冷装置通过可编程控制器来控制机组运行，使制冷和燃料的效率达到最大。通过检测排风以及回风温度，对其进行调整，使其始终保持在所要求的设定值，减少温度的波动，保证货品的质量。也可以通过控制器的预处理模式进行自我诊断运行。有些控制器带有无线功能，机组可通过无线网络来实时监控制冷系统的运行情况、进行准确的地理定位、监控货品的温度和湿度等。

(2)冰冷

冰具有很强的吸热特性，而且在吸热时会产生一些水蒸气，可保持周围环境的相对湿度。一般在装货前，在托盘或货物里直接装入碎冰，从而达到对某些货品进行冷却并保持其湿度的目的。冰冷有很大的局限性，主要是：冰本身具有较大的重量，会减小车辆的有效载荷；冰融化成水时，会对货品造成影响；冰如果与某些货品直接接触，会造成冻害；在运输过程中需要经常补充冰。

(3)低温工质制冷

低温工质制冷主要是用低温的液体工质吸热来实现的。低温工质系统中设有压力储液罐，其温度控制由温度传感器及控制器来实现。当厢内温度高于设定温度时，传感器会给控制器一个信号，然后控制器控制储液罐，使其喷出一定量的低温工质。低温工质在厢内相变吸热，达制冷效果。当温度达到设定温度时，温度传感器就会给控制器发送信号，使其停止喷出低温工质。低温工质有时候会直接喷射到厢内，有些则采用盘管等换热器进行间接热交换，气化后的低温工质被排放出系统外。

采用干冰、液态二氧化碳或液氮等低温工质的制冷方式，具有的运动部件较少、不需要经常更换零部件等优点。另一方面,适当浓度的二氧化碳和氮气本身就有气调的功能,可以延缓果蔬在运输和贮存过程中的成熟和腐烂。但是因低温工质的充注基站较少,所以运输的距离和时间受到了很大的限制。

采用低温工质时,必须注意人员的安全。操作人员在进入车厢之前,必须让车厢有足够多的时间进行氧气补给,防止缺氧导致的危险。

值得注意的是,高浓度的低温工质气体(一般高于20%)可能会对新鲜农产品产生不利影响。尽管有一些农产品在高浓度的氮气环境中可以正常存活几天,但大部分新鲜果蔬在100%的氮气环境中会停止呼吸作用。高浓度的二氧化碳还会使农产品在色泽、口感上打折扣。低温工质一般不会对冷冻货品造成伤害。

固体二氧化碳(干冰)一般都是以块状、霜状或小球状的形式出现。干冰最常被用于冷冻食品和冰淇淋的运输。另外,当一辆运送冷冻农产品的冷藏车的机械制冷系统出现故障时,干冰也可以被用来进行应急处理。干冰还经常用于航空冷藏运输,详见本章航空运输一节。

(4)蓄冷系统制冷

蓄冷系统主要由两部分组成:蓄冷部件和制冷系统。蓄冷部件被放置于车厢内部,如图7-5,一般为密闭结构,内部充注共晶溶液,并且和制冷系统的蒸发器盘管集成。共晶溶液成分为无机盐、防腐添加剂和水,在一定的温度下,共晶溶液会结晶,该温度称之为共晶点,不同的共晶溶液的共晶点不同。当制冷系统运行时,冷量通过蒸发器盘管传递给共晶溶液,降至共晶点时,溶液结晶。在运输过程中,结晶的共晶体吸收厢内热负荷,开始融化,释放冷量,所以冷量是被"贮存"在该溶液中。

图 7-5　冷板蓄冷系统　　　　　　　　图 7-6　"冷站"制冷系统

制冷系统,也称为"冷站",可以静止安装在地面,也可以安装在车上,如图7-6。如果静止安装,则通过结构给蓄冷部件供冷,一台"冷站"一般可以同时给几台蓄冷车辆供冷。蓄冷系统的优点在于能降低运行维护成本,没有压缩机等运动部件等。该系统一般用于市内低温冷冻食品的短途配送。但是,对于特定的蓄冷系统一般不能控制温度,因为共晶溶液的共晶点是固定的。

7.3.2　设备设计及选型

7.3.2.1　卡车

这里所说的卡车是指一体式的卡车,其制冷厢体是固定在底盘上的。也可以是多功能面包车,车厢后部与驾驶室分开并且进行绝热处理以保持货物温度。卡车需要在其所运行的基础设施内正常行驶,卡车的长度也因此受到限制。总长度和转弯半径决定了卡车在装载点的通行能力。一般来说卡车包括小到市内和市郊用的配送面包车和大到能够实现多点输送的 9 米长的重型卡车。

卡车的制冷系统分为两大类:独立式(自驱动)和非独立式(车驱动)。独立式有自带的发动机,通常是柴油发动机,以此来独立地驱动制冷系统,无需借助车辆的发动机动力,如图 7-7(a)。非独立式使用卡车的发动机来驱动制冷机组的压缩机或者通过发电机来驱动制冷机组的压缩机,如图 7-5(b)。

(a) 独立式卡车制冷机组　　　　　　　(b) 非独立式卡车制冷机组

图 7-7　卡车制冷机组

非独立式的系统更多应用在小型卡车上,而某些带有发电机的系统能够为较大的厢体制冷。大多数非独立系统有一个小型的压缩机安装在车辆的发动机上,通过离合器的离合来产生制冷效果。车辆高速行驶时,系统达到完全制冷能力;在怠速状态下,制冷能力会减弱。非独立式的系统中没有专门的发动机,其优越性在于较低的采购价格和维护成本。该系统的缺点在于制冷能力有限,尤其是在堵车和怠速的情况下。非独立发电机系统相对复杂,卡车的发动机通过驱动发电机来为制冷系统提供动力,一般采用变频器转化,以弥补在堵车或者怠速情况下功率不够的缺陷,但是其采购价格和维护成本要大大高于普通的非独立系统。

独立式机组通常用于 4.3 米到 12 米的卡车。机组一般安装在保温厢体的前面,在驾驶室的上方,然而在一些国家(如日本)关于汽车重心的相关法规限制了前置安装,取而代之的是底部侧面安装。独立机组通常采用柴油动力,也可以使用备电驱动,在停车场有电源的情况下可以使用电驱动。

7.3.2.2　拖车

拖头牵引的制冷拖车是另外一种运输方式(图 7-8)。与安装在卡车上的独立式机组相似,安装在拖车车厢上的拖车机组尺寸更大,适应于需要更大制冷量的拖车厢体。新一代的拖车机组制冷量可以达到 12.3 千瓦到 16.4 千瓦。拖车的制冷机组安装在厢体的前端,调节的空气通过拖车厢内顶部的风槽将冷空气送到车厢的各个部位并最终在压差的作用下回到制冷机组。跟卡车机组一样,拖车机组中的顶部送风系统通常不能对货物进行快速降温,因此承运人要确保在装货前将货物预冷到所需的合适温度。

图 7-8 拖车制冷机组

由于较大的制冷能力和外形,与卡车相比,拖车通常用来做点对点的长途运输,尽量减少运输途中的装卸。在北美,冷藏拖车的单程运输时间长达 1～5 天。因此,某些配置如侧门仅适用于多温拖车。目前在美国,拖车机组一般的外部尺寸是 2.6 米宽,12.2 米到 16.2 米长,绝大多数都是 16.2 米。相应的厢内容积是 70 立方米到 100 立方米,装载货物的重量为 18.1 吨到 20.4 吨。

在拖车中有为数不多的单轴拖车,如图 7-9,主要是食品公司用来为餐厅、体育中心以及其它一些市区的集会地点运送速冻食品和新鲜食品,这些地方对车辆的操控性有很高的要求,而单轴拖车具有操作灵活性。

图 7-9 单轴拖车

单轴拖车的宽度从 2.4 米到 2.6 米不等,外部总长度可以达到 8.5 米,因此实际上是一个单轴的拖头拖两个单轴拖厢。在美国,一般称为 B 型拖车。如图 7-10。

这种拖车的设计使得它可以像 16.2 米的拖车一样从配送中心出发,长距离运输大宗货物。由于每个拖厢可单独设定温度,甚至每个拖厢也可做成多温厢体,不同的易腐食品可以放在不同的温区里以确保不同的货物在最适宜的温度下运输。

温度的灵活性,使得从配送中心一次性为偏远客户提供各种易腐品的全面运输服务(如速冻食品、肉类、乳制品和水果等)成本更低,更加经济有效。如果是温度要求相同的产品的运输,这种拖车则可以进行长途多点输送,因为有一个拖厢可以在运到末端的时候卸下来,用另一个拖头并行单独配送。

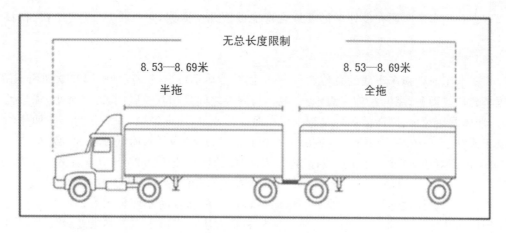

图 7-10 一拖二的 B 型拖车

7.3.2.3 卡车和拖车的车厢

大多数卡车和拖车的车厢是直筒式的,但配送过程中有很多停靠点,运送的产品有不同的温度要求(冷冻/保鲜),这就使得开发更加复杂的多温系统变得非常必要。这种系统通常是由一个机组来维持两个独立的温区的温度。每个温区单独使用一个蒸发器,一个用来冷冻,一个用来保鲜。一个温区由后门进入,另一个温区由侧门进入。这种设计使得一辆冷藏车可以同时运输冷冻和保鲜的货物,而之前这需要两辆冷藏车来完成,因此运输效率得以大大提高。冷藏运输者也因此需要在一系列车辆和制冷机组的选项中决定是使用单温系统还是多温系统。

小案例

冷藏车的厢体材料

目前国内以及国际上将厢体材料从类别上可分为金属材料和非金属材料两种。从隔热材料讲,最好的材料是聚氨酯(PU),还有目前国际上广泛使用的一种挤塑聚苯乙烯泡沫板,简称蓝泡。厢体材料的选择从大的角度来讲,我们需要考虑安全、节能、环保;从客户方面讲,我们需要考虑它的性能指标等。所以我们在设计冷藏车时要根据客户的需求、车辆所需大小、运输货物不同等因素来因地制宜。比如有些货物对厢体的卫生要求严格,而我们现在所使用的大部分还是非金属材料,这可能带来对包装箱乃至于对食品污染的隐患,而且也不易清洗,因此就要求用不锈钢来做厢体。

目前的保温材料最好的为聚氨酯,因为聚氨酯的导热系数最小,但是另一方面,聚氨酯不易被降解,那么从环保的角度讲,它就不是最佳选择了。目前,挤塑板比较有市场的或者说发展潜力比较好,虽然它导热系数比起聚氨酯来稍微大一些,但它本身强度高、不吸水、可降解。

——采访中集车辆(山东)有限公司副总经理、总工程师 李道彭先生

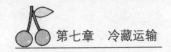

卡车和拖车的车厢在设计时需要综合考虑以下几个因素,包括传热、几何结构、材料及附件等。

(1)传热

对于卡车或者拖车车厢的总传热量,一般以总传热系数 K 来表示(中国和欧洲用 K 值,美国考虑传热面积,用 UA 值来表示)。隔热与制冷之间是相互关联的,K 值越小,隔热性能越好,厢体漏热越少,则所需制冷量越少。在温控行业里,根据经验,一般认为卡车厢体的 K 值低于或等于 0.26 W/(m^2·K)(或者 UA 值达到 40)是最好的,而低于 0.39 W/(m^2·K)(或者 UA 值等于 60)是次佳的。对于拖车厢体,K 值低于或等 0.35 W/(m^2·K)(或者 UA 值达到 110)是最佳的,低于 0.45 W/(m^2·K)(或者 UA 值等于 140)是次佳的。

K 值考虑厢体的绝热效率、厢板的保温材料种类和厢板的厚度等因素。而 UA 值还考虑了厢体的几何尺寸,即换热面积。所以两种表示方法各有侧重点。如果要计算由于渗漏所增加的热量,需要从厢体厂获取某一种车型的 K 值或者 UA 值。

(2)底板

底板是冷藏卡车和拖车制造的一个重要组成部分。通常有四种类型的底板(如图 7-11):平木板、铝合金花纹防滑平板、铝制凹槽板和 T 形槽板。

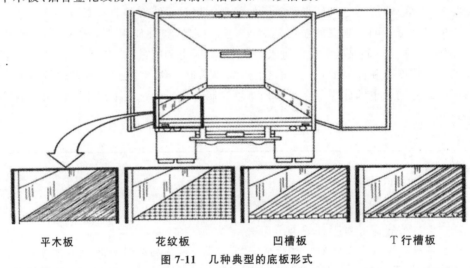

平木板　　　　花纹板　　　　凹槽板　　　　T 行槽板

图 7-11　几种典型的底板形式

如果所运输的货物总是装在托盘内,那么就需要选择平木板的底板,托盘货物下方的空间可以让空气保持循环畅通,回到制冷机组的回风口。如果货物需要直接放在底板上,那么就需要凹槽底板,以确保空气循环并从底部回到制冷机组。如果运输中的环境温度变化,就需要在底板上放置托盘或者支架,以避免温度过高或者过低对易腐食品造成不必要的损害。

当多温拖车车厢必须安装铝制的凹槽或者 T 形槽底板时,需要堵住多温分区隔板所在部位的底板沟槽,否则,大量的热交换将在温区之间通过这些沟槽进行,从而无法达到理想的温控效果。

(3)壁面

厢体的前壁应重点考虑如下因素:隔热层厚度、制冷机组的安装孔及支撑结构、蒸发回风隔板在厢体壁的安装。

厢体的前壁应能承受制冷机组的重量,应有合适的蒸发器开口以及安装孔布局。由于内部气流布局的需要,安装孔应布置在尽量靠近厢体顶部的位置,如图 7-12 所示。

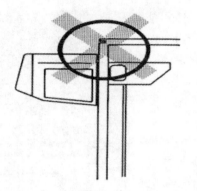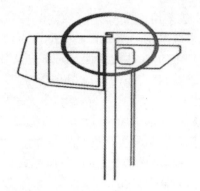

图 7-12　制冷机组在厢体上的安装示意图

卡车及拖车厢体的侧壁内表面应覆盖纤维板或者比较耐用的塑料材料,以防在装卸货过程中的托盘、手推车或者其它容器对壁面的损坏。另外,一般在侧壁的底部安装铝合金或者不锈钢挡板(防磨板),主要是为了避免叉车或其它机械设备在装卸货时插入侧壁,破坏内部的隔热层。

其它侧壁应考虑的因素包括:安装制冷系统连接管、电线及排水管的开孔。有时候也会将管路埋在侧壁或者顶板的内部,这样应在建造厢体前预先考虑,以免破坏厢体的整体性。

(4)门

根据英格索兰公司冷王品牌研发实验室的测试数据,漏风(空气泄漏)对于传热有显著的影响,其中,门又是影响漏风的主要位置。测试数据显示,侧门或者后门的密封性以及卷帘门都可能是漏风的主要因素。卷帘门一般不推荐在运输制冷中使用。正确的使用门封才是关键所在。考虑到门与漏风之间的关系,门的正确选择、安装及维护都是运输过程中保证温度的关键因素。

从经济角度考虑,经常将冷冻货品、冷藏货品以及干货在一起运输,就需要使用带有侧门的多温卡车或者拖车。一台双温的卡车车厢带有一个侧门,一台三温卡车车厢则会有两个侧门或者一个侧门外加一个分区隔板上的门。因为通常的制冷卡车车厢长度不超过 7.3 米,所以一般都会采用双温布局,并且带有一个侧门,方便货物装卸。为了减小漏热,侧门应尽可能小。一般尺寸(长度及宽度)以方便装卸货进出为宜。门的厚度应与其它壁厚一致,并且要采用良好的密封措施,门封应方便维修和更换。侧门的位置由每个分区的大小来决定。前面的分区一般用来冷冻,因此首先应确定最小的前部分区尺寸,从而确定侧面的位置。

对后门(也称尾门)的设置,需考虑五个方面:厚度、门框高度、回风、门的类型、门封。这里的门框高度是指当门打开后,门框内侧的高度,它限制了货物堆栈的进出。一般的门框高度在 2.16 米至 2.285 米之间。推荐尽量采用较低的门框高度。后门应该采用铰接结构的门,而卷帘门一般不推荐使用。门封必须具有良好的密封效果,并且容易更换,因为随着密封条的老化,漏风现象会越来越严重。一般要求一年更换一次。目前的密封条材料一般采用 PVC(聚氯乙烯),但是 PVC 材料低温耐疲劳性能较差,特别是在温差较大时;EPDM(三元乙丙橡胶)是目前比较新型的门封材料,具有大温差下耐疲劳的优点。

(5)门帘

侧门及后门敞开时间过长,将会导致大量热量和水汽在车厢内外之间传递;同时,还容易导致蒸发器盘管的结霜,致使真正有效制冷时间大大减少。为了减少蒸发器盘管结霜的可能性,一般采用门帘(图7-13)。据测算,门帘的使用能
586J。门帘应采用透明的食品级PVC材料制成,这种材料
应能在-40℃时仍保持灵活性。门帘应从顶板至底板,整个
宽度上安装,而且帘条之间应相互叠加,其目的是保证门帘
的有效性。

(6)顶板

多温厢体的顶板主要注意两方面的因素:一是隔热层的
厚度,二是远程蒸发器(也叫远距离蒸发器)及其保护装置。
一个远程蒸发器大概在55至89千克,一般远程蒸发器都放
置在顶板上,所以顶板设计应能承受蒸发器本身及其周围保
护装置的重量,如图7-14所示。

图7-13 门帘

图7-14 远程蒸发器及其保护装置

为确保冷空气(或者加热时的热空气)能有效地到达车厢的尾部,而不至于在中途短路,
通常会安装顶部导流风道,如图7-15所示。

图7-15 顶部导流风道

(7)回风隔板

在保证货品的冷藏运输时,空气循环是最重要的因素之一。如果不能进行冷气循环以
保持货品的温度,那么再好的制冷能力都毫无意义。良好的气流布局意味着在货品周围有
足够的空间,可以使得冷空气(或者加热时的暖空气)能自由地到达货品的各个部位。

在内部气流布局中,气流需流经六个平面,而前部的回风隔板所在的平面至关重要,回

风隔板的作用就是保证货品与厢体前壁面之间有足够空间,从而收集其余几个面的气流,使之顺利地回到蒸发器的回风口。正确的安装和维护此隔板,能有效地消除气流短路,保证整个气流布局的合理性。

如图 7-16,气流经过顶部,然后往下流经前分区后部,再经过底部,最后汇集到前部,流回蒸发器回气口。据经验,从侧面流经的气流需占总气流的 10%~20%,如图 7-17 所示。

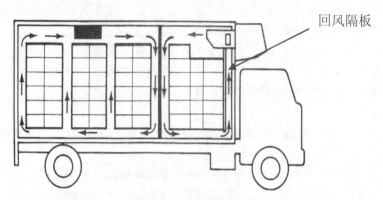

回风隔板

图 7-16 带有主机回风隔板的前部温区气流布局示意图

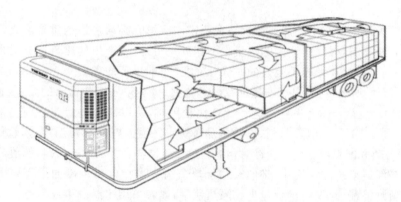

图 7-17 侧面气流分布(约占总气流的 10% 至 20%)

为了更好地掌握内部气流布局的操作方法,需注意以下几个方面:顶部的间隙由货物顶部与蒸发器出风口之间的距离决定;尾部的间隙由后部或者分区隔板上的波形槽来决定;底部的间隙由托盘或者平板车来保证;侧面的间隙可通过加一些隔条来保证,例如一些隔热材料制成的泡沫条,如图 7-18 所示;前部的间隙主要由回风隔板来保证,一般可由厢体生产商提供或者运输制冷机组供应商提供。

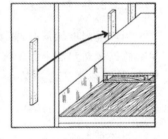

图 7-18 侧壁采用隔条形成的气流间隙示意图

(8)分区隔板

有两种类型的分区隔板:固体刚性隔板及柔性隔板。只要有良好的密封性及回风导槽,这两种隔板都能起到良好的效果。另外,前者可以安装门,以方便越区操作。

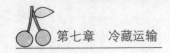

7.3.2.4 制冷量要求

运输制冷机组的销售人员或者工程师需要和运输公司合作一起来决定卡车或者拖车的制冷量要求。对于多温系统,需要对每个隔间进行单独计算。

制冷量计算一般需考虑以下因素:车厢内外壁面、门封、每天的开门次数、产品的呼吸作用、车厢预冷及货品温度。如果车厢经过正确的预冷,并且货品在装载时已满足相应的温度要求,那么主要需考虑漏热(主要是壁面漏热)、开门漏热、呼吸热。

在美国,一般将以上各热负荷单独分析并计算,然后累加起来作为总的制冷量。而在欧洲等国家,一般先计算漏热,然后乘以1.75的系数,得到所需的制冷量值。所以运输公司应结合自己的具体情况,与制冷机组的生产商一起,选择合适的方法。

（1）厢体漏热

厢体的漏热量,主要与环境温度、厢内温度、隔热层类型、隔热层厚度和厢体尺寸有关。

（2）开门漏热

日均开门次数、门的大小以及开门的时长,对于开门漏热的影响都很大。开门漏热主要是因为开门时,厢体内外的热湿交换。在开门卸货时,每次的开门时间应不超过15分钟,如果环境温度较高时,制冷机组应关闭,并采用门帘减小内外换热。

（3）呼吸热

果蔬的呼吸作用所产生的热负荷也是在决定制冷量时必须考虑的重要因素。各种果蔬的呼吸速度有所不同,因此所产生的热量也不相同。另外,所产生的热量还会对果蔬本身起到催熟的作用。因此,在考虑呼吸热的时候,必须先了解果蔬的类型。

正如本章开始所述,当客户在进行制冷机组选型时,必须先清楚自己的要求,特别是制冷量的要求,也即热负荷。而客户自己进行计算比较困难,所以制冷机组制造商会提供选型软件。只要输入厢体的尺寸、隔热材料、运输货品种类、开关门情况、环境温度等,软件即可计算出呼吸热、服务热和漏热等。同时会针对相应的热负荷推荐合适的制冷机组,如图7-3所示。

将干货与新鲜果蔬混合运输,必然会增加热负荷和温控的难度。如果需要混合运输大量的干货及新鲜果蔬,建议将干货包裹在隔热毯中,或者采用多温机组或隔舱。

7.3.2.5 制热量要求

当环境温度较低时,需要加热厢内温度,上面介绍的制冷量的计算方法,也适用于制热量。总的制热量需求等于漏热加开门漏热之和,再减去呼吸热。一般来说,不管是制热还是制冷,呼吸热都认为是保持一致的。漏热以及开门漏热则决定于厢体内外的温差。

7.3.2.6 机组选择

对于单温机组来说,主要考虑选择一台满足制冷量及风量要求的机组。而多温机组,一般采取在前部隔间装主机,用于运输冷冻货品,在后部隔间顶板上安装一台远程蒸发器,满足冷藏货品的需求,应该避免远程蒸发器安装时过低,影响装货速度及叉车等的机械损坏。

7.3.2.7 铁路冷藏运输

（1）铁路冷藏集装箱

拖车以及标准的冷藏集装箱,都可以用作铁路冷藏运输,它们设计成能与火车底盘相匹配,也可通过铁路运输,然后采用标准的公路拖头将拖车拖至最终目的地。这些拖车采用与公路应用一样的制冷机组,经常采用空气悬挂系统。

这些集装箱满足了 ISO 的统一标准,所以运输商也可以将这些制冷集装箱通过船运或者公路来运输。这样的集装箱的长度大都是 20 英尺或 40 英尺,宽度为 8 英尺。长度为 20 英尺的一般都是标准的 8 英尺 6 英寸的高度,而长度为 40 英尺的也会有 9 英尺 6 英寸的高箱。另外,用来短途及轻质运输的 45 英尺高箱也越来越流行。ISO 标准并没有对保温层的厚度作明确要求,只要厚度能满足厢体隔热的性能要求即可。大多数集装箱保温层厚度在 10 厘米左右。ISO 明确了集装箱的建造要求,需通过强度测试才能得到认证。ISO 也对集装箱的其它选项特征做了要求,例如,20 英尺的集装箱能采用叉车槽,而 40 英尺的则不允许使用。另外 ISO 还对前扣式机组的扣座以及排水管等设计进行了规定,详见 ISO 668 及 1496-2。

集装箱一般依靠发电机组来提供电源,发电机的安装位置取决于发电机的类型以及集装箱的运输方式,一般铁路集装箱采用"前扣式"的发电机安装方式,如图 7-19 所示,安装在集装箱的端部上方。

(2)铁路冷藏车厢

铁路冷藏火车车厢一般采用集成的自带动力制冷机组。其送风系统和拖车的送风系统类似,制冷系统将冷空气送到车厢的顶部,冷空气流经货物,从车厢底部返回。与集装箱类似,只要货物的堆放合理,满足气流布局要求,一般都可以长距离运输。通常用来运输不易腐蚀的货物,如柑橘、洋葱和胡萝卜等。一般车厢都要求有很好的气密性,满足气调要求。铁路运输方式具有大容量的特点。

与卡车和拖车类似,其制冷量的计算也要考虑漏热及产品的呼吸热。除了制冷机组本身,还必须考虑的问题是,在长距离的运输途中需保证充足的电力供应,发电机必须有足够的燃料。另外,还需考虑远程监控及数据采集的问题;采用拖车制冷机组时,须考虑装置容量足够大的油箱。

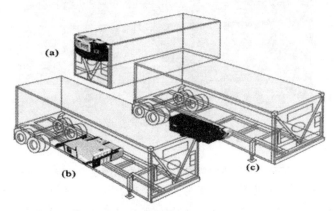

(a)前扣式;(b)低盘底置式;(c)底盘侧置式
图 7-19 集装箱发电机组安装示意图

7.3.3 设备运行、维护及保养

卡车及拖车必须有严格的预防性保养计划来保证不必要的停机及维修成本。除了常规的行车前检查,还必须按照机组维修手册所提供的保养要求进行检查及维护。以下是需要

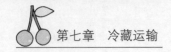

特别注意的几点:检查发动机的转速(保持在规定范围内的高速);检查皮带张力及其它工况(确保张力合理,必要的话更换皮带);检查除霜运行情况(有必要的话进行维修);移开蒸发器面板,清除纸屑等杂质,采用压力清洗蒸发器盘管。

如发现送风温度不合理,应及时联系当地合格的维修工程师进行咨询。

7.3.4　货物装载及搬运

7.3.4.1　货物预冷及装载方法

货品包装、装载前及运输过程中的温度、制冷设备的运行以及货品周围的气流分布,对于货品的质量都有显著的影响。因此正确的货品准备及装卸操作将有助于确保货品在整个运输途中的质量。

小案例

巴氏梨的处理

某公司运输巴氏梨,货物单元采用的是改良气调托盘袋(MA 托盘袋),滑片则用于在配送中心移动装有巴氏梨的箱子。此外,巴氏梨在集装箱内采用木质托盘。当这批巴氏梨到货时,却发现箱内巴氏梨出现了高温和产品质量损失的情况。

为寻求导致产品高温的原因,对梨的硬度进行了测试,结果表明压力大部分为 0lbs,每箱至少有 20% 的水果变坏。此外,观察温度记录仪上的温度显示接近 0 ℃,但产品的温度却为 6.8 ℃。

图 a　受到损伤的巴氏梨

分析结果表明,巴氏梨的高温度可能是由于箱子放在了托盘上后,滑片没有移走,堵住了所有由底部向上的冷气,因此巴氏梨呼吸产生的热量则无法被冷气带走。

采用高质量的抗压包装将减小货品损坏的可能性。冷冻货品一般包装在实心的没有通风孔的包装盒中;新鲜冷藏货品一般采用带有通风孔的包装盒,这样可以使得货品周围有连续的冷气流,并且不断地带走货品的呼吸热。对于货品包装的细节请参考第四章。

另外一个必须重视的问题是货品装载时的温度。货物应采用预冷以去除加工或者田间热量,并贮存在适宜的温度下。在装载之前,应采用手持式的温度计测量温度,以确保其合适的温度。如果装载之前货物没有预冷到其所需的温度,那么机组就很难有足够的时间在运输过程中将货物降温到该合适温度。毕竟,运输制冷的目的不是降低货物的温度,而是维持货物的温度。

车厢在进行预冷时,应紧闭厢门。当开始装载时,在开启厢门之前,应关闭制冷机组,尽量减小厢内温度波动。如果不关闭机组,厢内冷空气在蒸发器风扇的搅动下流出厢体,而外部的暖湿空气将流入厢内,导致内部温度变化,更严重的是,流入的暖湿空气在遇到冷空气时,会在蒸发器出口处结霜或者结冰,严重影响蒸发器的排风,如图 7-20 所示。采用门帘可以很好地减小内外空气交换的不利影响。

图 7-20　装载时制冷机组不应运行

货物的装载应迅速而有效,一旦装载完毕,货物应固定在厢内,避免在运输途中因货物移动冲撞而受到损害。装载完毕后,应采取以下措施:立刻关闭厢门;启动制冷机组,再次确认正确的运行模式及温度设定值;采用手动除霜模式,除去蒸发器盘管上的霜或者冰,以确保最佳的制冷效果。

正如前面所强调的,良好的气流模式是保证温度及货物质量的关键因素。即使制冷机组有很好的制冷效果,如果气流模式不合理,也会导致货物品质下降。所以应确保厢体的六个面都有足够的空间。任何的堵塞或者阻碍都可能导致冷气流的"短路",导致某个区域的温度较高,产生"局部热区",如图 7-21 所示。

（a）合理的气流布局　　　　　　　（b）气流"短路"及"局部热区"

图 7-21　合理及非合理的气流布局

7.3.4.2　影响气流模式的四个因素

(1)底板设计及货物装载

不管何种底板设计,其目的都是减少气流阻力,使得冷气流快速而有效地到达货物,如图 7-22 所示。当使用托盘时,其底部应有开口,能使得空气从其底部顺利穿过。如果使用塑料包装,则不能包住托盘的底部开口。由于滑托板以及手工堆放不利于气流的合理分布,所以不推荐使用。所堆放的货物容器之间的间隙应尽可能均匀,使得气流分布一致。一般来说,货物的顶部与车厢的顶板之间的距离至少保持 23 厘米,而货物与前隔板以及后门之间的距离也应至少保持 8 厘米。

图 7-22　正确的气流模式示意图

(2)清洁度

车厢内必须保持清洁,特别是底板沟槽以及蒸发器的回风口必须保持通畅。松软的物质,例如纸屑、塑料包装等都会很容易被吸入蒸发器,导致气流堵塞。

(3)货物堆放布局

为了保证气流的通畅,通常采用的货物堆放方式有:居中式、均匀分散式、交错式以及交错环式,如图 7-23 所示。实际的货物堆放方式取决于货物的类型、运输的方式、运输距离以及其它一些因素。总之,需在货物与车顶之间留有足够的空间,以免产生上文所提到的气流短路或者局部热区。另外货物也不要紧靠制冷机组放置,以免堵住气流。

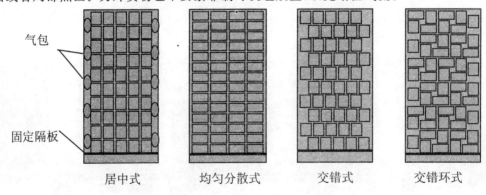

气包

固定隔板

居中式　　　均匀分散式　　　交错式　　　交错环式

图 7-23　货物堆放布局示意图

(4)确保蒸发器回风口通畅

如果蒸发器的回风口被堵塞,那么气流和机组性能将受到严重影响。

7.3.4.3 陆路运输及配送操作最佳方法

当预冷的货物被合理地装入预冷车厢,门关闭,制冷机组开始运行。由于装载过程中的制冷量损失,机组不得不花费一定的时间将温度重新降到设定的温度。每次装卸货物的开门时间越长,机组用来降温的时间也就越长。

运输过程中,应时刻观察制冷机组的显示屏或者其它测温装置,以确保温度的合理性。任何温度的偏离都必须及时解决。即使是短时间内的很小的温度波动,货物的质量也有可能受到影响。

在配送过程中,开门是最值得关注的,应尽量减少开门的次数和每次开门的时间。正如前文所强调的,当开门时,制冷机组应关闭。如果在卸货过程中,遇到延误的情况,门必须及时关闭,直到恢复卸货(这在没有制冷装卸货月台或多装卸点配送时非常有效)。门帘的使用不仅可以减少制冷量损失,而且可以缩短重新开机降温的时间,因此,这种方法被强烈推荐。

当货物装运到冷库或者配送中心时,一般都会有制冷的装卸货月台,在开门之前,要保证冷藏车厢与月台的门紧密连接,避免货物暴露在环境温度下;当没有制冷的装卸货月台时,货物应尽可能快地卸到其它制冷区域,尽量减小温度变化对货物质量的负面影响。

7.4 水路运输

水上冷藏运输主要有两大类,一类是温控集装箱运输,另一类是冷藏船运输。温控集装箱分为带有风门的保温箱以及带有制冷机组的冷藏集装箱,其中前者是在 20 世纪 70 年代开始使用的技术,这种冷藏集装箱其实只是一种保温箱,在一端有上下两个风门开口,用于将外部的冷空气引入集装箱,其中下部的开口是冷空气的入口,冷空气进入集装箱后,采用下送风方式,经过底板 T 槽冷却货物,然后从上开口流出,达到冷空气循环的目的,如图 7-24 所示。但这种技术有很大的局限性,已经逐渐被带有制冷机组的集成冷藏集装箱所代替。冷藏船一般用来运输大宗的货物,而温控集装箱一般运输高附加值的小批量货物。

图 7-24 带有风门的保温箱

7.4.1 冷藏集装箱

冷藏集装箱依靠电力驱动压缩机,其电力由船上的发电机或便携式发电机提供。当集装箱到达码头之后,被转运到底盘上,这些底盘一般都装有发电机组。这样,装在底盘上的冷藏集装箱就可以像拖车一样,由拖头牵引,在陆路继续运输。因为集装箱运输一般距离较

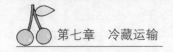

长,在运送新鲜果蔬时,需考虑补充新鲜的空气进入集装箱,起到气调的作用,图 7-25 所示的采用自动新气管理系统(AFAM:Automated Fresh Air Management Systems)的集成式冷藏集装箱,就具有这种功能。

冷藏集装箱的压缩机、冷凝器和蒸发器作为一个整体"扣"在厢体的一端,从而使其与集装箱前端部分的外表面处于同一平面,这样可以让冷藏集装箱像普通的集装箱一样堆放在集装箱船上。

图 7-25　采用自动新气管理系统(AFAM)技术的集成式冷藏集装箱

7.4.2　冷藏船

冷藏船的货舱为冷藏舱,常分隔为若干舱室。每个舱室是一个独立的封闭的装货空间。舱壁、舱门均为气密,并覆盖有泡沫塑料、铝板聚合物等隔热材料,使相邻舱室互不导热,以满足不同货物对温度的不同要求。冷藏舱的上下层甲板之间或甲板和舱底之间的高度较其它货船的小,以防货物堆积过高而压坏下层货物。冷藏船上有制冷装置,包括制冷机组和各种管路。制冷机组一般由制冷压缩机、驱动电动机和冷凝器组成。如果采用二级制冷剂,还包括盐水冷却器。制冷机组安装在专门的舱室内,要求在船舶发生纵倾、横倾、摇摆、振动时和在高温高湿条件下仍能正常工作。根据货物所需温度,制冷装置一般可控制冷藏舱温度为-25～15℃之间。

尽管具有成本的优势,但是冷藏船存在较高的"断链"风险,因为货物的装卸都不可避免地暴露于环境温度下,而冷藏集装箱就没有这样的风险。

7.5　航空运输

7.5.1　设备设计及选型

尽管成本高、温控效果也不尽如人意,运输公司还是选择航空冷藏运输作为一种快速的运输手段,通常用来运输附加值较高、需要长距离运输或者出口的易腐货品,例如鲜切花及某些热带水果等。

当采用空运时,为了适合飞机某些位置的特殊形状,需要将货品装入集装箱(ULD,也称为航空集装箱)。ULD 一般有托盘和密闭两种形式。底层机舱铝制集装箱是最常用的

ULD。类似的材料还有 LEXAN(一种聚碳酸脂聚合物)以及高冲击成型聚合物。近几年来,广泛使用的材料还有纤维板以及各种塑料等。

为了维持货品的温度,一些集装箱采用简单的隔热层,该种集装箱只是在壁面添加保温材料,以达到减弱温度变化的目的。隔热层分临时性和永久性两种。后者采用较厚的保温材料,能达到较好的保温效果。制冷集装箱的温控效果最好,此类集装箱又分为主动式和被动式两种,前者能在一定程度上达到控制温度的目的。主动式制冷集装箱一般采用干冰作为冷媒,并采用自动调温控制的换热器。这种换热器可以更加均匀地分配气流,避免内部的冷或热集中区域。当环境温度超过产品温度 8 ℃时,该类系统可发挥最大功效,特别是对于那些冷冻货品。被动式的制冷集装器只是在内部装上干冰或者一般的冰,亦或其它共晶混合物,从而达到维持货品温度的目的。有一点必须注意,在使用干冰时,必须上报给航空公司,因为高浓度的二氧化碳会产生危险。类似的,一般的冰融化产生的水也容易引发危险,所以航空公司应仔细核查相关的附件及条文,以避免潜在的危险。

干冰作为冷媒具有一定的局限性:控温精度不高、没有加热功能、需要特殊的加冰基站等。近来 Envirotainer 公司推出的新型 RKN e1 系列航空温控集装箱解决了上述困扰,它采用机械压缩式制冷方式,使用英格索兰公司冷王(Thermo King)品牌的 AIR 100 制冷机组。由于成本高昂,该航空温控集装箱主要应用于一些特殊的温控运输用途,例如疫苗以及对温度敏感的药品(蛋白质类药物),其温度控制范围一般在 2～8 ℃,这些货品都具有很高的附加值。AIR 100 机组采用机械压缩循环制冷,采用电热的方式制热,通过可充电的电池供电。一般可运行 100 小时,在极端环境下也能运行 30 小时,所以可满足大多数的长距离航空运输(图 7-26)。

图 7-26 装有机械压缩制冷机组的航空温控集装器

由于在航空领域没有传统的制冷系统,以及集装箱受到飞机机舱形状的严格限制,因此选择面很小,相对而言设备选型在空运中就比较简单。为确保冷链运输的可靠性,最重要的是正确地准备集装箱、严格控制产品包装及搬运流程。至于采取主动式还是被动式系统,主要取决于货品的价值。集装箱的材料多种多样,所以还要选择合适的材料,确保在转运货品过程中能有效地保护货品。一般的托盘比较容易使货品遭受损害。另外,由于 ULD 在等待装卸时,经常会暴露在太阳底下,还要避免使用吸热材料。

7.5.2 设备运行及维护方法

在空运中,特别是当采用没有制冷能力的标准集装箱时,相对于正确的包装、装卸及准

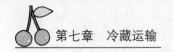

备工作,设备运行不是主要问题。在使用隔热(保温)集装箱时,应特别注意临时隔热层能覆盖所有的表面,将货品紧固在箱内,避免货物在运输途中受到损害。

在使用带有干冰的温控集装箱时,一定要确认该集装箱能够达到并设定在货品所需温度范围内。另外,由于干冰会融化,所以应确保干冰有足够的供应以满足整个运输过程。例如,Envirotainer 公司指定其温控集装器的最大单次加干冰运行时间为 72 小时。而且,所有的集装箱需要采用无腐蚀性的清洁剂进行清洁和消毒。

严密的监控和记录措施也是鲜活易腐品空运过程中必不可少的,其中最主要的就是记录运输过程中的温度变化情况,确保冷链不间断。如果旅行途中温度急剧变化,对鲜活易腐品的影响是相当大的。

其它辅助设备对保持货品温度也起着重要作用,比如,卢森堡货运航空公司就使用真空冷藏车贮存鲜花,然后运往仓库。阿联酋航空公司则一直在新设备使用上引领潮流,包括冷藏车和隔热毯。中东等地炎热的天气对运输鲜活易腐品带来了严峻挑战,在迪拜,夏季温度可能高达 45℃,而在水泥地面上,温度可能会更高。冷藏车主要在机坪运作,那里的地面温度很高,冷藏车和隔热毯等设备能有效阻隔热量,保证鲜活易腐品的新鲜度。拥有合适的地面设施也非常重要,比如冷库。卢森堡货运航空公司就从"卢森堡航空货运中心"受益匪浅,因为那里有 20 个冷库。同样,汉莎航空在法兰克福拥有多层鲜活易腐品中心,在许多运营的外站也建设了类似设施,比如内罗华、开罗、曼谷、芝加哥等。达美航空公司刚刚在其亚特兰大枢纽运营新的冷库,阿联酋航空公司在其全新的货运中心建设了 7000 平方米的冷库。对于没有冷库设备的机场,航空公司通常会建议客户在航班起飞前尽可能短的时间里将货物运抵机场。

7.5.3　装卸及处理

空运中装卸货品需要考虑很多因素,主要是因为飞机内的贮存空间是不制冷的,而且机场里货品的临时停放区也是不制冷的。因此,货品在运输之前的处理及地面运输等,对于整个冷链的完整性就显得很重要,否则,货品暴露于高温环境的可能性将大大增加。发货人在将鲜活易腐品交给机场和航空公司之前,必须先做好预冷工作。同样,航空公司也必须实施严格的标准操作流程。阿联酋航空公司的规定是,从飞机卸下到冷库或是到另一架转运飞机的操作时间不能超过 90 分钟。

因新鲜果蔬在运输途中会产生呼吸热,所以新鲜果蔬的空运不能采用非制冷的集装箱,而只能使用干冰等冷却的保温集装箱。如果使用被动式的制冷集装箱,因箱内没有较好的空气循环,货品之间以及与厢板之间必须保留至少 2 厘米的空隙,以便有足够的空间保证气流的畅通。飞机的大小及尺寸,决定了集装箱的形状及尺寸,也决定了货品的堆放方式。有些货运公司通过指定集装箱的最大载重量,来限制货品的最大装载量。另外,应确保集装箱的内部的洁净,不含有任何残留物质。有时候,在同一个集装箱中会装运不同的货品,所以要事先确认这些货品是否适合一起装运。

交叉堆放箱子可以保证其在运输过程中不易移动。采用角板及网罩等包裹使得货品成为不易移动的整体。将货品包装起来保持内部的冷空气,避免外部热空气渗入。在包裹散装的货物时,应在运送到机场前的制冷房间内进行包裹。采用反光的材料包裹敞开的托盘,这样可以减少漏热,不要使用透明塑料,因为阳光会射入托盘内部。另外,应注意高海拔时压力的变化,压力较低时,果蔬容易脱水,所以应采用气密性较好的包装盒进行包装,以防止脱水,特别是那些需要在较高湿度下运输的货品。另外,对于那些密封的包装袋,需要考虑因海拔变化导致的压力变化,包装袋应能承受这样的压差。

7.6 温度监控及货物兼容性

7.6.1 温度监控

温度监控(记录)仪,用于记录整个运输过程中的厢内温度,需安装在回风区域,避免直接置于蒸发器的排风口。通常建议安装在距离蒸发器约1/2或2/3厢体长度位置处。另外,新的带有微处理器的制冷机组往往带有集成的温度记录仪。记录仪的正确使用可使得运输者实时监控并对其冷链作出相应的调整,并对"断链"等问题的解决提供依据。另外,对于空运来说,航空公司一般不会安装温度记录仪,因此,运输者应自行安装温度记录仪。

7.6.2 货物兼容性

不管采用何种运输手段,运输者在运输混合货物时,都必须保证所运送货物的贮存要求大致相同,即各种货物具有相近的温度及湿度要求,避免货物之间因要求不同带来的损失。参考第二章及第十二章相关内容,根据需要决定各种货物的温度和湿度。会产生乙烯的货物不要与乙烯敏感的货物混合,释放气味的货物不要与容易吸收气味的货物混合。另外,需要评估化学清洁方法对货物的影响。如果采用气调方法,则需要更多考虑。

7.7 总结

作为整个冷链的重要环节,冷藏运输将一个个静止的"冷点"连接起来,从而保证整个冷链是个完整的"链条"。在选择不同的冷藏运输方式时,需要根据不同冷藏运输的特点和实际需要综合决定。对冷藏运输设备原理和运行操作的必要了解可以很大程度上提高冷链的可靠性,减少人为因素导致的冷藏运输环节失效。

思 考 题

(1)从运输方式来看,冷藏运输包含哪些方式? 并对各种运输方式做简单说明。

(2)冷藏运输的主要作用是降温还是保温? 为什么?

(3)卡车冷藏运输系统按照驱动方式分类,主要有哪些? 特点是什么?

(4)影响气流模式的四个因素是什么?

(5)货物预冷及装载时需考虑哪些因素?

第八章 零售

冷冻食品运送到销售点后,卸货后应立即放入冷冻陈列柜。冷冻陈列柜应配有温度仪表,冷冻陈列柜除了除霜和装货时间外,应保持在-18 ℃以下。冷冻陈列柜中的冷冻食品温度应保持在-15 ℃以下,短时间温度回升不宜高于-12 ℃。冷冻陈列柜应使用适当数量的隔板,将不同类别的冷冻食品分开。

——GB/T 24617-2009 冷冻食品物流包装、标志、运输和贮存

专业术语:

冷藏食品(Refrigerated Foods)　　　　　　冷冻食品(Frozen Foods)

8.1 引言

冷链中的零售环节包含三个主要类别:超市、便利店和食品服务门店。在零售环节中,易腐品的冷藏冷冻可能发生在后台房间、厨房或者销售区域。低温贮存的设备涉及从冰箱、冷柜到较大的步入式冷冻冷藏室。食品服务门店需要在贮存和加工区域使用一些附加设备。销售区域则采用陈列柜及一些特殊的自助服务台等。目前社区农贸市场的肉制品和豆制品也正成为冷链零售环节的重要组成部分。

8.2 零售低温贮存中的冷藏间与冷冻间

一般来说,步入式冷藏室或冷冻室的设计与施工都会与其他低温贮存设施同时进行。零售环节的低温贮存设计与零售业务本身的规划紧密相关。设备制造商和服务提供商,例如英格索兰公司零售解决方案部门,能帮助零售商合理规划并提供设备选型的建设性意见,以更好地满足零售商对业务的要求。

尽量将易腐品送至销售区域,减少在冷冻室或者冷藏室的库存量。另外,零售环节的温度监控和记录也是至关重要的,因为冷冻室和冷藏室代表着货品进入零售层面之前的最后环节,用来全程监控温度的标识代码将会在这个环节收集。关于温度监控和记录的详细介绍请参考第九章。

8.3 超市设备及应用

8.3.1 超市陈列展示柜

易腐品在零售商品中占有很大的比例,陈列柜用于展示并销售商品(图 8-1)。陈列柜的

品种有:开式自助式陈列柜,闭式非自助式以及手取式(封闭自助式)陈列柜。每种柜子都可存放冷藏或者冷冻品。

　　陈列柜一般为 2.4 米或者 3.7 米长。当设计成特殊目的时,陈列柜可以首尾相接,排成一列,例如,有些奶制品陈列柜的长度可达 15 米。

图 8-1　超市陈列展示柜

　　店铺的陈列柜设计一般都是根据每个店铺的销售特点而量身定做,包括店铺的规模,销售量,交通以及客户的购买喜好。

　　(1)环境条件的影响

　　陈列柜的制造商会标定设备的名义制冷量等性能参数,这些参数是基于一定的环境条件而设定的,包括室内和室外参数,例如室内外温度、相对湿度及空气流动等,这些参数会影响陈列柜的性能及能耗。

　　室外温度会影响室内的相对湿度,室外温度越低,则室内湿度越低,反之亦然。高湿度会导致细菌或霉菌增加,低湿度则会导致商品脱水。相对湿度在全年内都有变化,工程师应该考虑湿度变化的规律,并在性能标定时考虑这一因素。一般来说,设备制造商都是在 55% 的相对湿度下标定陈列柜的,如果实际使用时的相对湿度不同于该数值,那么其能耗也会变化:低于该数值,则只需较少的防冷凝水的加热器以及较少的化霜设备,能耗也会减少;反之,则能耗增加。这些都会直接影响零售商的账面结算盈亏。

　　店内的客流量及店面的布局会影响气流分布,从而影响店内的温度和湿度。客流量较大时,门店会有较大的空气波动。由于陈列柜对气流布局较敏感,气流的运动方式也会影响制冷设备的性能,穿过设备的气流会严重影响设备的运行。因此,应通过合理的店面布局设计避免空调、风扇、敞开的门及窗户等产生这样的气流。另外,也要减小大量人流所产生的气流影响。

　　(2)具体用途的陈列柜

　　陈列柜是用来在有限时间内销售商品,而非长时间地保存商品;商品在放置前应具有或者接近合适的温度,毕竟陈列柜是用来维持温度而并非冷却商品。所以商品的种类特征决定了所需的陈列柜类型。

　　陈列柜一般分为两大类:自助式和非自助式。自助式陈列柜可以让客户直接接触感兴趣的商品,而非自助式的陈列柜则需要员工协助顾客获取商品。

　　选择合适的陈列柜时,了解柜子的配置选项非常重要,下面是一些商品的典型选项:

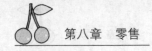

1) 农产品

这类商品或者有包装,或者是敞开的,通常都会放在同一区域陈列,它们对于风速具有不同的要求(有包装的要求较低的风速,敞开的要求较高的风速),陈列柜对于这两种要求都能满足。选项包括:单层或者多层壁柜(不管是宽或者窄的);单层宽体岛柜。

2) 冷冻商品

冷冻类商品可以敞开陈列(会受到环境条件的影响),也可以放置于玻璃门柜内。冷冻柜的盘管需要定期除霜,包括停机融霜、气融霜及电融霜。冷冻陈列柜的选项有:玻璃门柜、单层壁柜、单层岛柜(宽、中或窄体)和多层开放式柜。

(3)销售时的注意事项

当堆放及展示商品时,必须要等到柜温达到适合的运行温度才可以放置商品。另外,正确的翻动商品也可以减少商品品质的损失。通常将较久的商品放置在前面,将新的商品放置在后面。同时,要注意陈列柜的回风口保持通畅,没有任何阻挡,从而保证风幕及制冷系统的性能。商品及包装等都不能阻挡风口的网罩,一些未经过确认的货架、支架或者任何其他附件都有可能减弱风幕的性能,不推荐使用。另外还要注意,堆放货物时,不能超越堆放"红线",否则会影响商品的货架期。

(4)陈列方式

1) 批量展示

商品互相叠放的批量展示方式是零售商经常采用的,例如农产品和肉制品。为确保正确的产品温度,堆放不能超越冷柜设定的堆放线,否则将影响易腐品的货架期。批量展示必须与柜子的负荷参数一致,这样才能保证适合的商品温度并延长设备使用年限。

2) 货架展示

多层展示柜有各种各样的货架尺寸和数量,柜子越高,货架越多。一般底部的货架被调整为适合平铺或者批量展示,而上部货架一般占据2至3个支架,从而使得货架可以平放或者倾斜放置。当倾斜放置时,货架前部建议采用挡板。未授权的特制货架可能产生一些问题,因此零售商应咨询相应的设备供应商以保证货架配置的合理性。

3) 挂钩展示

某些商品需要利用悬挂的方式展示,一般采用改造的多层柜。此时,若拆除货架或者更换挂钩会影响气流布局和柜内温度。因此,在改造之前,应咨询专业的设备供应商或者阅读安装手册。

(5)包装与未包装

通常包装的商品会以自助的形式销售,而未包装的商品则装在封闭陈列柜中销售。当商品未包装销售时,相对来说对某些因素更为敏感,这些因素会影响商品的色泽、细菌滋生及货架期。放置未包装商品的非自助封闭式陈列柜,会采用重力自由沉降式盘管或者强制送风式盘管,但是前者更适合较敏感的商品。此外,在陈列未包装商品时,要注意灯光的合理使用,零售商需要足够的灯光来使商品一目了然,但是过多的灯光会降低柜内的湿度,从而影响商品的货架期和"卖相"。

(6)专业应用

零售商经常需要特殊的陈列柜满足特殊的销售需求。特种柜能满足各种需求,包括农产品、肉类、加工类食品、面包及海产品。可以自助也可以非自助,可以是分体式也可以是独立式(自携压缩机式)。通常,专业陈列柜提供独特的设计风格,使零售商可以灵活销售商品,并可创造独特的店铺环境。

(7)温度监控

陈列柜一般装有温度仪(图 8-2),这样能使操作人员对柜温一目了然。关于温度监控的详细信息,请参考第九章。

图 8-2 温度仪

8.3.2 超市中的其他制冷设备

除了传统的低温陈列展示柜,超市中还有其他各种类型的制冷设备,广泛应用于食品的准备及贮存,例如第六章所讨论的步入式冷藏室和冷冻室,以及广泛用于厨房和服务区域的各种小型冷柜。下面介绍几种简单的食品服务制冷设备。

(1)冰箱及冷冻室

除了步入式,制冷贮存设备还有两种基本的类型:

1)立式冷藏柜或冷冻柜:有单门、双门或者三门,往往立放于准备区域,经常沿着服务流水线排列。

2)下置式冰箱或者冷柜:与立式的位置类似,放置于服务流水线的下游。

(2)用于准备食物的冷藏冷冻柜

用于准备食物的冷藏冷冻柜有各种各样的规格,通常是单门、双门或者三门设计,最常用的是三明治和匹萨的操作准备台(图 8-3)。这种柜子必须置于台下,并且在顶部有开口,用来放置盛放调料等的塑料或者不锈钢盘。顶部的其余地方为操作区,用于放置聚合材料的切菜板等。匹萨一般会有较大的操作区,因为要准备比较大的匹萨。其他特殊形式的还有煎炒工作台等。

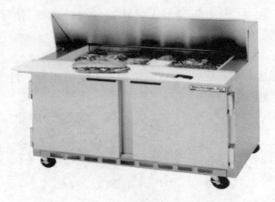

图 8-3　带有冷冻冷藏柜的食品准备台

（3）台架式设备

台架式冷柜（图 8-4）往往用于烹饪线，位于抽油烟机的下方，位置较低，抽屉代替门。抽屉里面装有烹饪用的原材料。其它台式的烹饪设备放置在它们的上面，方便厨师使用。

图 8-4　台架式冷柜

（4）客户服务台

典型的客户服务台包含了贮存区及服务区，最新的还包含了瓶装饮料展示区及其它自助式区域（图 8-5）。

图 8-5　客户服务台

（5）沙拉台

沙拉台一般有两种形式：与服务流水线平齐或者岛式单独放置。沙拉台一般具有调制沙拉的所有原料。岛式设计可以减少在服务流水线的等候时间，并且可以让客人随意调配自己喜欢的沙拉,因此,可在一定程度上减少劳动力成本,提高顾客的用餐体验(图8-6)。

图8-6 沙拉台

8.4 便利店设备及应用

便利店(Convenience Store,CVS)是一种用以满足顾客应急性、便利性需求的零售业态。1927年美国德克萨斯州的南方公司首创便利店原型,1946年创造了世界上第一家真正意义上的便利店,并将店铺命名为"7-Eleven";20世纪70年代初,日本伊藤洋华堂与美国南方公司签订特许协议并在东京丰洲推出1号店。此后传统型便利店作为一种独特的商业零售业态,在日本得到了飞速发展,其特点也被发挥到极至;20世纪90年代末期进入我国,在我国经济相对发达的沿海大中城市发展较快。目前在我国发展较迅速的便利店品牌有:可的、喜士多、好德、良友金伴、快客、左右间、百家乐等。

便利店一般设在城市的繁华地段,面积通常在100平米以内,所以不能浪费门店的陈列空间。便利店中放置食品的冷藏柜较之超市要小很多,往往一个冷藏柜的不同货架层上放置了不同种类的易腐品(图8-7)。

图8-7 便利店的冷藏柜

8.5 食品服务门店设备及其应用

在食品服务行业中,大多数陈列柜设计与超市相同,但也有根据行业需求而采用特殊陈列柜的。本部分介绍冷藏陈列柜在食品服务业中各个场所的应用情况,主要集中在:教育场所、医疗健康场所、商业及工业场所、体育场馆和餐厅。

(1)教育场所

在欧美国家,为六年级以下学生服务的食品柜台还是采用传统的方式。由于较小的学生缺乏必要的自助能力,所以冷藏陈列柜一般在初高中的食堂比较流行,这些立式的自助式陈列柜一般用来放置三明治、沙拉及饮料等。这些陈列柜的使用减少了人工成本,提高了服务效率。

在欧美的高等院校,冷藏陈列柜的使用非常普遍,学生们可自由地选择自己喜欢的食品。服务式和自助式的陈列柜相伴而设。拌好的沙拉、烘焙食品及未包装的食品通常放置于单层或多层的服务式陈列柜中,而包装好的食品则放置于多层自助式陈列柜中。与超市不一样,学校的陈列柜一般不是多个排在一起,而是一种类型的陈列柜各一个,因为学校的消费量有限。

(2)医疗健康场所

许多新设计的医院和教育场所一样采用分散式的陈列柜。冷藏陈列柜采用服务式的设计,应用更加人性化。冷热食品分开放置,且保证温度,避免了传统服务方式中温度不能保证的缺点。自助式陈列柜一般用来售卖饮料、奶制品、拌好的沙拉及三明治等。

(3)商业及工业场所

这些行业的市场导向基本与医疗健康行业类似。因为该行业一般不受预算的限制,所以设计都比较高档,并且集成更多的陈列柜在它们的布局中。比如在日本,冷藏陈列柜几乎随处可见,办公室甚至是工厂,工人都可以在自助式冷藏陈列柜购买食品饮料等。

(4)体育场馆

体育馆、运动场等体育场地都会设置自助式售货机,以提高服务的质量和效率。这样的陈列柜经常只在有体育赛事的时候才运行。这对于分体式的冷藏机组将会带来很多问题,所以一般使用自携式(独立式)的机组,因为自携式机组一般带有轮子,在不运行的时候可以很方便的移动。

(5)餐厅

餐厅中的食品服务正越来越多地使用冷藏陈列售货机。自助式的陈列柜用于售卖外带食品。在欧美国家,聚会餐盘、饮料、包装食品等都是陈列在冷藏柜中,以便于顾客的选择。有些餐厅使用冷藏陈列柜来展示他们的特色食品,如高品质的牛排等。一些蛋糕店也用冷藏糕点柜来展示他们的特色蛋糕。

小案例

品质导向助冷链发展

中外运作为雀巢的下游服务商,从产品的贮存到仓库的操作以及运输环节,是完全按照雀巢的全球标准来进行运作的。比如,在仓储环节,雀巢要求-25 ℃(±3 ℃),月台温度要求 0 ℃。我们通常的月台温度是 4～6 ℃,为了达到雀巢公司的要求,中外运特意改进了月台,达到了 0 ℃的标准。车辆温度我们始终保持在-18～-20 ℃之间。总之在中外运服务的所有环节我们都是严格按照雀巢的全球标准来操作的。

大家都知道,越是高档的冰淇淋对温度的要求越高,所以在高温的夏季,冰淇淋的运输和配送是冷链物流最具挑战性的一个环节。而到了经销商,特别是传统渠道的街边小店,冰柜温度只能保持在-11 ℃左右,如果没做更好的防护,势必会影响到产品品质。再谈到从卖场到消费者家里,即所谓的"最后一公里",不同品牌的冰淇淋在最佳温度贮存就更无从谈起了。因此从一个低温产品的生产、分销到最后消费者的餐桌,期间有多个角色的参与。保证低温产品品质的始终如一是每个参与者义不容辞的责任,同时政府通过立法规范,行业协会、大众媒体通过行为引导,学校意识形态的教育和科研成果都是这个行业进步的推动力。

但行业进步的最有利推动者应该是供应链各个环节的领军企业,比如制造企业的代表雀巢、联合利华,连锁渠道的代表麦德龙,第三方物流的代表中外运冷链物流,装备企业的代表如英格索兰和中集等。

——采访中外运上海冷链物流有限公司董事总经理　祁艳女士

8.6　设备运行及维护方法

8.6.1　设备运行

无论零售商是运行一台还是几百台设施,在高度竞争的环境中,他们每天都在不断寻找使自己处于竞争优势地位的策略。正因为如此,所有的零售商都需要有经验的专家或专业公司来管理冷藏设施的安装、服务及维修,这样他们才能把精力集中在零售业务上。而且正确的安装、服务和在线维护可带来很多益处:更便捷的启动、更多的创收机会、降低设备运行成本、减少货品损耗风险、延长设备寿命等。

在选择专业的服务公司时,须对他们进行评估,主要关注以下几点:1)响应时间:对于零售商问题的响应速度快,将会节省他们的时间和金钱,同时避免零售业务中止;2)技术鉴定:在美国,一家专业公司的技术人员具有的资质包括环保局及职业安全与健康管理局的鉴定证书;3)服务网络(市场覆盖面):一家专业公司如果在全国或者较大地区范围内都有服务维修网络,那么零售商将获益很多,因为这样专业公司能较好地平衡地区资源,更好地服务于零售商。

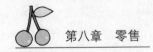
8.6.2 设备维护

要想获得较长的寿命和较好的性能,设备必须得到定期的维护。对于特殊的清洁程序(图 8-8),可参考安装及运行维护手册。

由于展示柜一般向外界敞开,需要靠空气幕来保持柜内的温度。放过多的商品,将堵塞或阻断空气幕,既影响商品本身的温度,也会降低设备的性能。设备制造商会提供每台设备的商品堆放手册(位置和重量),零售商应详细了解并遵守该手册,以减少因不正确堆放造成的损失。仓库员工在堆放商品时,不应将商品放置到制冷区域外,并且不应超过堆放线。

图 8-8 陈列柜的清洁

8.6.3 培训

考虑到冷链中的损失主要来自人员的不当操作,因此需要重点考虑人员培训的投资。仓库经理应接受制冷设备操作的培训,包括运行流程、设备维护及销售能力的培训。仓库员工也应接受相关培训。良好的培训可带来很多益处,如降低运行成本、保障食品安全、增加销售收入、减少商品干耗以及创造更安全的环境等。

8.7 总结

作为冷链中直接面向终端消费者的环节,零售环节的冷藏涉及三个主要类别:超市、便利店及食品服务门店,其设备涉及从冰箱、冷柜到较大的步入式冷冻冷藏室。食品服务门店需要在贮存和加工区域使用一些附加的设备;销售楼层则采用陈列柜的形式,以及一些特殊的自助服务台等。因为这是直接面向消费者的环境,所以其对于整条冷链质量的重要性显得尤为重要和直接。

思 考 题

(1)超市陈列柜在选型和使用中应注意哪些事项?

(2)评估冷藏设施设备服务商时,一般需要考虑哪些方面的因素?请举例说明。

第九章 冷链温度监控

世博食品都有"身份证"。一套借助射频识别技术实现的现代食品溯源信息系统,覆盖了供应世博会食品加工配送中心、园区食品企业、食品原料采购、半成品加工、物流运输、食品入园等多个环节。该系统采用"电子标签",记录食品源头信息,一旦发现问题食品,可在最短时间内"追根究底",及时采取控制措施。

—— 海西物流网

专业术语:

条码(Bar Code) 产品电子编码(Electronic Product Code,EPC)
射频识别(Radio Frequency Identification,RFID)
通用分组无线服务技术(General Packet Radio Service,GPRS)
全球定位系统(Global Positioning System,GPS)
地理信息系统(Geographical Information System,GIS)

9.1 引言

温度监测和控制(简称温度监控)能够让用户知道产品在冷链流通时所处的条件和位置。监控设备监测冷藏/冷冻设备(比如冷藏卡车、配送仓库)的运行性能,以及产品在运输过程中不同环境的空气温度。监控产品能够获得包括产品中转的整个温度历史记录;监控冷藏/冷冻设备能够及时发现冷藏/冷冻设备的运行问题(例如,故障停机或温度不满足要求范围等)并及时解决。

9.2 冷链温度监控概述

9.2.1 温度监控的目的

为了维持一个高效的冷链,需要在贮存、处理和运输全过程中进行温度监控。为了保证一个完整无缝的冷链,低温贮存设施和加工配送中心都需要安装温度监控系统。在监测之外,这些系统还需要提供数据采集和警报等一些功能,使产品能够一直处在合适的温度环境中。

小案例

樱桃损失

40个托盘的樱桃被分装在2个海运集装箱内进行运输（每个集装箱内20个托盘），采用4*12*4的负载堆积型式。前4个托盘（冷箱侧）被直接堆装入集装箱内，最后4个托盘（近门侧）也被直接堆装入集装箱内。然而，在到达目的地时，所有的樱桃都出现脱水和破损现象，所有的产品都发生了损失。

由于面临巨大的经济损失，承运商迫切需要知道高温和产品损失的原因。在随后的调查中发现，货物中放有三个温度数据记录仪（分别放置在集装箱的前部、中部和尾部），数据记录显示从集装箱前部到后门处空气温度逐渐升高。产品堆放计划由货物所有人提出。案例中的堆放形式导致负载货物间空气循环受阻，并引起温度管理的效率降低。

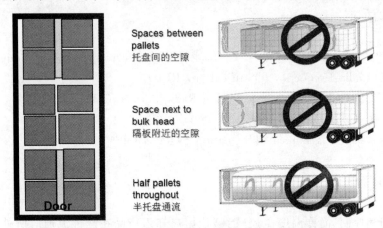

图 a　集装箱内货物的摆放方式

该堆放形式导致车厢存在大量空隙，在集装箱头部和尾部的托盘间都形成了空气流，箱内由下至上的空气环流较弱。估计每个集装箱损失约7万美元，这让我们充分认识到了集装箱内货物摆放方式和温度监控的重要性。

9.2.2　温度监控的类型

根据监控对象可以将冷链温度监控分为产品温度监控和设备运行监控。

产品温度监控指对冷链过程中易腐品的温度进行监测，如果出现不适温度会有报警系统进行报警并进行相应的控制；设备运行监控指运用信息技术对冷链设备运行过程的指标（如温度、湿度、冷藏车位置等）进行监测和控制。本章第3节将对相应的监控设备和技术进行详细讲解。

根据监控设备的使用情况可以将冷链温度监控分为手工型和自动型。

手工型分为两类。1）笔和纸：这是一种最简单的设备监测方式，即让员工定时记录设备的显示数据，例如数字温度计等。这个方法最简单，但是需要人工实现并且很难保证持续性与高精准性。2）图表记录：设备的运行数据自动生成图表记录，需要定期存档。因为数据记录功能通常整合在设备里，所以这种方法的数据贮存比较简单。但这种办法需要大量人工操作,记录的准确性也不够高。

自动型也包括两类:1)中央监测系统:此系统在各设备上装有远程感应器,组成一个网络并与输入设备连接。定制系统通常要满足特定的监测和记录功能需要,它们可以和远程监测、警报和报告系统整合在一起。2)网络数据记录系统:这种类型的系统具有更高的分布式程度。多个数据记录器与各个设备相关联,每个记录器都有自己的感应器、贮存器、时钟和电池。它们独立地记录各个设备的数据,并与计算机网络相连。这些网络的规模和配置都非常灵活,能让操作员方便地添加记录器或者将一个记录器从一个位置移动到另外一个位置。这个网络同时实现中央监测、报警和数据采集功能。

实时数据采集的能力(容量和速度)表现了一个监控系统的监控能力和对故障反应的及时性。一些标准和认证也对数据的采集容量和速度进行了规定。同时,管理设备的职员也需要能够实时地获取这些信息,以确保冷链的完整性,并在故障发生时能得到迅速维护。许多先进的系统和硬件能够同时允许本地监控和远程监控,本地监控通常通过简单地与计算机连接而实现,远程监控则常常利用有线或者无线网络。

9.2.3 温度监控规程

温度监控系统需要一个合适的规程来进行温度控制。这些系统都需要利用一个温度读取设备来读取冷藏或冷冻区域的温度。除了这些温度的监测和记录设备本身以外,还需要按照规程整合所有的温度记录。这些规程规定温度监控不仅需要包含产品的温度记录,同时也要记录运输工具(包括拖车、货车、容器以及有轨车等)的温度。规程还要求记录产品从一个处理环节转换到另一个处理环节的时间,例如从运输车到零售商或者其它物流中心的时间。这些步骤对保证冷链的完整性非常重要,一旦出现问题,能够迅速找到问题发生的时间和地点。规程还规定,操作员需要定时对温度计或者其它设备进行校准,并对这些校准操作进行记录。校准记录包括所有的设备情况以及每次的校准时间。通常使用冰水混合物对温度计进行校准,这个时候读数应该是 0 ℃。

目前,我国正在积极筹备制定冷链温度监控的相关标准,将为温度监控提供强有力的国家层面的规程。

9.2.4 温度的测量布置

合理的温度测量采样布置能够准确反映产品所处的环境或者冷藏设备所处的工作状态。当设计这个布置的时候,操作人员需要首先查明关键的布置区域。在很大的开放式冷藏/冷冻区域中,有几个区域温度特别容易波动。比如,距离天花板或者外墙很近的空间容易受到外界温度的影响;当冷库门打开时,外界温度会对门附近的区域造成很大影响;棚架、支架或者集装架区域因为阻挡了空气循环,可能会有较高的温度点。上述重要区域需要使用设备进行监测。同时,为了进行对比,在冷藏/冷冻区域的出口区域、外部区域和冷藏/冷冻区域的不同高度区域都需要使用设备进行监测。许多设备的设计者还建议在蒸发器的回风处放置温度计,这样能够比较准确的反应室内空气的平均温度。在出风口设置的温度计的读数通常比回风口低 2～3.5 ℃。

如果需要对车辆装载货物过程中的产品温度进行实时的测量,应该抽取邻近每扇门或双门的开启边缘处的顶部和底部的样品(见图 9-1)。如果需要测量产品温度,在车辆卸载以后且货品都已安置在一个适宜的冷冻环境内了,需要在装运车辆内的以下几点中选择样品,要密切注意装载物在转运车辆内的位置(见图9-2)。

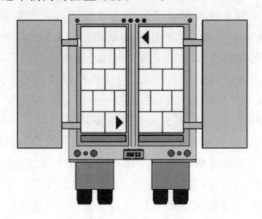

图9-1　装载后的车辆内的样品位置(▶)

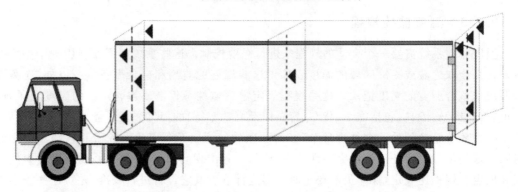

图9-2　卸空后的车辆内的样品位置(▶)

靠近车门开启边缘处的车厢的顶部和底部;车厢的顶部和远端角落处(尽可能地远离冷冻设备);

在冷库中,一般推荐操作人员每隔900～1500米的直线距离放置一个监测设备。如果冷库由小的冷藏/冷冻室单元组成,应该在每个里面都放置监测设备。一旦安装后,温度监测设备应该尽可能快地取样,以避免激烈的温度变化。但是这种取样也不能过于频繁,以免带来大量多余的数据。一般来说,每15分钟进行一次采样是比较合理的。

9.2.5　冷链管理信息系统

冷链管理信息系统是基于上述介绍的监控设备和网络服务的软件管理系统,能对冷链所监测的数据进行贮存、查询以及实时显示等功能,对协助冷链管理、提高冷链运营质量有极大的帮助。这里介绍一些冷链管理信息系统。

Procuro公司的PIMM服务能监控冷链的各个环节是否断链。它可以与不同的硬件对接,接受温度、GPS、能量消耗等数据及警报。不同的企业根据其权限共享数据,提高了整个冷链的可视性。

比利时的Rmoni公司建立了自己的数据中心为其客户服务,这套系统的名称叫做Sensor2Web。客户不需要建立自己的服务器就可以集中查看下辖所有冷库、配送中心甚至车队的温度,同时可以看到温度监控设备是否有故障。如果温度超出许可范围可立即通过电邮、SMS 发出警报。同时客户可以通过各种手提终端查看温度和接受系统警报。它可以在浏览器上生成 PDF 格式的各种管理报表。由于 Rmoni 能通过 GPRS、LAN 等渠道主动将监控的信息发送到数据中心,使用 Rmoni 服务的企业不需要投资昂贵的防火墙设备。

总部位于德国的 EUroScan 公司的 EuroBase 系统也是较为先进的冷链管理信息系统。客户可选择自置服务器并安装 EuroBase 系统,对旗下车队进行全面监测。采集数据方式有手动上载、回到基地后通过蓝牙或 WiFi 上载和 GPRS 实时上载。客户可通过浏览器或 EuroBase 特有的软件查看管理报表,也可通过 EuroTrace 插件实时查看车队位置和状态,同时客户可自己定义规则,以便根据不同的情况生成警报。

NOVATEK 有一个非常全面的环境监控软件,可以帮助客户满足最严谨的国际环境及安全验证标准。它不仅监测温度,同时可以集中所有环境数据,根据其趋势预测任何可能发生的意外情况并发出警报。其全面的报表可以满足国际标准的认证要求。

有一些源代码开放的中央监控软件也可以实现冷链监控,例如 MRTG(Multi-Router Traffic Grapher)。这些软件可以提取数据采集硬件的数据,并绘图显示。虽然通常它们用来监控数据中心的数据流量,但是可以利用它们的功能进行温度监控的实时显示,这样能够起到很好的效果。

9.3　冷链温度监控相关设备与技术

9.3.1　产品温度监测设备与技术

这部分涉及的设备和技术主要用来检测产品的温度。需要注意的是,在很多情况下,为防止破坏产品,会将贴近产品的周围环境温度作为产品的温度而记录。

(1)手持温度检测器

手持温度检测器/传感器,是在冷链中应用最多的基本设备(图 9-3)。它们具有各种各样的形式,包括使用热电偶的无线探测器和一些新型电子温度计。它们需要手工操作来获得数据,包括将探头插入产品中或者手工打开电子温度计。这些设备具有准确、易用、相对便宜、购买方便等特点。

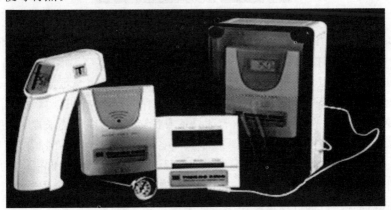

图 9-3　手持温度检测器/传感器

（2）圆图记录仪

圆图记录仪是在 100 多年前发明的，通常称为帕罗特图。设备记录在图纸上显示数据曲线并定期存档。圆图记录仪可以应用到各种各样的设备里面，是采集和贮存数据的简单方法。这种方法的缺点是经常需要人手更换笔纸，设备记录需妥善保存，自动化程度不高，有时会出现机械故障而导致记录不准确。

（3）温度记录器

在冷链中使用最广泛的是产品温度记录器（图 9-4）。这些记录器很小，由电池提供能量，可以跟随产品记录温度和湿度。它们具有多种贮存容量，根据具体需求进行选择。可对记录时间间隔和警报数据临界值进行更改。用户在将产品装载后出发前，将温度记录器装在运输物品间隙或者和产品包装在一起。在运输过程中超出温度设置时，警报器会发出警报，并记录报警的时间和温度。

温度记录器的时间/温度数据可以通过数据接口和桌面软件下载到计算机中。还可以用一些网络软件对数据进行处理以适应于多种站点的应用。温度记录器的准确度较高：冷藏的时候误差为 ±0.6℃；冷冻时误差为 ±1.1℃。大多数设备使用的不是一次性电池。电池寿命取决于具体使用情况（例如记录和下载频率），一般在 1 年左右。一些制造商销售一些一次性产品，这些产品的电池是不可更换的，通常具有更好的精度和电池寿命，并且能够适应于一些要求较高的货物，比如药品。这种一次性温度记录器使用完毕后，由厂家提供回收服务。

图 9-4　产品温度记录器

温度记录器有多种类型，包括单个构造和具有硬接线的探头设备。一些设备可以利用机械、模拟或者电子手段与控制系统连接。大多数设备利用可以感应温度的热电偶，然后用各种各样的方式进行贮存和显示。有一些记录器可直接在本地设备上显示温度，而另外一些则将数据传送到远程显示设备。不过这些设备通常也会贮存数据，并提供计算机程序的数据读取接口。如果必要的话，这些设备可以包含打印设备或者与打印设备相连来打印温度记录。

和其它冷链监控设备一样，温度记录器也具有各种各样的形式。例如，它们可以是固定设备，安装在各种冷藏设备上面，比如冷藏库、冷藏运输车或者冷藏零售柜；也可以是移动式设备，主要用来追踪一些易腐烂的产品，从供应链的发货地到接收地全程监测。不管是固定式还是移动式监测设备，都可以重复使用。

表 9-1 列出了几种常见的温度记录器。表 9-2 对三种常用的温度记录器进行了比较。

表 9-1　几种常见的温度记录器

公司	型号/系列	网址
Thermo King Corporation	Datalogger Jr.	http://www. thermoking. com/aftermarket/products/ product. asp? id＝53＆pg＝image＆cat＝11
3M	Temperature Logger TL20	http://solutions. 3m. com/wps/portal/3M/en_US/ Temperature-Logger/Monitor-Shipments/
ACR Systems	SmartButton	http://www. acrsystems. com/products/smartbutton
Delta TRAK	Flashlink	http://www. deltatrak. com/flashlink-data-loggers. phtml
Dickson	SM720	http://www. dicksonweb. com/product/model_SM720. php
JDL	IC-4362	http://www. justdataloggers. com/control_company. htm
Escort	iLog	http://www. escortdls. com
KRtemp	KRtemp Single Use	http://www. krtemp. com/en/products. htm
Logtag Recorders	LogTag	http://www. logtagrecorders. com
Marathon	c\temp	http://www. temperature-data-logger. com/c_temp. html
Maxim/Dalls	DS1921G	http://www. maxim-ic. com/quick_view2. cfm/qv_pk/4023
MicroDaq	LogTag	http://www. microdaq. com/logtag/index. php
MicroDaq	Lascar USB	http://www. microdaq. com/lascar/index. php
MicroDaq	Onset HOBO	http://www. microdaq. com/occ/hobo. php
Sensitech	Temptale4	http://www. sensitech. com/products/hardware/temp_ monitors/index. html
T&D Corporation	Thermo Recorder	http://www. tandd. com/product/index. html
TwoDimensional Instruments，LLC	ThermaViewer	http://www. e2di. com/temperature-monitor. html
Vertiteq	Spectrum	http://www. veriteq. com/temperature-data-loggers/ index. htm

表 9-2　三种常用温度记录器的特点比较

	MicroDaq LogTag Trix-8	Sensitech TempTale4	Deltatrak Flashlink 20200
贮存容量	8,000	16,000	3,812
频率	30 秒到几个小时	—	—
频率(分)	5	5	5.7
天数	28	56	15
范围	-40～85 ℃	-7.6～70 ℃	-40～60 ℃
准确度	±0.6 ℃ (-10～40 ℃) ±0.7 ℃ (-30～-10 ℃)	±1.1 ℃ (-30～-12 ℃) ±0.6 ℃ (-17.8～50 ℃)	±0.6 ℃ (0～40.5 ℃) ±1.1 ℃ (以上范围以外)
电池型号	3 伏,锂电池	3 伏	3.6 伏
电池寿命	2～3 年	1 年	1 年
电池保存时间	5 年	—	18 个月
是否为一次性电池	否	是,可折价交换	否
环境	NEMA6/IP67	NEMA6/IP67	IP56
下载时间	5 秒	—	5 秒
下载方法	接触电极装置	英格索兰装置	25 针接口

9.3.2　设备运行监控系统

设备运行检测系统主要用来检测(和/或控制)冷藏设备的运行情况(包括温度、湿度、位置等)。

(1)卡车控制系统

现代的卡车或者拖车的冷冻/冷藏单元装载的计算机控制系统不但能够优化卡车和冷冻/冷藏单元的燃料消耗,还能根据产品和消费者的需求进行冷冻/冷藏单元的温度控制。冷王公司开发和销售的控制系统称为 OptisetTM 和 FreshSetTM。OptiSetTM 控制系统可以根据运输者的需求在运输过程中进行产品的温度管理。运输者可预设易腐品的 10 种运输条件,从而确保货物在运输者或者客户要求的环境下运输。FreshSetTM 是另外一种可选的控制系统,它能够在运输过程中对新鲜产品进行质量优化管理。这两种系统都可以与一个高性能的数据采集系统(DAS)一起使用,记录运输过程中的参数,包括温度、设定点、运行模式和外在事件。

卡车上的数据记录器也可以用来记录温度。在欧洲,运输过程需要满足 EC37/2005 和 EN12830 标准,这些标准要求提供运输过程满足温度控制的证据,并且需要持续保存一年。图 9-5 是冷王 SmartReffer2TM(SR-2)控制器,包括货物监测数据记录器(满足 EN2830 标准)和 SR-2 的数据打印装置。

(a)SmartReefer2TM(SR-2)控制器　　　　　　(b)SR-2 数据打印装置

图 9-5　卡车数据记录器

欧盟标准 EC37/2005 对所有速冻食品设置了规定,要求必须符合 EN12830。EN12830 要求冷藏卡车上必须有单独的数据记录器来记录速冻食品的数据。这个数据记录器必须是独立的,不能是运输车上面的某个控制设备。速冻要求冷冻温度低于-18℃。这个标准在 2006 年 1 月 1 日生效,所有设备都必须在 2009 年 12 月 31 日达到这个标准。

(2)全球定位系统(GPS)

车载信息服务是一个集成计算机技术和移动通信技术的终端。在冷链中应用的车载信息服务包括冷藏车和拖车的远程通信设备。冷藏车的车载信息服务系统对监控冷藏卡车中的货物提供了一个完整的解决方案,比传统的卡车数据记录器或移动数据记录器具有更多优点。

许多车载信息服务设备使用 GPS(Global Position System,GPS)来计算位置、速度和行动方向。GPS 是美国国防部管辖的 24 个卫星组成的基于卫星的导航系统。GPS 接收器和这些卫星中的几个通信(通常会有 12 个)用信息传输时间差来计算距离,并进行三角定位。一般来说,GPS 的精确度是 15 米,但是使用了广域增强系统 WAAS(Wide Area Augmentation System)后,精确度达到了 3 米。民用 GPS 使用 UHF 频带中的 1575.42MHz 的 L1 频率。GPS 需要晴朗的天空。接收天线可以通过玻璃、塑料和云层接收信号,但是金属、建筑和厚的植被会阻挡信号。

冷王公司旗下的一种产品 iBox 可以允许第三方车载信息服务系统读取冷王冷藏车的参数。这些参数包括设置点、送风、回风、运行模式、临界警报、第 2 和 3 区域温度、时间表、电池电压、剩余燃料和货物感应器。英格索兰冷王品牌 Trac-King 和 StarTrak 冷藏车才有双向的冷藏设备控制。可阅读 http://www. thermoking. com/aftermarket/products/ product. asp? id= 46&pg=image&cat=1 获得更多信息。

(3)地理信息系统(GIS)

地理信息系统(Geographic Information System,GIS),经过了 40 多年的发展,到今天已经逐渐成为一门相当成熟的技术,并且得到了极广泛的应用。尤其是近些年,GIS 更以其强大的地理信息空间分析功能,在 GPS 及路径优化中发挥着越来越重要的作用。

GIS 地理信息系统是以地理空间数据库为基础,在计算机软硬件的支持下,运用系统工程和信息科学的理论,科学管理和综合分析具有空间内涵的地理数据,以提供管理、决策等所需信息的技术系统。简单的说,地理信息系统就是综合处理和分析地理空间数据的一种技术系统。

作为获取、存储、分析和管理地理空间数据的重要工具、技术和学科,近年来得到了广泛关注和迅猛发展。由于信息技术的发展,数字时代的来临,理论上来说,GIS 可以运用于现阶段任何行业。从技术和应用的角度,GIS 是解决空间问题的工具、方法和技术;从学科的角度,GIS 是在地理学、地图学、测量学和计算机科学等学科基础上发展起来的一门学科,具有独立的学科体系;从功能上,GIS 具有空间数据的获取、存储、显示、编辑、处理、分析、输出和应用等功能;从系统学的角度,GIS 具有一定结构和功能,是一个完整的系统。简而言之,GIS 是一个基于数据库管理系统(DBMS)的分析和管理空间对象的信息系统,以地理空间数据为操作对象是地理信息系统与其它信息系统的根本区别。

9.3.3　其它设备与技术

除了以上介绍的技术和设备,还有很多其它技术和设备用来支持冷链温度的监控。限于篇幅,这里主要介绍两种:射频识别技术和通用分组无线服务技术。

（1）射频识别技术(RFID)

射频识别技术(Ratio Frequency Identification,RFID)和条形码技术比较相似。它由连接在微处理器上的天线构成,里面包含了唯一的产品识别码。当用户激活标志的感应天线时,标志将返回一个识别码。和条形码不同的是,射频识别可以容纳更多的数据,不需要可见的瞄准线即可读取数据,并允许写入数据。使用射频识别技术的最大问题是成本。每个射频识别标志大概需要 5 美分。也有一些新的制造技术,例如 Alien Technology 公司的 FSA(液体自动分布式)封装工艺,能够在很大的程度上降低成本。射频识别技术还面临着可读性的挑战。含有金属和水的产品会减弱射频波,导致数据不可识别。2.4GHZ 波段的射频识别标志不适合在水分较多的环境里使用,因为水分子在 2.4GHZ 的时候发生共振,并且吸收能量,导致信号的减弱。

1)被动射频识别标志

大多数射频识别标志是简单的被动标志。这些标志的天线监测阅读器的能量并传送到微处理芯片中,然后向阅读器传送数据。因为射频识别标志的主要目的是产品管理和追踪,所以标志并不需要能量去操作温度传感器或者进行远程的通信。不过,EPC Global 标准定义了半被动和主动标志,称为 Class III 和 Class IV,各自具有不同的功能。这些标志的完整定义列在表 9-3 中。

表 9-3　射频识别标志的分类和说明

CLASS 0/CLASS I(第 0,1 类)	Class I 为只读的被动识别标志
CLASS II（第 2 类）	Class II 被动识别标志,包含一些贮存或者加密功能
CLASS III（第 3 类）	Class III 半被动识别标志,支持宽带通信
CLASS IV（第 4 类）	Class IV 主动识别标志,它们能够和同频率的标志或者阅读器进行点对点的宽带通信
CLASS V（第 5 类）	Class V 实际上是阅读器,它们能够给第 1,2,3 类标志提供能量并可以和第 4 类标志一样进行无线通信

2）半被动射频识别标志

半被动标志保持休眠状态，被阅读器激发后会向阅读器发送数据。半被动识别标志具有较长的电池寿命并不会有太多的射频频率干扰。另外，数据传输有更大的范围，对半被动标志来说可以达到 10～30 米，而被动标志则只有 1～3 米。

3）主动射频识别标志

主动识别标志同样有电池，不过跟半被动识别标志不一样，它们主动地发送信号，并监听从阅读器传来的响应。一些主动识别标志能够更改程序转变成半被动标志。

主动式温度感应射频识别标志能够用来提供更为自动化的冷链监测程序。它可以贴在托盘上或者产品的包装箱上（使用何种方式由成本决定），保存的温度记录在经过阅读器时被下载。阅读器可以放置在冷链运输的开始、结尾以及中间的一些交接站。主动式温度感应射频识别标志为冷链温度监测提供了能够 100% 保存数据的解决方案。

（2）通用分组无线服务技术

通用分组无线服务技术（General Packet Radio Service，GPRS）是基于全球移动通信系统（Global System for Mobile Communications，GSM）的一种无线通信技术服务。通常被描述成"2.5G"移动通讯技术。GPRS 的传输速率可提升至 56bps 甚至 114Kbps。

目前中国移动和中国联通分别拥有一个 GSM 网络，并在此网络上实现了 GPRS 服务。使得便利、高速的移动通信成为可能。

GPRS 具有 56～115Kbps 的高速传输速度和永远在线功能，建立新的连接几乎无需任何时间，随时都可与网络保持联系。另外，其覆盖范围广、费用低廉。中国移动和中国联通的网络覆盖范围基本都可以使用，价格适中。上海移动 20 元/月的 GPRS 可允许 150MB/月的数据流量。而 100 元/月则可以允许 1GB/月的数据流量。对于简单的温度数据传输来说，这些容量是绰绰有余的。GPRS 还支持点对点（P2P）服务和一点到多点的组播服务。同时与互联网连接可实现邮件服务。

GPRS 网络基于 GSM 网络，即只要存在着 GSM 网络，理论上就可以构建 GPRS 网络服务。目前中国移动和中国联通基本上对原有的 GSM 网络进行了 GPRS 升级，因此，在 GSM 网络覆盖的区域都可能支持 GPRS 并支持远程监控服务。图 9-6 是从 Europa Technologies 公司获得的我国 GSM 覆盖范围图。可以看到，我国东部、南部绝大多数地方都已经属于 GSM 网络覆盖范围，并能支持 GPRS 服务。而这部分地区也是我国人口密集地区和经济相对发达地区。这些地区的 GPRS 网络覆盖范围已经可以在区域内提供全面的冷链温度监控服务。

随着 GPRS 的飞速发展，使用 GPRS 进行无线通信的终端产品也纷纷被研发出来，在无线远程监控中得到了广泛的应用。虽然这些产品都是一些中小企业研发出来，仍然处于发展阶段，但是由于它们具有灵活、成本低、良好融合移动或联通公司网络的特点，近来也得到了较大范围的应用。这些产品有一个通用的名称叫做 GPRS 数据传输单元（data transfer unit），可以在互联网上查询这些产品的类别和详细信息。通过与移动电话公司（如中国移动或中国联通）的网络结合，可以利用这些设备实现无线数据传输进行冷链数据的监测和记录。

图 9-6 我国 GSM 网络覆盖范围图(黑色区域)

9.4 冷链监控规范与实例

9.4.1 冷链的温度监控规范

随着我国冷链市场的迅速发展,东部沿海发达地区的一些运作模式与国际接轨,我国制定了一些冷链规范,其中对温度监控提出了较为明确的要求。

对运输过程中温度监控要求较高的是医疗行业。中国政府于 2005 年颁发的《疫苗流通和预防接种管理条例》中明确指出,从事疫苗批发经营的企业必须:1)具有保证疫苗质量的冷藏设施、设备和冷藏运输工具;2)具有符合疫苗贮存、运输管理规范的管理制度;3)应当对冷藏设施、设备和冷藏运输工具定期检查、维护和更新,以确保其符合规定要求。同时进行疫苗接种的单位也需要具有符合疫苗贮存、运输管理规范的冷藏设施、设备和冷藏保管制度。此后在 2006 年卫生部颁布的《疫苗贮存和运输管理规范》的第十六条中明确了温度记录的要求,规定疫苗贮存必须有温度记录,同时要求"疾病预防控制机构、疫苗生产企业、疫苗批发企业应对运输过程中的疫苗进行温度监测并记录。记录内容包括疫苗名称、生产企业、供货(发送)单位、数量、批号及有效期、启运和到达时间、启运和到达时的疫苗贮存温度和环境温度、运输过程中的温度变化、运输工具名称和接送疫苗人员签名"。可以看出,在疫苗贮存和运输中,温度监控是必须的、强制的。

在食品行业,2007 年上海市出台了我国冷链物流的第一个地方性标准 DB 31/T 388-2007《食品冷链物流技术与管理规范》,对食品的冷链流程、冷藏贮存、批发交易、配送加工和销售终端等流通环节的温度控制质量卫生管理要求提出规定。同时,规范明确要求运输用的冷藏车,保温车和车厢外部应设有能够直接观察的测温仪。同时测温记录应该在货物交接的时候提供给接货人员。规范还规定了货物中转的时间限制。比如,冷冻产品应在 15 分钟内;冷藏产品应在 30 分钟以内装卸完毕。

可以看到,DB 31/T 388-2007 对食品的整个冷链过程的温度控制进行了非常详细的规定。为了满足规范要求,必要的监测与记录技术和工具在食品冷链中应予以保证。因此可以预测,随着规范的贯彻实施,在上海冷链物流设备中,详细的温度记录,实时的温度监控设备将随之普及。

虽然 DB 31/T 388-2007 只是一个地方标准,但是,随着中国经济发展以及其它二线城市经济生活水平的提高,这个先导的地方规范很有可能起到示范作用,最终形成行业甚至国家规范。随着执行细则的出台,食品冷链的各个环节,包括贮存、运输、零售等的温度监控和记录都将是必要的。

9.4.2 固定冷藏设备的监控实例

英格索兰公司哈斯曼品牌在上海对所销售的冷冻设备建立了一个监控中心。这个监控中心的建立是顺应客户的需求,在产品的某些关键部件上安装了温度或者其它一些参数的传感器,同时连接通信设备向监控中心发送实时监控的数据。

监控中心采用的监控手段多种多样。包括传统的利用电话线拨号的方式建立点对点连接,将数据从设备传送到服务器。也可以采用电信公司提供的有线互联网络或者移动公司的无线网络的通信方式进行数据记录的传输和警报信息的发送。这些系统不仅提供了监测功能,在某些特殊的场合还能够实现远程控制。

通过远程监控的实现,客户的售后服务得到了极大的改善。所有设备出现的故障都能够在第一时间获取信息,并及时派遣工程人员进行维修,使得设备运行的可靠性有了保障。英格索兰哈斯曼为客户,包括全球第二大制药公司葛兰素史克(GSK),提供疫苗保存的冷藏设备以及温度监控服务。同时,还为家乐福、大润发等超市提供食品安全监控服务,药品、食品的温度监控,对和社会安全密切相关的医疗、食品供应作出了重大贡献。

9.4.3 移动运输设备和产品温度的监控实例

前面提到的葛兰素史克(GSK)制药公司,在疫苗的运输中也采用了非常完善的温度监控措施。所有疫苗都在 2~8 ℃ 的环境下运输。在运输过程中,使用了德国 TESTO 公司的温度记录仪,对疫苗的配送起始时间和到达时间,以及这个过程中的温度变化曲线都作了详细的记录,在很大程度上实现了疫苗运输的安全。

我国食品行业的一些大型企业拥有成熟的低温冷链运输队伍,如肉制品行业的双汇集团以及乳制品行业的上海光明乳业等。这些公司都拥有自己的低温运送车队,并具有良好的运输调度系统。从产品出厂到消费者阶段,一直让产品处于低温状态。同时在运输过程中也利用温度记录仪进行全程的温度记录。

小案例

冷藏温度监控

为节约运营成本,某核果公司选择借助第三方冷藏运营商对核果进行冷藏。但是,在核果放入第三方冷藏公司后不久,该核果公司则以高温损失了核果质量为由起诉了第三方冷藏运营商,并要求其赔偿 260 万美元的经济损失费。为解决这起诉讼纠纷,保险公司和律师一起介入,共同调查引起核果高温和产品质量损失的原因。

虽然核果在冷藏设备中进行了重新包装,但是,冷藏间的房门并不是一直关闭的,一天内有部分时间是开着的,这就无法保证核果一直处于约定的低温状态。当操作员发现房间内温度不够低时,及时联系了服务工程师,经其检查发现在盘管处有冰形成,恒温器已无法正常发挥作用。维修工人只能使用替代恒温器作为预防措施,放弃使用原来的恒温器。令人惊讶的是,该冷藏间内并没有自动的温度记录或者警示,当温度出现异常时,工作人员并不能及时发现问题。因为该冷藏运营商只要求操作员每天两次手工测试室内温度。

由于该冷藏运营商没有很好地记录温度,因此引起核果质量损失的原因很难确定。除此外,该运营商并没有任何机械故障的证据,保险公司则可能否认责任而不予赔偿。冷藏运营商则不可避免地要支付昂贵的诉讼费用,为其冷藏监控不力而付出代价。

9.5　总结

一个良好的物流体系,不但需要有完善的设备和操作能力强的实施者,同时也需要良好的监控系统进行管理。冷链的温度监控正如商品的监护者一样,需要进行全程跟踪,始终维持商品安全。目前,我国的冷链市场还处于起步阶段,冷链运营者往往在冷藏/冷冻设备上有较大的投入,而温度监控却容易被作为一个附件而忽略。随着医疗、食品安全在社会中的重视程度不断提高、标准法规的健全以及与国际接轨,在国外已经得到广泛应用的冷链温度监控将会在国内得到越来越多的应用。冷链运营者、温度监控提供商以及温度监控设备研究机构,应该及早做好准备,迎接全面冷链温度监控的时代的到来。

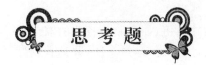

思 考 题

(1)简述冷链温度监控需要对冷藏冷冻设备和食品进行同时监控的必要性。

(2)果蔬冷藏监控与肉类、水产类冷冻监控的区别在哪里?

(3)分析题:一个载重2吨重的冷藏卡车,从食品产地运送三种不同的农产品到销售地点,三种农产品分别是普通小青菜(售价1元/500克)、天然无农药蔬菜(售价15元/500克)、以及进口水果(售价50元/500克)。假设运输过程中消耗100升燃油(单价6.5元/升)。对三种产品计算运输过程中燃油价格占售价的百分比。结合本例,调查美国、欧洲、日本的蔬菜价格与燃油价格,并分析中国农产品冷藏运输的前景。

第十章　易腐品安全、质量和配送管理

商务部副部长姜增伟在第二届中国食品安全高层论坛上表示,今年将在全国着手开展食品安全和诚信体系建设试点,主要以肉品、蔬菜为重点,用 3 年左右的时间率先在全国 36 个大城市以及部分有条件的城市建成来源可追溯、去向可查证、责任可追究的肉类、蔬菜流通机制体系,形成可倒追机制,提高肉、菜的质量安全和管理水平,为食品安全监管提供服务。

——中国冷链产业网

专业术语:

风险管理(Risk Management)
危害分析和关键控制点(Hazard Analysis and Critical Control Point,HACCP)

10.1　引言

尽管温度管理是维护易腐品质量的关键,仍有其它重要因素(如清洁度、易腐品混合储藏的兼容性和质量安全控制)需要考虑。在管理实践中,这些重要因素即为影响易腐品质量与安全的关键因素。

为每一种新鲜产品提供理想贮存与运输条件以确保其质量和安全需求经常与业务上改进供应链效率以降低业务风险的需求互为矛盾。企业可以通过开发和执行平衡的解决方案,特别是本章中提到的影响易腐品质量与安全的关键因素,来实现更有效地管理、预防和降低供应链中的风险。

10.2　影响易腐品质量与安全的关键因素

影响易腐品质量安全的因素有许多,本书将就温度、清洁度、易腐品混合储藏的兼容性和质量安全控制等关键因素做详细说明。

1)温度:应以最佳的温度来处理、加工、贮存、运输易腐品。

2)清洁度:应维持设施、设备和人员高标准的清洁度。

3)兼容度:在处理、加工、贮存和运输过程中尽可能将易腐品与环境或其它产品隔离,以免造成由于温度、湿度或有害因素产生的损害。

4)质量安全控制:实施系统的流程管理和控制以确保遵循食品安全和质量标准。

10.2.1　温度

在影响易腐品质量的要素中温度是最重要的,每种对温度敏感的产品都有其自身理想

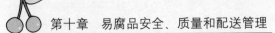

的、必须遵循的温度以保持其质量和最长货架期。如果不能遵循特定的温度,易腐品的质量就会受到影响。

新鲜果蔬对温度变化最为敏感。部分果蔬产品即使对于 1 ℃ 的温度波动都会产生不可逆转的损伤(冻结或恶化)。许多热带水果在低温状态下存放会产生冻害现象。对这些水果而言,极限温度是 10～12.8 ℃。低温度或大温差(入库前与贮存时的温度)可能使得产品脱水过多,导致无法销售。

产品最佳存储温湿度及兼容性的详细信息请参考第二章及第十二章内容。

10.2.2 清洁度

从农场到餐桌的过程中遵循清洁卫生惯例对于保持食品安全和降低食品携带致病菌或污染至关重要。根据美国疾病预防和控制中心(CDC)的报告,美国每年大约发生七千六百万次食品携带疾病事件。在 2001 年 10 月的报告中,美国食品与药品管理局(FDA)和美国农业部(USDA)估计每年数千万次的食品携带疾病事件造成七十亿到二百三十亿美元的损失。这些事件中 80% 是由人员卫生清洁问题引起的,而这些事件的 98% 是可以预防的。

10.2.2.1 易腐品携带的常见病菌

1)大肠杆菌:已知的感染源为高丽小菜心、莴苣、菠菜、未经高温消毒的牛奶和果汁、没有完全煮熟的肉和被污染的水等;

2)单增李斯特菌:常见于冷湿环境中,包括冷冻、冷藏系统和空气处理系统,繁殖于含有软奶酪的奶制品、熟食、热狗和食品加工厂;

3)弯曲杆菌:此种菌一般与处理生的家禽、食用生的或未煮熟的家禽肉或被家禽液污染的食品有关;

4)沙门氏菌属:此种病菌常见于未煮过的动物产品,譬如蛋、蛋制品、肉、肉制品、家禽、巴氏灭菌牛奶和其它未经灭菌的奶制品。

尽管将食品按适当温度蒸煮可以破坏、杀死这些细菌,但是许多食品是生食的。对于那些生食的食品,在种植、养殖、处理、加工、贮存和运输过程中提供清洁卫生的条件是预防危险进入食品供应链的唯一方法。

10.2.2.2 建立食品安全流程

食品安全的隐患存在于供应链的所有环节,供应链中的各个企业和操作人员都对防止货物的损伤、腐烂和污染负有不可推卸的责任。建立食品安全流程是为确保食品不受致病性污染而采取的措施,这些措施必须确保食品在收割、加工、运输和食用前得到合适的处理。

建立食品安全流程需考虑三方面的因素:食品本身;接触食品的人员;处理食品的设施设备的卫生状况。

(1)食品

果蔬生长过程中水和肥料是影响食品安全和质量的两大因素。果蔬食品种植者需确保水源的清洁。影响水源质量有多种因素,如来自其它农作物的污染、周边地区人畜的排泄物、周边工厂的排污。发展中国家中种植出口优质果蔬食品的企业和个人更应备加关注。出口果蔬企业和个人需要制定周密计划并持续不断监测,确保使用的水和肥料完全符合销售地的标准。

为避免将果蔬食品表面携带的污染物或生物体带入食品供应链,应该严格监控食品的收割处理过程,然后清洗收割的果蔬,去除可能携带并传播给其它食品的任何污染物以及有潜在危害的微生物。

（2）人员

在食品安全中,冷链从业人员的健康卫生非常重要。为了预防污染物的传播,工作人员必须穿戴保护服并进行严格消毒。工作人员可能是常见疾病的携带者,通过处理、接触食品将这些疾病带给消费者,所以必须坚持并严格执行与健康有关的各项员工政策,将污染的风险降到最低。

工作中直接接触食品和食品包装材料的人员必须进行食品健康操作培训。培训工作人员在操作前应自觉主动地利用工厂提供的消毒杀菌剂在设计和建造合理的清洗槽里洗手。此外,在进入食品加工场所前需取下项链等有可能落入食品、设备或集装箱的个人饰品。如果食品加工、处理过程中操作人员容许戴手套,这些手套需由防渗透的材料制作并始终保持清洁。从事加工食品和食品包装材料的人员需使用发罩、束头带、帽子、口罩等管理好自己的头发、胡子等。为了避免污染,严禁化妆品、香烟、药品等其它物品进入食品加工和食品包装区域。

（3）设施和设备

在食品有关的环境、设施和设备卫生领域需要考虑以下几个方面:

1）空气及水中携带的污染物可从环境进入食品供应链。

2）不恰当或不完全的清洗和消毒会导致污染物的传播。如果没有得到完全的、正确的清洗、消毒,有害的生物体和污染物会在食品准备台表面、地面、器具、清洗工具和运输车辆中保持很长时间。

3）设备的维护保养也是食品安全的重要组成部分。如果不对设备进行正确的、定期的维护保养可能造成食品的再次污染与传播。

10.2.3　兼容性

不同的果蔬不仅对温度有不同的要求,而且对设施的气体环境（湿度、二氧化碳或乙烯）和贮存前的预冷处理都可能有不同的要求。

本书的多个部分都提到了需要考虑混合储藏的兼容性并建立一套流程以确保不兼容的食品分开存放;确保同一区域的所有产品,其所要求的产品温度和相对湿度属于同一区间;将易产生乙烯的食品与对乙烯敏感的食品分开;将产生气味的食品与吸收气味的食品分开;所有经化学处理的食品一起存放在指定设施内;评估气体环境条件的合适性,以便将所有食品一起存放在指定设施内。

10.2.4　质量安全控制

在整个食品供应链中进行食品质量安全控制的最佳途径就是在日常工作中理解和实施HACCP项目。

10.2.4.1　HACCP的基本概念

HACCP的全称为 Hazard Analysis and Critical Control Point（危害分析和关键控制

点），是一种在危害识别、评价和控制方面科学合理和系统的方法。其作用是识别食品生产过程中可能发生问题的环节并采取适当的控制措施防止危害的发生；其基本原理是通过对食品生产和流通过程可能发生的危害进行确认、分析、监控，从而预防任何潜在的危害，或将危害消除及降低到可接受的程度。在美国，所有与食品有关联的行业多采用 HACCP 项目，并将其作为一种有效的食品安全管理体系。

HACCP 可以用于单个农场作业或单条生产线中与食品有关的流程和作业，也可用于一个企业中所有与食品有关的流程和作业，也可用于从原材料开始一直经过加工、运输、准备等环节的整个食品供应链。HACCP 基于以下七个原则：

1）分析危害：检查食品所涉及的流程，确定何处会出现与食品接触的生物、化学或物理污染物；

2）确定临界控制点：在所有食品有关的流程中鉴别有可能出现污染物的，并可以预防的临界控制点；

3）制定预防措施：针对每个临界控制点制定特别措施将污染预防在临界值或容许极限内；

4）监控：建立流程监控每个临界控制点，鉴别何时临界值未被满足；

5）纠正措施：确定纠正措施以备在监控过程中发现临界值未被满足；

6）确认：建立确保 HACCP 体系有效运作的确认程序；

7）记录：建立并维护一套有效系统，将涉及所有程序和针对这些原则的实施记录文件化。

HACCP 体系的实施和监控不仅保护了广大消费者而且帮助了食品供应链上各企业更有效地开展竞争。2001 年美国开始实施确认流程，以确保生产企业真正积极实施并符合 HACCP 的标准。

10.2.4.2　控制产品安全可靠

实施确保消费者安全的流程已经成为许多公司日常工作的重要组成部分。在过去的 30 年时间内这些流程不断被完善，但这些流程主要控制的是食品供应链中可能损害消费者的非人为的产品污染，对人为因素引起的食品安全问题控制力度不够。

确保食品安全可靠的努力必须贯穿供应链中的各个环节：从产地到餐桌，从生产到消费。争取获得市场力量推动，从而以最高效的方式满足消费者需求。故意干预的目的可能是为了伤害消费者，也可能是为了获得经济上的利益，或者是二者兼而有之。对产品进行故意干预造成的伤害可能只涉及一家公司，或涉及一群人（譬如，对企业心怀不满的员工），也可能涉及社会大众，给整个企业或者行业，甚至是整个国民经济带来巨大的损失或危害。只有严格把关食品自身质量，防止乃至杜绝人为破坏食品安全的供应链才可称之为安全可靠的食品供应链。

10.2.4.3　控制食品安全的具体措施

(1)对食品安全的整体布局

业务实践是确保产品安全可靠最重要的活动。如果一家企业没有对安全可靠问题有总体的理解，从企业的最高管理层到基层没有实践良好的安防措施，仅仅采取锁门、雇员背景调查、密封拖车、加装防干预包装等措施不足以确保产品安全。良好的信息和知识管理,沟通和培训也是至关重要的。必须对安全可靠做出周密的计划。在其所负责的区域,每个员工应该知道所做的和所关注的。要达到这个水平,企业和员工需投入时间和资源。如果出现严重的安全可靠问题,不仅意味着耗费大量的金钱,而且会严重损害企业的商誉和品牌。

企业应该建立一种制度、形成一个惯例,了解并与供应商、客户和其他合作伙伴开展紧密合作。通过合同的形式规定一定的安排和核查确保供应商和其他合作伙伴采用了良好的安防措施。了解供应链上其它各方的实践,有助于企业确认产品不会被干预、超过一定的温度区间或发生其它的破坏。

为了了解供应商、合作伙伴和客户,需要对产品进行跟踪。如果掌握产品在整个供应链中各时段所处的位置,我们将有更高的概率确保产品到达消费者时是安全、可靠的。每个企业可以根据自身的情况和产品类型确定合适的技术和产品处理方案。

(2)设置安全设施和加强人员培训

为了确保产品免受人为破坏,企业必须设置良好的安全设施,确保员工按流程操作,建立设施的安全可靠计划有助于识别预防和响应。另外,易腐品还需在设备、人员和培训等方面强调积极主动步骤以确保对产品温度的控制。

小案例

美国农业部食品安全计划

食品安全计划的原则:

原则1:清晰了解需要保护的对象;

原则2:对临界控制点应用最高级别的安防措施;

原则3:采用分层的、多级的、重叠的方法;

原则4:将风险降至可接受水平;原则5:安防措施需得到管理层的强力支持。

根据食品安全计划可进行以下步骤:

1)进行安全可靠评估;

2)制定安全可靠计划:目标1,确保内部安全可靠;目标2,确保加工安全可靠;目标3,确保贮存安全可靠;目标4,确保外部安全可靠;目标5,确保运输和收货安全可靠;

3)实施计划:分配责任;培训员工;进行演练,修改计划;发展联系人名单;发展召回计划。

---

(3)关注和解决运输风险

运输中的货物处在有限人员的控制之下,这些人员可能食品安全保障意识淡薄,没有受过专业训练。因此,员工的选择和教育对于运输的安全非常重要。没有适当的训练,即使一个出色而尽责的雇员也会给食品运输带来损害。例如,卡车司机不知道即使一个小小的升温也会使得农产品的质量等级下降,他可能认为节省燃料对于公司来说比车上农产品的温度更加重要,所以在停车时候关掉制冷设备,这种节约燃料的行为可能会导致产品的损害。

其它用于运输途中的主要安防措施有:使用上锁的或密封的车辆、集装箱或有轨车,密码只提供给运输公司和收货方;保证司机在任何时候都能知道自己在路上的具体位置;使用时间表,并且拒绝任何不明的或者没有在时间表上的接送、运输行为;研究丢失的或者额外的库存并且提醒员工注意防止货物损坏、变质或出现假货。

(4)包装问题以及解决途径

为更好地保持商业运作、控制接触到产品的途径、控制工厂和运输中的供应链环节,可以采用三种主要技术来保护产品。这三个技术是拆封警示、追踪和鉴定。拆封警示装置可以使产品包装无法在不留下痕迹的情况下被打开并复原;设计追踪技术是为了在供应链全程跟踪一个或者一组产品;鉴定技术主要通过证实产品是否为正品来防止/对抗假货或者赝品的威胁,它在追踪中也十分有用。

食品和药品公司在19世纪40年代开始在一部分产品上使用拆封警示技术。自从1982年的Tylenol胶囊投毒事件后,大部分食品/药品等相关产品都采用了这一技术。拆封警示装置使得消费者或者供应链中的任何人都能轻易的判断出包装是否被打开过。例如,收缩性塑料薄膜包裹、瓶盖下的铝箔层、撕条等。

公开的鉴定措施较简单,可以让一个没有经过训练的人在不借助专用仪器帮助的情况下轻易完成鉴别工作,例如包括全息图、光学变色油墨(从不同的角度看上去颜色不同)和水印。隐藏的措施不是直接可见的并且需要一些特殊的观察或者阅读装置来发现它们的存在,例如荧光油墨、缩影相片(图案)和数字水印。司法鉴定措施需要特殊的设备或者实验室分析才能发现它们的存在。这些技术方法的使用通常限制在公司内部并且这些方法一般用作法律流程中反假货的最终权威证据。大部分司法鉴定措施是鉴定其中的可追踪特殊添加物(Ta-ggants)。可追踪特殊添加物是加入产品的化学或生物物质,某些情况下就是货物本身,脱氧核糖核酸(DNA)的片段常被用于这类技术。

(5)产品标识技术

为了在全程冷链中追踪一个或一组产品,必须使用一种独一无二的标识符。通常情况下,标识符是一组特定格式的号码。追踪技术的主要差异一般在于这组号码如何被读取、产品信息如何与这组号码关联以及这些信息如何在供应链的不同成员之间传递。目前用来追踪产品的不同号码有国际条形码UPC、销售或使用有效期限、批号和国际产品电子编码。条型码、日期、批号等,通常被有库存管理和产品召回制度的公司所使用。

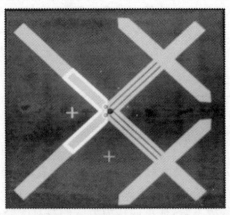

图10-1　射频辨识技术标签
(灰色的部分是用于发送/接受信息的天线,标签中央的小黑点为电脑芯片)

基于射频识别芯片的EPC码(图10-1)、追踪和分享产品信息的EPC全球网络,这两项技术使得全程供应链追踪与信息共享技术成为现实。EPC码是一种组长加码编码,理论上它的长度使得它可以用独一无二的编码方式表示出所有的独立产品。RFID标签是含一块小型电脑芯片和一个电线装置的纸制或塑料标签,这套装置可以发射一组包含EPC码的射频信号。但RFID标签高昂的价格限制了它的使用范围。特殊的装置可以扫描一个或者一组货物上的EPC编码,这种扫描不需要直线瞄准,可以从几米之外把编码和信息传送到联网的电脑中。联网的软件可以管理这些产品和供应链信息,并且可以在整个供应链中共享这些信息。

10.3 易腐品质量、安全和配送效率之间的平衡

新鲜的农作物要通过食品供应链到达消费者手中,而给所有的食物都提供理想的环境需要大量不同的流程,这对于一个有效率的供应链系统来说不符合商业可行性,同时,也会带来商业风险。于是,优化供应链效率与保证食物运输环境就成了一对矛盾。因此,一个公司开发和执行平衡的供应链解决方案的能力是获得长期成功的关键(图10-2)。

图 10-2 供应链中质量与效率的平衡、折衷关系

食品供应链配送效率的四个关键因素包括:1)最小化供应链中的人工搬运冗余;2)保证用于食品配送点之间的卡车满载;3)办公无纸化,用计算机作业取代手工记录和工作文档;4)持续改进,培育长期的学习文化,跨部门合作压缩供应链成本。

下面分别讲解从易腐品冷链的上游节点到下游节点企业是如何做到易腐品质量、安全和配送效率之间的平衡的,主要分为三部分:农场、加工中心和配送中心。

10.3.1 农场

在经济发展过程中,规模经济效应的强化以及种植地气候和土壤环境的不同使得从农场到零售配送中心的货运出现单一化的趋势。

在美国农业资源管理调查报告中,在210万个参与调查的农场当中,只有22%的农场在2003年生产超过两种农产品。对于大型的(销售额超过100万美元)非家族农场,生产的平均农产品种类只有1.5种。

产品供应链中农场生产产品的单一化,减小了不适合相互接触的产品在仓储或货运过程中接触的可能性。此外,预冷装置(冰触法、水冷法、真空预冷、空气预冷)可以与单一的农产品相匹配。这能减少供应链中农场部分的资金成本和运营花费。

10.3.2 加工中心

(1)加工中心与混合储藏的兼容性

为了得到规模经济效应,大部分果蔬的清洗、整理、分级以及原料混合都要集中到食品加工中心来完成。这是把收获后的四大关键因素,即温度、清洁度、混合储藏的兼容性以及质量安全控制,从种植者/农场转移到一个自动化加工中心的过程。

集约化的食品加工中心与在田间的处理相比有更多的优点。首先,多班制可以在不依赖天气、阳光或者田间条件的情况下运作。其次,固定资产可由多家农场或多个种植者共同投资。第三,室内的工艺流程可以在不破坏产品质量和安全的情况下通过优化设计来提高效率。最后,对于这种处理方法来说,纯净、无限的水源较容易获得。从原材料的入库仓储开始,存货的单一性使得温度控制相当简单。从种植者到食品加工中心再到零售/配送中心都可以采用同一个最佳温度。

单一化、互补的产品也减小了装运过程中交叉污染的可能性,这种污染可能来自乙烯、水或冰。保证产品混合储藏的兼容性减少了隔板或其它间隔物的使用,并且使得拖车可以满负载运作,仅受空间或者载重限制。

为了保证稳定的质量以及把成本减少到最低,食品加工厂通常按照高自动化、大产量以及以固定的加工方式加工有限的几种产品来设计。加工的监控程序早在加工中心之前的农场或者种植者就开始了。如美国加利福尼亚的番茄加工业,在这里大部分生产者运营着它们自己的番茄加工厂。这些公司并不从市场上购买番茄,他们与当地的农场签订了供应番茄的合同(番茄的品种、生长条件、检验方法都有严格规定)。其中的一家公司更是直接向种植者提供番茄的种子,以此来保证收获的番茄严格符合公司的加工工艺。

相反的,其它食品加工公司,没有这么大规模的或者在业内没有太多经验的,更倾向于从一些大型的种植者处采购番茄糊或切碎的番茄。根据客户的规模,全部的负载可能由单一的货物或者装有可以共存的货物的单一化货盘组成。如上所述,这种单一性在产品质量管理中具有巨大的优势,保持理想的温度并且确保了产品的可共存性,单一的产品大大简化了它的流程。

(2)加工中心实行的监控机制

与上面种植者的角色相比,有些需要来自不同来源的多种材料的产品(比如打包的混合色拉)能在供应链中的这个环节经济地生产。同时,对于增加额外的监控机制来说这也是最经济可行的。这些机制可能在供应链的下游中用于追踪产品,如 UPC 编码、EAN 编码、PLU 代码、GS1 数字条形码、ITF-14、RFID 标签等。

10.3.3 配送中心

零售食品的配送中心是一个特殊的环节,这个节点汇聚了来自许多供应商的多种货物,并且将这些货物按照每个零售商店的数量需求分别打包,装运分发出去,一个配送中心处理的商品品种成千上万种。

在易腐品的配送中心,需要格外注意影响易腐品质量和安全的四个因素:温度、清洁度、混合储藏的兼容性和质量安全控制;同时,还需要平衡质量、安全和配送效率之间的关系(图10-2)。

(1)保证易腐品的质量和安全

正如前面章节的介绍,易腐品在供应链的农场和食品加工阶段通常是以单一品种的方式完成的。然而,这些产品到达配送中心时需要聚集到一起送到零售店的货架上。既然在同一个冷库、冷藏车、零售商店中满足数千种不同产品的理想保存条件是不可能的,就需要给同类产品提供尽可能接近理想要求的环境,同时把不适合一起保存的产品分隔到不同的区域。所以配送中心由不同温度、湿度的房间组成,这些房间可能被墙隔开,也可能被风幕隔开。例如,新鲜包装好的各种肉类、鱼类和熟食一般以 2.2 ℃保存在独立的区域中,奶制品和鸡蛋以 0 ℃占据另一个独立的区域;水果、瓜类、浆果以 1.1 ℃保存在独立的区域中;玉米、椰菜和其它多叶的蔬菜将以 1.1 ℃保存在一个高湿度的区域辅以排水系统;土豆、洋葱等根茎蔬菜将会占据 6.6 ℃的独立区域;香蕉则会保存在 12.2 ℃的区域。

为了保证清洁度,需要维护库房大门的良好密封以防止有害的物质或者动植物(尤其是鸟类)的侵袭,及时清除产品碎屑、冰块的融水,存储区的地面、转运台、走廊排水沟都必须每天清理,架子和墙壁需要每周用蒸汽清洗,楼层排水沟需要每周检查、疏通、清洁来避免任何可能的细菌繁殖。

不同的果蔬对于设施的气体环境(湿度、二氧化碳或乙烯)和贮存前的预冷处理都可能有不同的要求。因此混合储藏的兼容性要求把可能相互污染的食物分开保存在合适的温度、湿度和气体浓度环境下的区域中。

(2)配送中心控制:库存管理系统

库存管理涉及出入库的产品、经办人员及客户等众多信息,如何管理这些信息是一项复杂的系统工程。这就需要由库存管理系统来提高库存管理工作的效率,这对信息的规范管理、科学统计和快速查询、减少管理方面的工作量、同时调动广大员工的工作积极性以及提高企业的生产效率,具有十分重要的现实意义。

库存管理系统是由库存管理人员、库存管理软件和相关设备构成的庞大的人机系统。库存管理软件的主要模块包含进货管理、出货管理、库存管理、统计报表和日常管理等,使操作人员可以方便地进行进货单据、出货单据、当前库存、库存之间货品调拨、货品不同包装的拆分与捆绑、库存盘点、库存货品报警、每次业务金额等信息的查询,并为库存管理和决策提供强大的知识支持,能够极大地提高工作效率。

小案例

众品是怎样做到质量和效率的平衡的?

底层操作人员在处理冷冻食品时,一般要求在-18 ℃以下进行操作。但是,由于温度过低而引起了人体不适,操作人员只能在-18 ℃的环境下连续工作 40 分钟必须出来休息 10 分钟。为减少操作人员的身体不适,同时也为了提高操作人员的工作效率,根据多年操作经验,冷冻货品在-12 ℃和-18 ℃下的质量相差不多,也就是温度升高 6 ℃对冷冻货品的质量损失不大(冰品除外,还是严格要求在-18 ℃以下温度做分拣)。但是,在-12 ℃的工作环境下做货品分拣(快速分拣完之后,必须再进入-18 ℃的库里暂存),操作人员可以连续工作一小时以上,而且并没有引起强烈的人体不适。这样就做到了质量和效率之间的平衡。

——采访众品生鲜物流总经理 董志刚先生

10.4 总结

贯穿易腐品冷链的有效风险管理,需要所有涉及的环节都作出相应的努力后,才能起到作用——农场、加工中心、配送中心到超级市场。今天,食品供应链中的危险已经远远超过了减少产品货架期和利润以及造成品牌负面效应的范畴。它们可能会带来疾病和安全隐患,这些会威胁消费者的健康,甚至生命。整个食品行业必须承担起应有的责任,来保护从农场到餐桌的食品供应链,消除、减少或减轻整个流程中的危害。

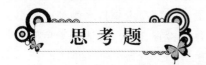

思 考 题

(1)简述 HACCP 的含义及其原则,并谈谈你对 HACCP 的认识。

(2)谈谈你对质量和效率平衡的认识。

(3)分析库存管理系统的功能模块和业务流程;针对你所熟悉的配送中心,分析其现有业务流程并提出改进建议。

第十一章　易腐品质量评估

本标准规定了苹果、橙子、洋白菜、芹菜、西红柿中450种农药及相关化学品残留量液相色谱—串联质谱测定方法。适用于以上品种450种农药及相关化学品残留的定性鉴别及381种农药及相关化学品残留的定量测定。本标准定量测定的381种农药及相关化学品方法检出限为0.01 ug/kg～0.606 mg/kg。

——GB/T 20769-2008 水果和蔬菜中450种农药及相关化学品
残留量的测定 液相色谱—串联质谱法

专业术语：

色彩角(Hue Angle)　　　　　　　饱和度(Saturation Degree)
色调(Color Tone)　　　　　　　　三角测试(Triangle Test)
质构(Texture)　　　　　　　　　　可溶性固形物(Soluble Solids)
比重(Specific Gravity)

11.1　引言

本章阐述了用于评估蔬菜、水果质量的多种标准与技术。冷链本身的特性,包括商业上的考量以及农产品的类型与数量,决定了在冷链中的哪些步骤采用不同的质量检测技术。出于成本的考量以及使货物在适当的温度下在冷链中快速流通的需求,手工的质量测试系统和实验室检测成为了必要的途径。例如,一个冷链系统可能需要训练有素的工人来手工的检查货物并且/或者使用小型的仪器来评估货物。同时,一小部分抽检的货物被送到实验室做进一步的检测。实验室检测技术意味着更高的成本,更多的时间以及对送检货物的破坏。但是实验室检测可以提供重要的数据,这些数据将用于评价供应商总体质量。本章主要涉及以下评估内容:用于评估水果、蔬菜质量的标准类型;用于评估的技巧、装置以及仪器;具体的评价用的表格、工具以及获取大量相关参考资料的链接。

11.2　果蔬产品质量评估

质量是一个用于评价完美程度的术语,它用于评价消费者对食品的接受度。果蔬的质量由以下几个方面组成:尺寸、外观及颜色;味道和气味;质构;营养价值;化学成分(水分、糖、酸、脂肪等);是否有瑕疵。

在美国,质量评估是通过联邦政府、州政府、商品委员会、私人公司建立的标准来评价和描述果蔬质量并对其进行分级。美国农业部建立了许多用于果蔬的非强制性执行的标准。

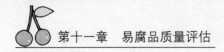

这些标准能从它们的网站上下载:http://www.ams.usda.gov/stands/。

在美国国家分类标准中提到新鲜果蔬的质量要素以及加利福尼亚食品与农业准则中,大部分标准中提到的质量特征是由具有多年工作经验的检验员的测评所总结的。诸如尺寸、外观、颜色、质构和气味等质量特征可以通过可视检查和嗅觉来评估。美国农业部提供了质量参数分级的简单工具、数字照片和指导,用于新鲜/已加工农产品的质量认证项目:新鲜农产品分级工具(http://www.ams.usda.gov/fv/fpbdepot.htm),已加工农产品分级工具(http://www.ams.usda.gov/fv/ppb.html)。

尽管一个训练有素的个人可能比仪器在评估质量特性上更加敏感,但在许多情况下,质量的仪器测定仍然是必需的,或者与感官测量协同作业。

11.2.1　质量测试的简单技巧

从精确敏感的化学检测方法到直观的感官分析,质量可以通过多种方法来进行测试。品控人员在农场、生产车间、配送中心和零售商店中常使用感官和简单的仪器测试如可溶性固形物、pH 值、硬度等来监视供应链中农产品的质量。为全面考核供应商的农产品,许多公司从农产品中随机采样,并把样品送到实验室做详细的仪器测试分析。这个章节将会描述用于农产品种植、包装车间、食品加工、配送中心、零售和食物服务行业人员的手工以及仪器测试方法。

风味在一定程度上比较难定义,也较难采用化学方法进行检测,所以在许多情况下,常用感官方法对其进行评价。

营养价值通常用一个目标营养成分来描述,比如维生素 C、番茄红素等。营养价值的测试通常要经过复杂的提取过程和分光光度法或者其它分析测定。

11.2.2　外观

对于消费者来说,果蔬的形状、大小、光泽和颜色是选择是否购买的标准。果蔬的颜色以及外观可通过一些相关的简单技术做定量分析。

11.2.2.1　外表测量

影响果蔬外观的因素包括:大小、形状、色泽是否符合标准,完整度,品质是否一致以及是否有各种缺陷(擦伤、瑕疵、斑点、昆虫留下的咬痕、破裂以及外来杂物)。表 11-1 列出了用于测量果蔬外观的方法以评价果蔬的质量。

表 11-1　用于果蔬尺寸测量的方法(Adel Kader,UC Davis 提供)

外表参数	测量方法	技术相关参考资料/仪器	仪器/工具/材料的成本
大小	标尺	USDA	$50～$200
	筛子	USDA	<$50
	尺寸环	USDA	<$50～$200
	千分尺,数字式测径器	USDA	<$50～$200

续表

外表参数	测量方法	技术相关参考资料/仪器	仪器/工具/材料的成本
大小	重量	USDA	＄50～＄200
	长度	USDA	＜＄50～＄200
	体积	USDA	＜＄50～＄200
	肉眼观察	USDA，UC Davis	＜＄50～＄200
形状	高度/重量比	USDA	＜＄50～＄200
	肉眼观察-紧凑程度	USDA	＜＄50～＄200
完整程度	数量,比例	—	—
	照片	USDA, UC Davis	＄50～＄500
光泽	光泽度计	HunterLAb	＄200～＄2000
	肉眼观察-光滑,光泽程度	USDA, UC Davis	＜＄50～＄200
粘度	稠度计-Bostwick	CSC Scientific,Cole-Palmer	＄200～＄2000
	粘度计-Ostwald,Canon-Fenske	Cole-Palmer and VWR International	＄200～＄2000
	流量计	FOSS NIRSystems	＄200～＄2000
	平板粘度计	USDA,UC Davis	＄200～＄2000
缺陷	近红外或射频辐射	—	＄200～＄2000
	肉眼观察	—	＜＄50～＄200

（1）大小

大小是一个可以准确直接测量的外观因素。美国国家农业部新鲜农产品分级认证项目以及各企业开发了定径环、筛子、滤网和其它日常专用测量工具供企业内部使用。图 11-1 列出了一系列常用于果蔬大小的测试工具。

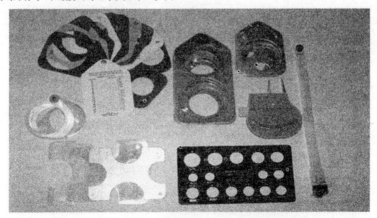

图 11-1 用于测量水果、蔬菜大小的工具

通过尺、量角器或千分尺可以方便获得更加精确的测量尺寸。比如在香蕉的分级中，"小"香蕉是指长度在 12.70～15.24 cm 之间，截面圆周长度大于 10.16 cm 的香蕉。"大"香蕉的分类以更长的长度和圆周长度为标准。

通常，对果蔬特定部位的尺寸测量非常实用。例如，测量番茄原料的表皮厚度可以简化去皮工艺。切开 10 个番茄，并对每个番茄在三个不同的位置测量表皮厚度，这样就可以计算得到番茄表皮厚度。

也可以利用视觉判断来进行尺寸的总体评价。在产品分拣线上，经过培训的工人进行主观筛选，判断尺寸是否符合标准要求也是一种常见的方法。

（2）形状

果蔬的形状可以通过视觉对图标来进行测试，或者采用高度/质量的比值衡量。一些蔬菜的形状，诸如胡萝卜和黄瓜，可以通过描述其笔直的程度来进行衡量。例如，美国农业部标准把形状较差的黄瓜描述为弯曲的，钩状的和畸形的。

（3）完整度

收割时，果蔬通常是完整的，除非它们的某些部分在生长的过程中没有得到足够的养分，被昆虫或者其它动物侵袭等。完整程度可以通过完整的个体的数目或者比例来衡量，这既可以用视觉的方法检测也可以用仪器检测。

（4）光泽

光泽对于水果来说，是一个至关重要的外观特征。但是某些蔬菜，例如黄瓜，甜瓜和番茄等，表皮上有蜡质附着，影响它们的光泽。

（5）缺陷

缺陷可以通过仪器来检测，比如近红外或者射频辐射设备。如果有分级标准的话，缺陷的视觉检测是快捷而准确的。但很多情况下，缺陷的等级和严重程度难以定量描述。这时可通过照片、模型或者图片来开发一定程度上的定量评分系统。

Kader 和 Cantwell（2006）开发了一种九分制的评分系统（表 11-2）。这个系统可以用来评价果蔬的视觉质量。需要说明的是 5 分是果蔬是否可销售的分临界值。

表 11-2　用于农产品全面可视质量评定的评分表

9	完美	完全没有变质的迹象
7	好	有轻微但不引起消费者反感的变质征兆
5	一般	发生明显但不严重的变质，为销售的最低要求
3	差	已发生严重的变质，为食用的最低要求
1	非常差	不能食用

11.2.2.2　颜色测量

通过光学或者物理测量等无损的方法可以简单地测量颜色。这些技巧是基于鉴定光被货物表面反射还是透过货物。颜色的感知由三个方面组成：光源、果蔬产品对于光的反射和透射以及观测者的眼睛和大脑的协同工作。

表 11-3　用于测试果蔬颜色的技术

颜色因子	测量技术	技术相关参考资料/仪器	仪器/工具/材料的成本
光的反射	反射或色差色度计（L，A 和 B 三色值）	HunterLab，Konica Minolta，BYJ Gardne，Maslli，Agtron，John Henry Company	≥＄2000
光的吸收/透射	分光光度计	HunterLab，Konica Minolta，other manufacturers	≥＄2000
颜色	照片、模型、图片	USDA，UC Davis	≤＄50
色差	感官分析测试	参考教科书	＄50～＄200（购买教科书）
颜色偏好	感官倾向测试	参考教科书	＄50～＄200（购买教科书）

（1）仪器分析法

用仪器分析法鉴定颜色消除了人的主观因素（表 11-3）。

我们可将颜色空间划分成一个三维系统，即 L 轴、A 轴和 B 轴。L 轴（亮度）垂直分布，刻度从 0（纯粹的黑色）到 100（纯粹的白色）分别对应反射完全透射。在 A 轴（红色－绿色）上，正值代表红色，负值代表绿色，0 是中性的（颜色不确定）。在 B 轴（蓝色－黄色）上正值代表黄色，负值代表蓝色，0 是中性的。色彩角（色彩角度数 $Hue^0 = \tan^{-1} b/a$）可以在红、橙、黄、绿、蓝以及紫之间变化。量度则由与竖直轴之间的夹角决定。果蔬的颜色经常用 L、A、B、饱和度以及色彩角的值来表示。色彩纯度则包括了色调以及饱和度。对于水果而言，A/B 的比例非常有用，比如对于绿色水果，这个值是负数；对于黄色水果，这个值是接近于 0 的数；对于橙色和红色之间的水果，这个值落在正值区间。测量果蔬的颜色，常用的仪器为三色光度计，它是有一组带滤光片的接收器，这些滤光片与主要的色调红、蓝、绿分别对应而使得它能用来模拟人眼。目前光度计有手持式（图 11-2）和台式（图 11-3）两种常见的设备。

用手持式的 Minolta 色度计（Model CR-200，Ramsey，NJ）测试太阳晒干的番茄的颜色。由于颜色固有的不稳定性，30 片番茄样品的颜色被一一采集并记录色彩角。对于太阳晒干的番茄来说，最适宜的色彩角被认为应该接近于新鲜番茄的色彩角（位于 24～28 之间）。

图 11-2　使用手持式色度计测量苹果的颜色

图 11-3　用于测量番茄酱反光程度的设备

简单的可视色卡和词典被广泛应用于野外、生产车间、加工工厂或者零售商店的日常工作中检测颜色的差异。一种最直观鉴定颜色的方法是将货物和一个标准样品、色盘或照片进行比较（如图 11-4,11-5,11-6 所示）。在最理想的情况下，基于视觉和基于仪器的颜色鉴定是可以相互协作的，例如图 11-7 所展示的西瓜案例。

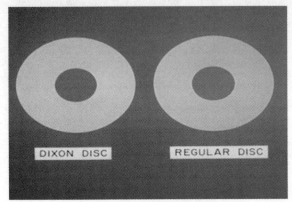

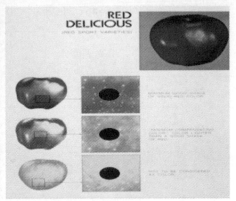

图 11-4　罐装桃子用的色盘

（左图为 Dixon cultivar,右图为其它品种）

图 11-5　红色美味苹果色卡

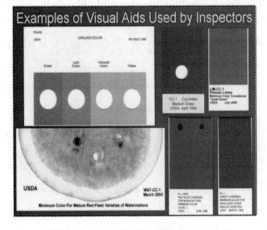

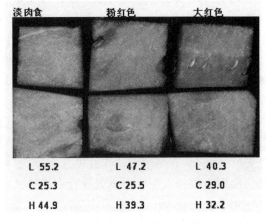

图 11-6　借助检查人员视觉帮助对西瓜、樱桃、

黄瓜、酸橙、梨进行颜色排序

图 11-7　用视觉和仪器测量西瓜果肉的颜色 L 值

对应亮度,C 对应色彩纯度,H 对应色彩角

（2）感官方法

感官方法可以用于鉴定颜色、风味、组织质构和总体质量。感官方法可以分为两种类型：解析测试与喜好测试。解析测试被用于鉴定两种产品之间是否有可以发觉的不同。喜好测试用于评价一个产品是否比另外一个产品更加受欢。用于鉴定颜色或者偏好的解析感官方法在许多方面比仪器方法更加快速和简便。它们的优势在于不需要专用的设备。

三角测试是感官分析中常用的一种公平而简单的差异测试。在这种测试当中，每组参与者将得到三个样品：两个是相似的，另外一个不同。30 到 50 个没有受过训练的参与者将被要求找出不同的样品。样品必须以其正常被消费的样子提供给参与者，提供的环境必须也是受约束的。与此同时，样品提供的顺序是随机的。

感官描述测试与消费者偏好测试的耦合可以建立那些驱动产品对于客户的可接受性的

特性之间的相对重要性的级别。差异测试可以用来在消费者偏好测试中挑选出最好的应对方法。表 11-4(Shewfelt，2006)罗列了一些通常用来衡量消费者偏好的等级。

表 11-4　消费者喜好与购买等级

喜好程度	购买倾向	接受程度
9 非常的喜欢 8 很喜欢 7 中等喜欢 6 轻微的喜欢 5 不知道 4 轻微的不喜欢 3 中等不喜欢 2 很不喜欢 1 非常不喜欢	5 肯定会 4 可能会 3 不知道 2 可能不会 1 肯定不会	3 尝/看起来好极了 2 可以接受 1 无法接受

感官方法不足之处在于可能由于人员理解和感知的差异度失误造成测试结果多变。尽管人眼可以感知并且区别微小的颜色差异,但是当没有参考标准作为对照的时候仍可能会出现偏差。不合适或者低质量的光照条件也会影响精确度。

11.2.3　风味

仪器和感官方法都可用于风味的鉴定,但是大部分科学家同意应用感官方法测量风味更为可取。仪器技术可以鉴定数十甚至数百种风味化合物,但并不能确定每一个化合物到底对风味做出了怎么样的贡献,这就需要分析的仪器和感官测试方法共同使用,其测试方法罗列在表 11-5 中。

表 11-5　果蔬风味测试方法

风味要素	测试方法	测试所用仪器的参考资料	仪器/工具/材料的成本
甜	糖度计\折光仪	QA，VWR，Cole-Palmer 等供应商	$50- $500
	试纸	QA，VWR，Cole-Palmer 等供应商	≤ $50
	HPLC-单糖	许多供应商	≥ $2000
咸	带特殊电极的折射计 (测氯化物含量)	QA，VWR，Cole-Palmer 等供应商	$50- $500
	带特殊电极的折射计 (测钠含量)	QA，VWR，Cole-Palmer 等供应商	$50- $500
酸	pH 试纸或酸度计	Sargent-Welch Whatman and others	$50- $500
	滴定法	许多供应商	$50- $500

续表

苦	HPLC-生物碱或葡萄糖苷	许多供应商	≥＄2000
鲜	带特殊电极的折射计（测谷氨酸含量）	QA，VWR，Cole-Palmer 等供应商	＄50-＄500
香	气体色谱分析法	许多供应商	≥＄2000
风味差异	感官解析测试	参考教科书	＄50～＄200（选购教科书）
风味偏好	感官情感测试	参考教科书	＄50～＄200（选购教科书）

　　风味被描述为五种主要成分的组合：甜、咸、酸、鲜和苦。甜度可以通过以下方法被测定：用 HPLC 测定单糖；在要求更快捷而且精度要求更低的情况下，可以用试纸、折射计测定（图 11-8）；用液体比重计来测定总的可溶性固体。咸度可以通过测量氯化物或者钠含量来做粗算。酸度可以通过使用 pH 试纸和酸度计测量 pH 值或者使用更加精确的滴定法来测量。鲜味可以通过测试谷氨酸化合物含量来检测。涩度可以通过测试酚的总含量来确定。而苦味，则可以通过分析异香豆素、生物碱、葡萄糖苷等化合物来衡量。

图 11-8　使用折射计测量橙子中可溶性固形物的含量

　　当比较某种果蔬产品中糖和酸的含量，考虑含量的比值是一种相对简单的风味评定方法。这种方法被称作糖酸比。对于这个指标，一些公司已经建立了专用的目标值。Kader（2002）给出了可接受的水果风味质量中最低可溶性固形物含量（SSC）和最高滴定酸度（TA）的标准。例如，对于收获的杏、樱桃、柿子来说，对应的最低 SSC 值为 10％，14％～16％和18％。同样，油桃、菠萝、石榴的最高 TA 值分别为 0.6,1.0 和 1.4。甜度和酸度的估算也可以用试纸来测得（表 11-5）。挤压一片果蔬，将得到的汁液涂抹到这些试纸条上，试纸的颜色变化会体现出酸度或者甜度的强弱。

　　挥发性的芳香化合物可以通过气相色谱（GC）分析法进行精确测量，但是这种方法相当耗费时间，而且设备也很昂贵。已醛是脂氧合酶催化反应的产物，它的含量与果蔬异味的感觉感知密切相关。已醛也是通过气相色谱（GC）分析进行检测的。

　　风味评价也可以通过感官测试来进行。差异测试、描述测试和消费者偏好测试在评估果蔬的风味特性方面效果相当不错。在农场或生产车间，受到良好培训的工人会取出 2～3

个有代表性的果实来判断这些果蔬是否已经可以采摘、运输或者已经过于成熟。品尝味道同时兼顾异味或者其它可能导致果蔬不受欢迎的质量问题。还有一些公司对风味的测量并不以某种良好风味作为目标,而是检测是否存在一些不受欢迎的异味。

11.2.4 质构

大部分用于评价果蔬质构的方法基于经验。经验测试包括了许多简单快速的测试,包括刺孔、压缩、挤压、剪切等。这些方法可以测量一个或多个与质量相关的质构属性。这些方法通常会对测试样品施加巨大的变形力,具有较大的破坏性。最近,一些基于振动回声或者其它技术的无损质构测试方法正在兴起。表 11-6 总结了用于测量果蔬质构的方法。

表 11-6 果蔬质构的测量方法

质构参数	测量方法	测量仪器的参考资料	仪器/工具/材料的成本
力相关测量	耐压,压缩或者挤出	Magness-Taylor 压力测试仪,UC 硬度测试仪,成熟度测定仪,Effegi 贯入力测试仪,质构仪,拉力测定仪	＞＝2,000 \$
长度相关测量	变形	质构仪,拉力测定仪,声频谱仪	\$500～\$2,000
	稠度	稠度仪(Bostwick, Adams 和 Stomer),流速和扩散仪	\$500～\$2,000
混合测量(力,长度,时间)	质构分析	拉力测定仪,质构分析仪	\$500～\$2,000
粘性	粘度计-Ostwald,Canon-Fenske	VWR international 和 Cole-Palmer	\$50～\$200
无损测定	振动回声,微小变形	Sinclair 质构仪硬度计,Chatillion/Ametek Bio Works	\$500～\$2,000
质构差异	感官差异测试	参考教科书	\$50～\$200(购书费用)
质构偏好	消费者偏好测试	参考教科书	\$50～\$200(购书费用)

破坏性的测试可以按照测试过程中测量的变量来分类(力、距离、时间、能量、多种混合等)。例如,在图 11-9 所示的硬度测试(果蔬常用的测试)中,将样品压入一定程度所需要的力的大小代表硬度。传统的 Magness-Taylor 压力测试器带有一个计算尺型的装置来测量磅力。这种装置很可靠但是很笨重。Effigi 硬度计更加轻便,便于携带而且使用简单。把压力计安装在钻床平台上,就像在 UC 压力测试机上使用的那样,可以提高测试结果的精度。通常情况下,在进行压力测试前会除去果皮,除非果皮是这次测试关注的要点。许多复杂的仪器比如质构仪(Texture Analyzer)或者 Instron 可以配合各种探测器,可以用于穿透、压缩、剪切、切割等。

压缩测试是另一种检测质构的常用测试,它也是测量使待测物品达到规定形变所需力大小的测试。图 11-10 展示了测量压缩模式下的 TA-XT2 质构仪。Canon-Fenske 黏度计

(图 11-11)和 Bostwick 稠度计(图 11-12)在番茄加工领域有广泛的应用。纯净的番茄汁流过 Canon-Fenske 黏度计上两条刻痕之间距离所需要的时间代表了这种汁液的黏度。Bostwick 稠度计相当简单而且便于携带,它既可以用于稠一些的产品比如番茄糊,也可以用于稀一些的产品,比如番茄酱、苹果酱和浓汤。稠度计测试的是产品在 30 秒内流过的距离(以厘米为单位)。两种测试方法都受到温度影响,所以在测试前须将待测产品的温度按照标准制备。

图 11-9　使用 UC 硬度仪测试桃的硬度

图 11-10　使用 Texture Technologies 公司的 TA. XT2 设备对草莓进行压缩测试

图 11-11　Canon-Fenske 黏度仪测量液体流经两条刻度线的时间

图 11-12　使用 Bostwick 稠度仪测量西红柿浓汤稠度

　　与颜色测量和风味测量一样,质构品质也可以通过感官测试来进行。在农场或者生产车间,利用触碰来评估果蔬的硬度是很常见的。人的手指是非常敏感的,通过用手指挤压的感觉来判断硬度,与机械测量结果基本一致。一些公司在测量之前,会利用一定范围内的不同标准硬度物体来对手指感觉进行"校准"。

11.2.5　营养

(1)水分含量

　　果蔬中的水分经常随着成熟度、生长环境和采后处理而改变。

　　水分含量的测量方法有很多种,其原理是测量产品干燥前和干燥后的重量。以前通常用普通烘箱或真空干燥器来干燥果蔬样本,而现在已经发展到使用微波和红外线来进行干燥,新方法可以够缩短干燥时间提高样品分析的速度。Omega、Precision Weighing Balances、MettlerToledo 以及其它公司都提供水分测量仪。

（2）淀粉含量

对一些果蔬产品来说，淀粉含量可以用来作为果蔬成熟度的指标，因为淀粉会在成熟过程中慢慢转化成糖分。果蔬的淀粉含量评估可以将产品切开后，将切面浸入碘溶液中，进行简单的碘淀粉测量。碘溶液的制作方法是：先将10克的碘化钾融于约265毫升的纯净水中并搅拌使之溶解，然后加入约2.5克的碘直至全部溶解。用纯净水将溶液稀释到1升，并用铝盖封口保存。淀粉与碘溶液反应后溶液变成蓝黑色，根据颜色的深度可以推断淀粉的含量从而判断产品的成熟度。这种测试方法经常用来评价苹果和土豆的成熟度。

（3）糖分

大多数水果在成熟过程中糖分会逐步增加。可以用试纸或者化学方法来测试糖分，以确定产品的总糖含量、还原性糖量或者某种糖分的含量。因为糖是可溶性固体的主要组成成分，所以可溶性固形物含量也是一个含糖量指标。可溶性固形物可能是最容易测量的组分参数，可以直接使用的果蔬汁液进行测试。在果蔬种植、采后处理和工业加工中，常用可溶性固形物来判断糖分含量。其测量方法是将样品汁液经纱布过滤后折光仪或糖度计上，即可得到可溶性固形物的含量。

（4）含酸量

很多水果和蔬菜成熟时酸含量会减少。

可以用总酸度或者pH值来评价产品的含酸量水平。pH值表示的是氢离子的浓度，不论是液体还是固体产品，利用pH计或者pH试纸可以很方便地得到pH值。但是pH值仅仅表示了自由氢离子，而并不包含所有的酸成分。另外一个更好的测量酸含量的方法是测量总酸量。这种方法通常使用酸碱指示剂，利用已知浓度的滴定液对产品的部分溶液进行滴定。对于果蔬产品来说，通常用0.1M NaOH标准溶液对产品溶液进行滴定，使pH值达到8.1，通过记录NaOH的消耗量，计算产品的柠檬酸量、苹果酸量或酒石酸量（根据产品本身的特征酸进行换算）。

（5）比重

比重通过产品的重量除以产品放在水中所排水的的重量获得。这个参数比较简单，反映了重量和体积的关系并与果蔬的成熟度具有良好的相关性。由于它的测量比可溶性固形物和水分含量更为简单，因此在果蔬种植和工业加工中有更广泛的应用。

11.2.6　安全

俗话说，"民以食为天，食以安为先"。食品的任何属性都是建立在其食用安全性之上的。果蔬的安全问题主要分为农药残留、微生物污染两种。

11.2.6.1　农药残留

2010年初，海南"毒豇豆"的新闻不断出现在各大媒体上，随后武汉、上海、杭州、广州、合肥等多个城市也发现了"毒豇豆"。小小的豇豆再次引发人们对食品安全的关注，尤其是蔬菜中的农药残留，更令人担忧。

果蔬是人们生活中不可或缺的食品，果蔬的质量问题与人体健康息息相关。如不慎食用了带有残留农药的果蔬，中毒潜伏期少则10分钟，多则2小时。出现的主要症状有：头晕、头疼、恶心、呕吐、倦乏、食欲减退、视力模糊、四肢发麻无力等，中毒较严重者，可能伴有

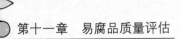

腹痛、腹泻、出汗、肌肉颤动、精神恍惚、言语障碍、瞳孔缩小等症状;更严重者将出现昏迷痉挛、大小便失禁、瞳孔缩小如针尖、体温升高、呼吸麻痹等症状。另外,残留农药还可在人体内蓄积,超过一定量后会导致一些疾病,如男性不育等。此外,经国家卫生蔬菜中心等部门研究,果蔬中残留农药在人体内长期蓄积,滞留还会引发慢性中毒,诱发许多慢性疾病,如心脑血管病、糖尿病、肝病、癌症等;农药在人体内的蓄积,还会通过怀胎和哺乳传给下一代,殃及子孙后代的健康。

农药残留的检测方法主要有:

(1)气相色谱法

气相色谱法具有分离效率高、分析速度快、选择性较好、样品用量少、检测灵敏度较高、操作简单、费用低等优点,是分析有机化合物不可缺少的一种手段,广泛应用于分离分析气体和易挥发或可转化为易挥发的液体及固体。

(2)液相色谱法

高效液相色谱法适于分析高沸点不易挥发的、受热不稳定易分解的、分子量大、不同极性的有机化合物,以及生物活性物质和多种天然产物、合成的和天然高分子化合物等。

(3)活体生物测定法

活体生物测定法是以大量敏感性活体生物作为实验材料,接触供检样品,然后加以统计分析确认结果。例如,有人建立了一种用发光菌检测蔬菜中的有机磷农药残留量的方法,该方法利用发光细菌体内荧光素在有氧条件和荧光酶作用下,产生的荧光与某些有毒化合物作用时发光会减弱。活体生物测定法的优点是过程简单、无需复杂仪器检测;缺点是检测时间较长,而且只对少数药剂有反应,准确性较低。

(4)酶联免疫吸附法

酶联免疫吸附法是利用化学药物在动物体中有促进其产生免疫抗体的原理,将某种农药与大分子化合物的复合体注入实验动物内,使其在动物体内产生抗体,通过抗体和抗原之间发生的酶联免疫反应,依靠比色来确定农药残留量。此方法的优点是特异性强、灵敏度高、快速简便,可准确定性定量,适用于现场分析。缺点是制备抗体比较困难。

(5)酶抑制测定法

酶抑制测定法是利用某些农药能抑制乙酰胆碱酯酶活性的原理。将某种酯酶置于薄层色谱板或试管中,使酶与试样反应,若试样中没有农药残留或残留量极少,酶的活性就不被抑制,基质可以水解,在加入显色剂后会显色;反之,酶的活性被抑制从而不会显色。该方法的优点是能对抑制胆碱酯酶的农药品种进行快速灵敏的检测,样品前处理简单,检测时间短,所需仪器设备简单。缺点是使用的酶基质和显色剂有一定的特异性,需控制的条件比较多。

目前有多种基于酶抑制测定法而改进而得的快速检测农残仪器问世,真正的实现了果蔬产品的快速方便检测。

11.2.6.2　微生物污染

2006 年,美国餐饮巨头塔可钟墨西哥式餐饮连锁公司供应的生菜被发现感染有致病性微生物大肠杆菌 O157,这场"毒生菜"事件在美国至少造成了 81 名民众被感染。据调查,在加拿大每年受到大肠杆菌感染而生病和死亡的人数超过一千人。大肠杆菌 O157 是一种食源性致病菌,它通过肉制品、果蔬、饮水及其它食物传播,造成食源性疾病的爆发流行,该病菌产生的毒素会引起腹部痉挛、呕吐和便血,有时伴有发热。在有些急性发作病例中,感染会进一步发展成溶血性尿毒症,表现为红细胞破坏、肾脏衰竭,并可能引发癫痫、中风,严重时会引起死亡。

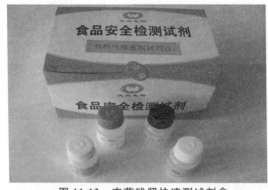

图 11-13　农药残留快速测试剂盒

图 11-14　农药残留快速检测仪

除了大肠杆菌之外,果蔬中常见的致病菌还有金黄色葡萄球菌、沙门氏菌、志贺氏菌、蜡状芽孢杆菌等。

目前常用的致病菌检测方法主要有琼脂培养法、生物发光法、流质细胞计数法、固体细胞计数法、阻抗测定法、抗原抗体法等。而近几年随着分子生物学研究的日益发展,出现了DNA 杂交法、PCR、定量 PCR、实时 PCR、基因芯片法等新的致病菌检测法。

11.3　总结

本章对表现果蔬产品质量的参数以及测量方法作了较为详细的介绍。易腐果蔬冷链的作用是保证产品在整个流通过程中保证完好的质量,从而使得在整个过程中质量测量都显得非常重要。对于冷链的运营来讲,质量检测可以起到以下作用:1)保证进入冷链的产品质量,确保冷链在可靠的基础上运营;2)监控冷链流通时产品质量变化,评估并改进冷链的各个环节;3)为冷链中的不同运营商提供详细的质量记录,明确出现问题时的责任归属。冷链中环节很多,因而也导致了对质量测量技术的不同要求,本章中介绍的测量技术,需要根据需求灵活应用在冷链运营中。

表 11-7　本章表格内容解释与参考

公司名字	公司网址
Agtron	http://www.agtron.net/
BYK Gardner	http://www.byk-gardner.com/
Chatillion/Ametek	http://www.chatillon.com/
Cole-Palmer	http://www.coleparmer.com/
CSC Scientific	http://www.cscscientific.com/html/consist.html and Cole-Palmer～http://www.coleparmer.com/techinfo/techinfo.asp? referred_id=263&htmlfile=TomatoSauce.htm

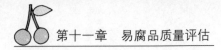

续表

FOSS NIRSystems	http://www. foss. dk/serch/searchnps/nirsystems. html
Fresh product grading tools	http://www. ams. usda. gov/fv/fpbdepot. htm
HunterLab	http://www. hunterlab. com
Instron	http://www. instron. us/wa/home/
John Henry Company	http://www. jhc. com/
Konica Minolta	http://se. konicaminolta. us/
Maselli	http://www. maselli. com/
Processed product grading	http://www. ams. usda. gov/fv/ppb. html
QA Supplies	http://www. qasupplies. com/
Sinclair International	http://www. sinclair-intl. com/internal_quality. html
Stable Microsystems, Ltd.	http://www. stablemicrosystems. com/fruveg. htm
Sargent-Welch	http://www. sargentwelch. com/product. asp
Texture Technologies Corp.	http://www. texturetechnologies. com/
USDA	http://www. ams. usda. gov/fv/fpbdepot. htm
VWR International	http://www. vwr. com/index. htm
Whatman	http://www. whatman. com/products/? pageID＝7. 29. 24

思考题

（1）什么是果蔬的质量？

（2）常用的质量评估技术有哪些？

第十二章　易腐品品质常见问题与解析

目前的一些实际案例表明,完整的冷链不但不会提高农产品价格,反而会降低农产品的价格。因为采用完整的冷链,可以避免20%以上的蔬菜浪费。只有既让消费者认识冷链物流的重要性,又要打消冷链物流企业的顾虑,才能打好这场"人民战争"。

——全国物流标准化技术委员会冷链物流分技术委员会秘书长　刘卫战先生

12.1　引言

农产品的品质降低由很多原因造成。通常,仅通过表象很难确定受到损伤的根本原因。例如,氮肥过多或钙肥不足导致的霉菌旺盛生长,在采收或包装过程中受到机械损伤,使用杀菌剂或涂蜡不当,产品贮存时间过长,运输过程中的温度过高或过低(图 12-1 至图 12-5)等。要准确地诊断农产品受到损伤的原因,需要提供关于农产品运输方式、运输工具的详细信息以及对产品损伤的详细描述。只有商家、买方和承运方通力协作,才能了解问题的根源所在。以下提供了一些造成农产品损伤的常见原因,也可以作为潜在损失来源的线索。

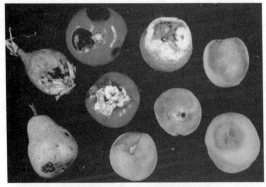

图 12-1　果蔬因各种真菌而腐烂

图 12-2　花椰菜受到机械损伤而腐烂

图 12-3　受到机械损伤或温度升高而腐烂的草莓

图 12-4　葡萄孢菌使提子腐烂(缺乏使用二氧化硫熏蒸消毒常造成腐烂的情况加剧)

图 12-5　芒果因炭疽病而腐烂

12.2　造成农产品损伤的一般原因

首先,应进行初步调查,确保获得以下各项信息:提单;货物的发票;混合装载的各产品的类型、收获日期和收获地点、出货日期和装载时的环境条件;到货时间和检验日期;制冷机组的品牌和型号;集装箱核对;通风系统;到货时明显的损伤(如有的话);记录温度的数据(温度记录卡、有转载地点的说明的便携式温度记录器或者集装箱电子温度记录);恒温装置或环境温度控制设备的相关参数是否被设定在规定的范围内;详细描述货物的存放方式;产品的损伤程度;确认该类产品是否经过完好无损地运输,如果不是,找出装载过程产品受损伤的原因;卸载货物时测量集装箱内各个位置产品的温度;观察货箱和货盘的外观,确定货箱是否被压坏。

基于由初步调查获得的信息,应该可以查明损害的一般来源。下面列出了一些产品损伤的来源以及各个损伤的症状。

12.2.1　不当的包装操作或工作流程

如果货箱中部分货物或所有货物出现的损伤程度是一致的,问题可能出在运输前的某些工序或者是包装过程的操作。如果农产品在运输前没有适当地冷藏,如恒温装置设定在错误的温度范围、气调设备的设定选择不当(氧气浓度或二氧化碳的浓度太高或太低)、新鲜空气交换率太低等都会造成整箱货物出现一致损伤。

造成这些损伤的具体原因有:1)不良生长环境(图 12-6 和图 12-7),农产品在采收的前几周如果受到霜冻、冰雹、大风或过热伤害,往往可以逐渐愈合,至少分拣人员在看到后会把它们剔除,而采收前农产品若受到的物理伤害一般很难愈合;2)农药或化肥的伤害;3)采收过程中粗暴的处理及运送到包装中心时的粗糙包装(图 12-8 到图 12-11);4)采收的过度延迟(图 12-12);5)出货前的长期贮存会缩短采收后的货架期;6)包装设备的损坏,通常没有愈合的迹象,并可能导致腐烂(图 12-13 到图 12-15);7)不适宜的贮存环境,如冷害(图 12-16)、冻害(图 12-17 和 12-18)、相对湿度过高(图 12-19)、氧气含量过低(图 12-20)、二氧化碳含量过高(图 12-21);8)氨冷冻损伤(图 12-22);9)检疫的特殊处理,如溴甲烷熏蒸损伤(图 12-23 和图 12-24)和热水处理(图 12-25)。

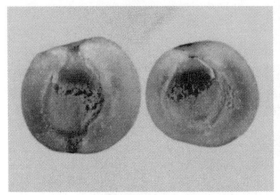

图 12-6　杏在采收后置于温度高于 35℃ 的环境而受损

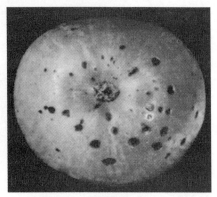

图 12-7　苹果苦陷病

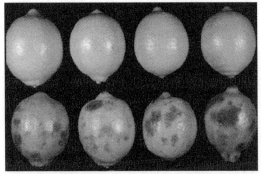

图 12-8　柠檬在采收与加工过程中受到挤压破坏

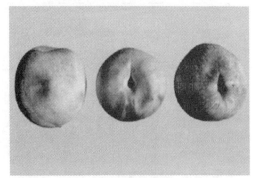

图 12-9　桃子掉落到坚硬的表面而造成表面受损

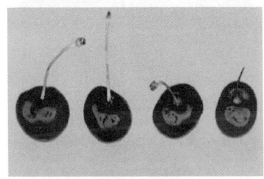

图 12-10　采收者粗暴采收红肉樱桃致使其表面受损

图 12-12　水果因过度失水而萎蔫

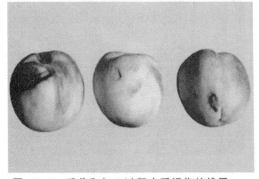

图 12-11　巴特利特梨受到粗糙木质托盘的摩擦损

图 12-13　采收和加工过程中受损伤的桃子

图 12-14　红肉樱桃的腐蚀斑点

图 12-15　红肉樱桃从 30 厘米高处掉落到坚硬的表面后受到损伤

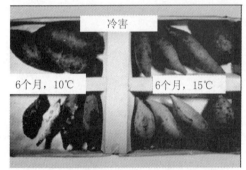

图 12-16　贮存在 10℃的红薯受到冷害

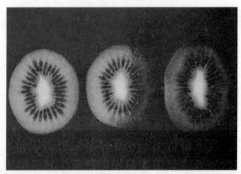

图 12-17　猕猴桃受到冻害后出现水渍化症状

图 12-18　受到冻害的提子在果皮出现水珠

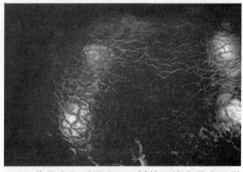

图 12-19　苹果在相对湿度 100％的环境中果皮开裂

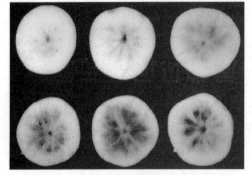

图 12-20　苹果在氧含量低于 1％的环境中内部褐变

图 12-21　生菜在二氧化碳浓度高于 5％的环境中外部褐变

图 12-22 氨制冷剂的泄漏使桃子的
外表面颜色变暗

图 12-23 油桃受到溴甲烷熏蒸损伤

图 12-24 凯尔西李子受到溴甲烷熏蒸损伤

图 12-25 芒果因过高的温度和热水浸烫
检疫处理而受到损伤

农产品在采收前、中、后期过程中受到的物理和生理性伤害是累积性的。农产品可能在初期采收时看起来品质不错,但是它们仍可能在后期的加工过程中受到伤害。

(1)包装过于脆弱

如果包装产品的货箱质构脆弱,则位于底部的货箱就会被上层堆积的货箱压坏,造成货物的损坏。

(2)装载时产品的温度过高

在装载货物时,尽管集装箱的制冷系统提供了适宜的环境温度,但是产品本身的温度可能发生变化。温度记录器所记录的回风温度,由于周围产品产生的热量,可能会高于制冷系统的送风温度。

如果已经确定集装箱运输时的具体温度,而农产品装货时温度过高,那么包装和集装箱的货物装载方式不当可能会阻碍垂直气流的流动,导致产品温度过高。如果没有打开集装箱顶部和底部通风口或者通风口未对齐,冷气的流动可能被货箱阻挡;或者内部的包装材料、托盘货板、活动隔板都可能阻碍了空气的流动。

12.2.2 不当的运输操作

如果集装箱中的各个货箱内产品损坏程度不同,那么这种损害的原因可能是不正确的装载操作、道路运输过程中的过度振动、制冷设备故障或者是集装箱中不合理的混合贮存造成的。

(1)不正确的装载操作

集装箱的地板没有覆盖层、缓冲充气囊的损坏或者托盘间隙没有填充材料会使经调节温度和湿度的空气绕过货箱前部和中部的垂直通道。这将导致气流无法流到集装箱的后部,使得靠近集装箱后部的农产品温度升高(图12-26和图12-27)。如果集装箱运行在寒冷的环境中,则位于集装箱后部的农产品温度过低,易导致冷害(图12-28到图12-34)或发生冻害(图12-35和图12-36),而位于前部的产品则可能处于合适的温度环境中。

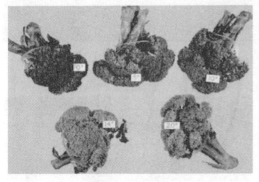

图12-26　花椰菜因乙烯而变黄,且随着温度的升高而症状加剧

图12-27　西红柿在温度超过30℃的环境中泛黄

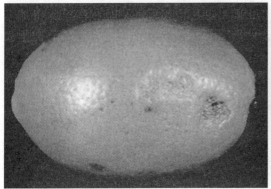

图12-28　柑橘在受到冷害后有腐斑且发生褐变

图12-29　香蕉的内层果皮因冷害发生褐变

图12-30　左侧因冷害的番茄无法成熟且极易腐烂;右侧是正常对照组

图12-31　番茄块状黑斑是受到冷害后的交链孢霉腐蚀

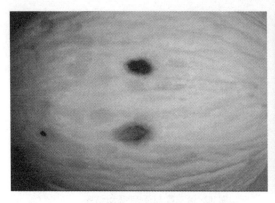

图 12-32　甜瓜在 7.5℃ 的环境中 22 天后
受到冷害

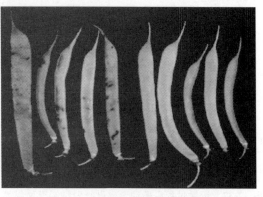

图 12-33　四季豆在 5℃ 的环境中超过
10 天后受到冷害

图 12-34　芒果受到冷害后,其外观类似于
炭疽病腐蚀,热损伤和机械损伤时的症状

图 12-35　甜玉米受到冷害后受到水渍化败坏

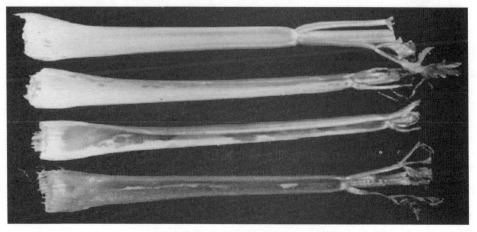

图 12-36　图中最下部的芹菜受到冻伤

(2)道路运输过程中的过度振动

道路运输过程中过于激烈的振动会导致农产品表面的变色和损伤(图 12-37 到图 12-41)。

图 12-37　运输过程中振动造成巴特利特梨表面发黑

图 12-38　番茄受到振动伤害

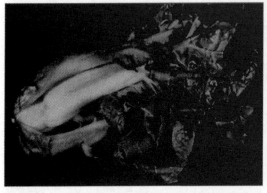

图 12-39　严重的机械损伤造成白菜的细菌性软腐病

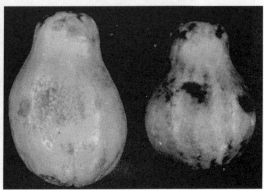

图 12-40　木瓜的果皮受到振动损伤

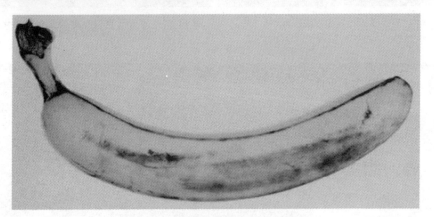

图 12-41　香蕉的果皮受到振动损伤

（3）制冷设备的故障

制冷设备的长期故障将导致温度不稳定变化,通常造成农产品受到高温损伤(见图 12-26 和图 12-27),特别是靠近温度较高的壁面和地板的产品。

除了定期除霜造成气流温度的正常波动以外,制冷机组的重大故障或机组的电力不足都会使气流温度迅速变化。冷藏集装箱的诊断和记录设备是最好的设备运行的信息来源。租用的温度记录器放置在送风口靠近舱壁的位置,可以很好地反映制冷机组的性能。放在货箱顶部的温度记录器会受到下面货物产生的热量的影响,不能立即对制冷机组的温度作出反应。

缓慢或不稳定的气流温度变化可能是因为机组运行时制冷剂的泄漏、风扇电机的故障、微处理控制器故障或其它一些问题。贮存在制冷机组控制器(可选配置)内的数据是记录这些问题的最好来源。托运人应当在装货前向承运人获取这些信息。

（4）**集装箱中不合理的混合贮存**

产品受到损伤的原因可能是混合在同一容器中的产品有不同的贮存要求：

1）温度：低温可能造成冷害(见图12-28到图12-34)；高温可能缩短采收后货架期(见图12-26和图12-27)；

2）相对湿度：过高的湿度可能会导致产品的腐烂和发芽,如洋葱和大蒜；

3）氧气浓度：低 O_2 浓度可能会导致褐斑、内部褐变或发酵(见图12-20)；

4）二氧化碳浓度：高 CO_2 浓度可能会导致内部或外部的褐变或产生气泡(见图12-21)；

5）乙烯浓度：高乙烯浓度会造成农产品发黄,叶片的脱落,组织的软化并产生褐斑(图12-26,图12-42到图12-44)；

6）是否可以兼容贮存,即位于同一列温度的产品可以安全地混合贮存。例如,对乙烯敏感的果蔬不应该与产生乙烯的果蔬混合,水分含量较少的蔬菜不应该与其它水分含量较多的果蔬混合(见表12-1)；

7）采后保鲜期：采后保鲜期短的农产品品质较差,而采后保鲜期长的农产品品质优良；

8）二氧化硫(SO_2)：提子的产品包装产生的二氧化硫会损伤其它的农产品(见图12-45)；过多的二氧化硫也会使提子自身受到损伤(图12-46)；

9）融化：农产品包装中冰块的融化可能会损坏无蜡纤维板箱。

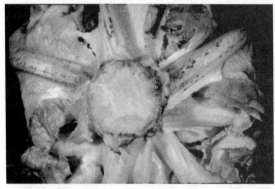

图12-42 乙烯使生菜发生褐变

图12-43 乙烯使卷心菜发生褐变

图12-44 乙烯使花椰菜的叶片发生脱落

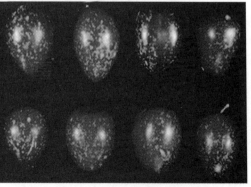

图12-45 李子受到二氧化硫的伤害

图 12-46　提子的组织因包装二氧化硫的过度释放而产生褐变

表 12-1　长途运输中可以兼容贮存的产品

农产品	推荐贮存温度			
	0～2 ℃	4～7 ℃	7～10 ℃	13～18 ℃
水分含量较低的蔬菜	干洋葱[1,3,9]；大蒜			生姜[5]；笋瓜；南瓜；
对乙烯敏感的蔬菜	芝麻菜*；芦笋；白菜；花菜*；卷心菜[1]；胡萝卜[1,3]；西兰花；芹菜[1,3,9]；甜菜*；菊苣；大白菜；羽衣甘蓝*；绿洋葱[7]；韭菜[8]；生菜；薄荷；蘑菇*[7]；绿芥末*；豌豆*；菠菜*；甜豌豆*；绿萝卜；西洋菜	食荚菜豆*[10]；黄瓜*；辣椒；马铃薯；小番茄	罗勒*；佛手瓜；茄子*[5]；长豆；黄秋葵；西瓜	马铃薯（早熟）；绿番茄
对乙烯不敏感的蔬菜	苋菜*；八角；朝鲜蓟；豆芽*；甜菜；块根芹菜；萝卜；辣根；甘蓝；大黄[7]；芜菁甘蓝；婆罗门参；葱；甜玉米[7]；荸荠	南瓜；细豆角；甜椒[10]；四棱豆；丝瓜**		木薯；豆薯；山药；芋头；成熟番茄
产生乙烯量较少的瓜果	苦瓜；黑莓*；蓝莓；黄金果；腰果梨；樱桃；椰子；醋栗；枣；葡萄[6,7,8]；龙眼；枇杷；荔枝；橙[4]；树莓*；草莓*	血橙[4]；仙人掌梨；金橘；橄榄；黄瓜；柿子；石榴；罗望子果；柑桔[4]	洋木瓜；四季桔*；杨桃；甜瓜；葡萄柚[4]；柠檬*；菠萝[2,10]；柚[4]；番茄；橘柚；牙买加丑橘	面包果；蛋黄果；葡萄柚

续表

农产品	推荐贮存温度			
	0～2 ℃	4～7 ℃	7～10 ℃	13～18 ℃
瓜果类(产生较多的乙烯)	苹果[1,3,9];杏;鳄梨(成熟);香瓜;无花果[1,7,8];猕猴桃;油桃;桃;梨;梅花;洋李;柑橘	榴莲;费约果;番石榴;蜜瓜;波斯甜瓜	鳄梨(未成熟);克伦肖甜瓜;蜜释迦;西番莲	凤梨;香蕉;番荔枝;菠萝蜜;芒果;山竹;木瓜;大蕉;红毛丹果;美果榄;刺果番荔枝

注: * 表示在适宜冷藏温度和适宜条件下,货架期少于 14 天

** 表示产生一定量的乙烯,视为可产生乙烯的水果。

1.苹果和梨散发出的气味被胡萝卜,卷心菜,芹菜,无花果,洋葱和土豆吸收。

2.鳄梨散发的气味被菠萝吸收。

3.芹菜吸收了洋葱,苹果和胡萝卜的气味。

4.柑桔吸收了果蔬强烈的气味。

5.生姜的气味被茄子吸收。

6.用于包装提子的托垫释放的二氧化硫会损伤其它产品。

7.大葱气味被无花果,葡萄,蘑菇,大黄和玉米吸收。

8.韭菜的气味被无花果和葡萄吸收。

9.洋葱的气味被苹果,芹菜,梨和柑橘吸收。

10.辣椒的气味被豆类,菠萝和鳄梨吸收。

12.3 总结

从"农场到餐桌"的全程冷链的建设,并不是简单的一个预冷间、一辆冷藏车、一个冷库和一个冷柜组成的。全程冷链的每个环节都是由人、流程和设备组成。只有从事冷链相关活动的人员获得适当的培训,企业建立良好的操作和管理流程,并配套合适的设备,全程冷链才能得以保证。其中任何一个因素的缺失都会导致断链,而冷链的特点就在于,一旦断链,易腐品最终得不到质量和数量的保障,那么整条冷链的意义和经济效益都荡然无存。冷链的成功与否在于对其最薄弱的环节管理和控制的程度。

(1)农产品在贮运过程中受到损伤的主要原因有哪些?

(2)对乙烯敏感的农产品不应该和哪类农产品混合贮存?

案例篇

案例一：草莓冷链物流

草莓冷链物流实验

草莓作为易腐品中的一种，贮存温度对其营养价值的影响非常大。一般情况下，果蔬中的维生素 C 在采收后会迅速流失，且损失的程度随着贮存时间的推移和贮存温度的升高而加剧。如草莓在 1℃的环境中，其维生素 C 的含量在 8 天内流失 20%～30%；在 10℃的情况下，维生素 C 的流失约为 30%～50%；而在 20℃的环境下，4 天之内的就会流失多达 55%～70%的维生素 C。因此，草莓的适宜贮存环境为 0～4 ℃。

图 1 为草莓的全程冷链流程图，由图可知，草莓全程冷链流程的环节及各个环节的适宜温度。

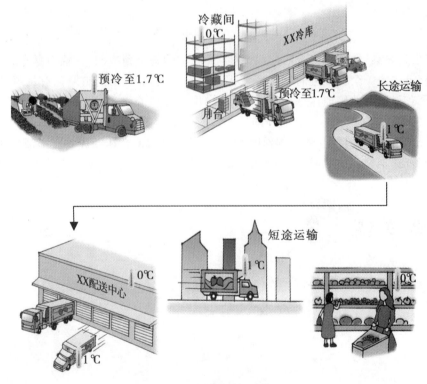

图 1　草莓的全程冷链

1 实验背景

尽管冷链的最终目的是保证在供应链的各个环节始终能安全、持续地提供所要求的食品质量。但是,最近的研究报告表明冷链并没有完全达到这个目的,冷链的管理仍存在很大问题。如 2007 年,美国农业部(USDA)和食品及药品管理局(FDA)发出了 160 多次食品安全警告和召回通告。美国每年平均发生 7600 多万例因食物问题引起的疾病,导致 32.5 万人住院,5000 人死亡。此外,一项针对美国 1500 名食品消费者的调查研究表明,消费者认为四项函待改进的方面中前三项是:食品安全、食品卫生和异味、易腐品货架期。80%的病例是由于个人卫生及冷链的不恰当运营引起的,98%的病例如果采用安全操作措施则是可以预防的。因此,做好冷链的管理显得尤为重要。

那么如何才能做好冷链的管理呢?易腐品在冷链中管理的重要环节又是什么呢?

为了研究易腐品在冷链中管理的要点,英格索兰公司联合佛罗里达大学配送与零售中心进行了一次易腐品从农场到餐桌的关于冷藏和零售的模拟实验。该实验的主要研究对象是加州收割之后运输到佛罗里达州的新鲜草莓。

2 实验流程

在实验开始前,准备好 5 托盘刚从农场收割的草莓,分别标记为 P1、P2、P3、P4 和 P5。

(1)预冷处理

对 P1,使用最好的处理方式,也就是收割之后立即预冷到 1.7 ℃,没有任何延迟;

对 P2,在收割后延迟 4 小时,对其预冷至 1.7 ℃;

对 P3,收割之后立即预冷到 10 ℃,没有任何延迟;

对 P4,在收割后延迟 4 小时,对其预冷至 10 ℃;

对 P5,不做任何预冷处理,而且在运输之前没有冷藏。

(2)草莓在农场的冷藏

对 P1、P2、P3 和 P4 的草莓在 0 ℃下贮存 1 到 2 天,而对 P5 不做冷藏处理。

(3)草莓的运输

将这 5 托盘草莓在 1.1 ℃下运输 4 天,到达目的零售店。

(4)在目的零售店贮存

在目的零售店 0 ℃下贮存一夜。

(5)冷藏/零售贮存的模拟

在最好的处理条件下对托盘的 3 种处理方式:

方式一,在 0 ℃下贮存 3 天;

方式二,在 7 ℃下贮存 3 天;

方式三,在 20 ℃下贮存 3 天。

(6)对家庭贮存的模拟

在最好处理条件下对托盘的两种处理方式:

方式一,在 0 ℃下贮存 2 天;

方式二,在 7.2 ℃下贮存 2 天。

3　实验结果

实验发现,在不同处理方式下的草莓的水分损失情况有很大的区别。这些草莓自收割后到运输到佛罗里达州的平均失水率如下表 1 所示。

表 1　草莓自收割到目的零售店后的平均失水率表

托　盘	到达佛罗里达州平均失水率(%)
P1:最优的处理	2.0
P2:延迟,但是预冷至最佳温度	3.0
P3:没有延迟,但是未预冷至最佳温度	2.4
P4:延迟,未预冷至最佳温度	3.1
P5:没有预冷	4.4

在目的零售店以 0 ℃的温度对草莓冷藏一夜后,分别对其做零售及家庭贮存的模拟,模拟结果为表 2 和表 3 所示。

表 2　零售贮存模拟第二天的结果

托　盘	0 ℃		7.2 ℃		20 ℃	
	失水率%	不可出售率%	失水率%	不可出售率%	失水率%	不可出售率%
P1	0.78	0	2.64	0	1.69	83.3
P2	0.70	0	2.82	0	1.80	83.3
P3	0.95	0	2.45	0	2.14	66.7
P4	0.82	0	2.70	0	1.93	100
P5	0.99	33.3	2.49	66.7	2.13	100

表 3　家庭贮存模拟的第二天的结果

零售贮存温度	0 ℃				7.2 ℃			
家庭贮存	冷藏室		房间		冷藏室		房间	
托盘	失水率%	不可出售率%	失水率%	不可出售率%	失水率%	不可出售率%	失水率%	不可出售率%

续表

P1	2.13	0	4.56	22.2	3.03	0	4.95	22.2
P2	2.44	0	4.21	11.1	3.12	0	5.69	22.2
P3	2.73	0	—	—	3.02	0	5.07	33.3
P4	2.30	0	—	—	2.96	0	4.89	66.7
P5	4.09	11.1	6.49	33.3	3.33	0	4.81	33.3

4　实验总结

当草莓被采收后,如果延迟几小时对其进行冷却,它们的货架期就会迅速缩短,所以在采收后对产品迅速进行冷却是冷链中相当重要的环节。在恰当的时间将草莓的温度降到合适的温度,这时它们拥有了一个适宜的冷链起始温度,然后再将其装载运输、冷藏或零售。同时,预冷也是维持产品质量最重要的因素。

同时,这个实验可以清晰地证明,一个托盘的草莓经过无延迟的预冷后,可以保证一定的草莓质量,获得相对较高的经济价值。但若预冷操作延迟4小时,草莓的质量将有所下降,只能打折销售;若预冷延迟更久或根本不进行预冷,草莓将会在一天内变质,供应链上所有的运营商都会血本无归。因此,在预冷环节4个小时的延滞可以使整条冷链的价值产生巨大差异。

思 考 题

(1)仔细观察表1、表2和表3,你能从中得到什么结论? 影响水分损失不同的原因是什么?

(2)结合该实验,您认为易腐食品在冷链管理中的要点是什么?

案例二：冰淇淋冷链物流

冰淇淋冷链物流实验

随着我国国民经济的发展,人们生活质量的提高,冰淇淋逐渐由过去的防暑降温产品转为不分季节的习惯性消费品。冰淇淋是以饮用水、乳和/或乳制品、食糖等为主要原料,添加或不添加食用油脂、食品添加剂,经混合、灭菌、均质、老化、凝冻、硬化等工艺制成的体积膨胀的冷冻饮品。

自上世纪 90 年代以来,冰淇淋乳品生产每年以约 10% 的速度在递增。中国冷饮市场在10 年内产量增长了近 12 倍,品种从几十种增加到 3000 多种。冰淇淋市场的扩大,极大地带动了对冰淇淋冷链的需求。

1 实验背景

我国行业标准要求冰淇淋应贮存在≤-22 ℃的专用冷库中,销售时的低温陈列柜温度≤-15 ℃。冰淇淋的品尝也有一个最佳温度,一般来说-16～-18 ℃,口感是较好的;样品准备在-18 ℃的冰箱里;大桶的冰淇淋,品尝温度会高一些,以-14～-16 ℃为最佳。如果温度失控,会导致一系列的问题,例如空气逃逸、水包油体系的分离,导致冰晶越积越多,从而导致冰淇淋的口感越来越差。

因此,冰淇淋的冷链全过程对温度有着严格的要求。虽然我国已经出现了较为完整的冷链,但相对于国际先进水平,还处于早期发展阶段。中国的冷冻冷藏设备的人均占有量只相当于韩国的 1/8,从冷冻机械到冷藏运输设施的发展完善还有很长的路要走。

为深入了解中国冰淇淋冷链的物流现状,英格索兰冷链学院于 2010 年 6 月 8 日对中国冰淇淋的冷链物流过程进行了跟踪监测。

2 实验流程

该实验的监测的是冰淇淋在上海的市内配送,从 A 区的冷库出发,途径工业园区 B,运往 C 区的配送站。从 A 区到 B 区的距离是 40 km,B 区到 C 区距离为 70 km,运输时间分别为 1 小时和 1 小时 45 分钟。

早上 7 点,在 A 地:打开冷机对卡车厢体进行预冷,使得厢体的温度由 21.2 ℃降为 15℃。与此同时,将冰淇淋从-28 ℃的冷库中运出,堆置于温度为 12 ℃的月台上,并将其装入预冷处理后的冷藏车中。7 点 15 分到 8 点 30 分为装货过程,由于冷机的持续降温,使得此时厢体内的温度由预冷后的 15 ℃降为-3 ℃。8 点 40 分开始发车,此时冷藏车厢体内的温度为-8 ℃。

为监测运输过程中厢体内冰淇淋温度的变化,英格索兰监测人员在厢体的不同位置放

置了8个温度记录仪,具体位置及其所记录的从 A 地运往 B 地过程中的温度数据如图 1
所示。

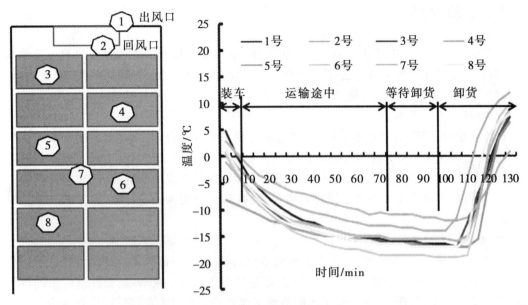

图 1　第一次配送过程中温度记录仪的位置及其温度数据记录图(见附录彩图)

　　经过一个小时的运输后,于 9 点 40 分达到 B 地,此时厢体的温度为-16.4 ℃,外界环境
温度为 28 ℃。半个小时后,关闭冷机,开始卸车,此时厢体的温度为-18 ℃,月台温度为 20
℃。直至 10 点 40 分,卸车完毕,将卸下的冰淇淋放置-28 ℃的冷库中贮存。因为关闭冷机,
厢体内的温度迅速升高至 1 ℃,月台温度则保持不变。至此,完成了从 A 地到 B 地的第一
次配送。

　　上午 11 点钟,厢体的温度为 5.5 ℃,月台温度为 20 ℃,此时开始装货。10 分钟后装车
结束,厢体温度变为 6.5 ℃。11 点 25 分,打开冷机并发车。同时在车内的不同位置放置 4
个温度记录仪,其具体位置及所记录的数据如图 2 所示。

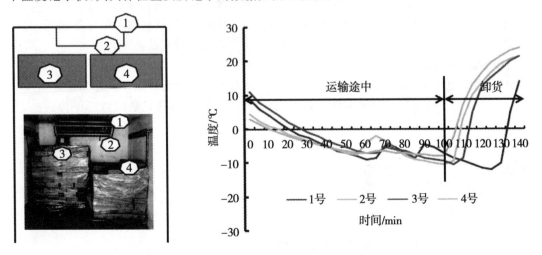

图 2　第二次配送过程中温度记录仪的位置及其温度数据记录图(见附录彩图)

　　冰淇淋到达 C 地冷饮配送站时已经是下午 1 点 10 分,此时关闭冷机,厢体温度为-10.5 ℃。

直至1点30分,卸货完毕,外界环境中的温度则为28.5 ℃,完成了第二次配送过程。

3 实验总结

该实验监测了冰淇淋从冷库到第一次配送地、第二次配送地的冷链物流过程。监测人员发现,在实际操作中冰淇淋冷链相关企业有很多优秀的部分,同时也存在很多问题,致使冰淇淋在冷链物流过程中温度持续波动,没有在最佳温度下进行冷链运输。

(1)冷链企业良莠不齐

在冷库建设方面,为避免断链风险,规范的冷库都设有月台,月台温度一般要求在0 ℃左右(温度波动±2 ℃),月台与冷藏车衔接的门根据冷藏车的车型有所不同。但冷链企业中有些冷库没有月台,货物的装卸直接在露天进行,导致了严重的断链;有的冷库虽然设有月台,但没有根据冷藏车车型大小设置对应尺寸的门,无法实现无缝链接,也存在一定的断链风险。

(2)冷链成本居高不下

目前,许多从事冰淇淋冷链的企业物流成本很高,有相当一部分企业处于亏损状态。原因可以归结为以下三点:首先,冰淇淋冷链需要专门的冷库和冷藏车,相关设施设备的投入提高了企业的成本;其次,管理不善引起的浪费又增加了企业的成本;最后,消费者冷链意识淡薄,对冷链良好和冷链较差的产品难以辨别从而选择价格较低的冰淇淋,这也给企业赢利带来难题。

(3)人员操作不规范

冰淇淋冷链过程中,相关培训较少,工人操作不够规范,装卸货时对冰淇淋箱子和托盘的放置不是轻拿轻放,导致终端卸货时出现冰淇淋压坏的现象;此外,这种不规范的操作对装卸搬运工具也是一种极大的破坏,我国物流中托盘的破损率居高不下与不规范操作有着密切关系。这也是整个物流行业普遍存在的一个问题,亟待解决。

(4)冷链下游难以控制

供应链上游工厂冷库和配送中心都有冷链的规范操作,但下游企业由于条件限制,温度难以得到良好控制。例如,经销商或批发商的冷库一般很小,而且只有一扇门进出货,当把产品卸货至冷库时,产品常常会暴露在常温下,无法实现冷链的规范操作。

(5)信息化程度度低

整个冷链过程中,信息化程度较低,往往会导致载有冰淇淋的冷藏车到达指定配送中心(冷库)时,不能及时卸货。为了保证冷藏车内的冰淇淋的质量,冷机必须持续保持开机,造成了资源的严重浪费。

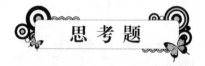

(1)冰淇淋冷链过程中的断链出现在哪里?

(2)针对上述冰淇淋冷链中的问题,在冰淇淋的冷链解决方案中应注意什么?

案例三：猪肉冷链物流

猪肉冷链物流实验

我国一直以来都是肉品产销大国。数据表示，2009 年我国肉类总产量 7642 万吨，比上年增长了 5％。据预测，到 2010 年我国的肉类（含猪、牛、羊和禽肉）需求量将达到 8306 万吨。2009 年全年规模以上肉类屠宰及肉制品加工企业达 3696 家，其中，畜禽屠宰加工为 2076 家，肉制品加工为 1620 家。

人们生活水平的不断提高，使得食品消费正逐渐由追求数量的温饱型向追求健康安全的小康型转变。调查显示，2002 年我国低温肉品覆盖率仅为 6.74％，发展到 2007 年覆盖率达到了 9.47％，2008 年，我国的肉品有 730 万吨是经过冷链运输销售的，其市场容量占肉类制品总产量的 10.03％，并呈现持续上涨的趋势。可以看到，冷鲜肉将成为肉品消费的一个重要发展趋势，肉品对冷链的需求也越来越高。肉品的冷链全过程如图 1 所示。

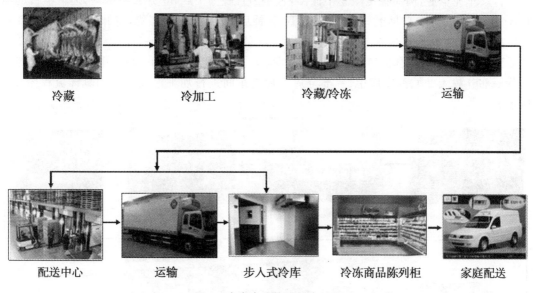

冷藏　　　　　冷加工　　　　　冷藏/冷冻　　　　运输

配送中心　　　运输　　　　步入式冷库　　　冷冻商品陈列柜　　　家庭配送

图 1　肉类产品的冷链全过程

1　实验背景

近日，国家发展改革委公布了《农产品冷链物流发展规划》。《规划》指出，到 2015 年，我国果蔬、肉类、水产品冷链流通率分别提高到 20％、30％、36％以上，冷藏运输率分别提高到 30％、50％、65％左右，流通环节产品腐损率分别降至 15％、8％、10％以下。这项务实的规划无疑是一剂强心剂，必将为中国冷链产业的发展开创一片新的天地。

尽管目前中国政府积极提倡肉品的冷链运营，但由于起步较晚、重视程度不够等原因，

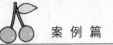

我国肉品冷链产业的发展水平仍严重滞后于西方发达国家。2007 年,美国和德国的冷链肉品的覆盖率高达 95％,这些肉品经由冷链进入到食品超市、综合超市、仓储式商场、专卖商店和普通肉店等终端渠道。同年,欧盟和日本的比例也分别达到了 90％和 70％。相比之下,我国肉品冷链的覆盖率仅为 10％左右。

为了研究中国肉品冷链的运营状况,了解目前这个行业中的优秀经验和存在的问题,以促进冷链行业的快速健康发展,2010 年 7 月 6 日至 7 日,英格索兰冷链研究院 3 位实验人员对肉品冷链运营情况进行了测试。该测试实验的对象是一批由始发站(A),途经目的地 1(B)最终运送到目的地 2(C)的冷鲜肉。其中,始发站(A)到目的地 1(B)的距离是 500km,目的地 1(B)到目的地 2(C)的距离为 12km,运输时间分别为 7.5 小时和 30 分钟。

2 实验流程

该批肉品自宰杀后立即进行预冷处理,使得肉品的温度由 30 ℃降至 7 ℃,预冷是冷链中很重要的一环,旨在保证肉品的新鲜度。预冷处理后将其放入-2 ℃的冷库中进行冷藏。在冷藏 12 小时后,次日的凌晨 3：30 时开始装货,将其装入温度为 7 ℃的冷藏车,用时 2 小时。值得注意的是,在装货过程中室外月台温度始终都高于 10 ℃。

待装车完毕后,肉品在冷藏车中保温,直至当日晚上 7 点 30 分开始出发,运输至目的地 1(B),到达时间为次日早上 3 点 30 分。10 分钟后,在室外开始卸货,将卸下的货放入-2 ℃的冷库中,用时 1 小时 40 分钟。在早上 5 点 30 分时出发送至下一目的地 2(C),经过 30 分钟后到达目的地 C。此时,室外的环境温度为 28 ℃,并在此环境下卸货,用时 1 小时。卸下的货一部分放入-2 ℃的冷库中,一部分放入加工车间进行加工。该监测的具体流程图如 2 所示。

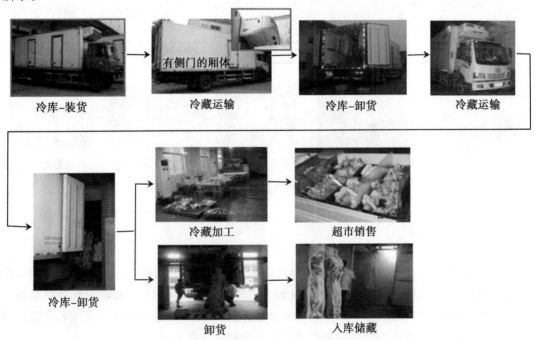

图 2 我国肉品冷链的流程情况

众所周知,肉制品的安全性与微生物有着密切联系,只要有微生物生长,就会对肉食品的安全构成威胁。然而,温度越高,肉品的腐败菌和病原菌生长速度会加快。因此,控制温度是控制微生物生长的关键点。在本次实验中,肉品冷链过程的温度变化如图 3 所示。

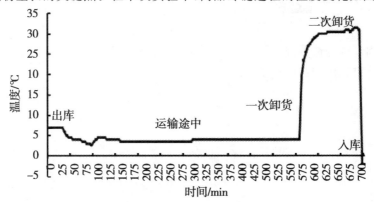

图 3 冷链测试过程中的温度变化

3 实验总结

在本实验的监测过程中,测试人员发现有很多公司已引进国外先进技术,率先为自己公司进行了装备升级,如装有冷王制冷机组和国际通用侧门的冷藏厢体等。此外,许多大型企业也越来越注意冷链的规范操作,如规范的装载方式等。

虽然我国的一些肉品企业正在积极做好冷链的管理,但是,该测试实验也揭示了我国肉品冷链中的一些问题。

(1)监管力度有待提高

虽然我国相继出台各种标准规范肉品冷链的操作,但由于这些标准大多是推荐性的标准,并没有很强的执行力,国家应对部分重要标准设为强制标准,甚至以立法形式予以保障。

(2)冷链设备有待更新

尽管部分公司更新了冷链基础设备,但我国冷链物流中仍然广泛存在着硬件设施落后,现代化冷藏设备投入不足的情况,这将无法适应当今社会对易腐品的保存标准,造成了运输过程中的高损耗,也导致了我国食品安全的巨大隐患。

(3)冷链操作有待规范

我国肉品冷链操作存在很多问题,如装卸货暴露于露天环境下;加工车间没有进行温度控制,将肉品置于室温下处理;分销过程中的运输设备简陋,没有任何制冷或保温设备。由于以上出现的各种断链问题,造成冷鲜肉的温度大幅波动,肉品的质量从而无法保证。

(4)冷链成本有待降低

按照国际标准,易腐品的物流成本不超过其总成本的50%,而在我国易腐品的价格里,就有高达七成是用来补偿物流过程中损失的货物价值,这些物流过程中的损失造成了极大的浪费,同时也严重制约了我国冷链产业的发展。

(5)冷链人才有待培养

肉品冷链需要的是食品及物流专业复合人才,但少有高校开设此类专业,导致了目前我国冷链行业专业技术人员的缺乏,严重遏制了肉品冷链行业的健康发展。

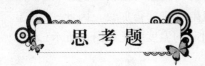

（1）上述肉品的冷链流程，你认为存在哪些问题？

（2）如何改进我国肉品的冷链问题？

案例四：花卉冷链物流

荷兰鲜切花的冷链物流

1 鲜切花冷链知识

鲜切花属极娇嫩、易腐烂产品,在采后流通需要经过采收、整理、分级、包装和运输等环节,采收期不当、采后操作粗放、运输过程中过度失水、温度过高以及有害气体积累等都会造成鲜切花的质量损耗,表现为花朵不能正常开放、花瓣过早萎蔫、叶片干枯脱落、腐烂等,影响鲜切花的销售状况。因此,一定要做好鲜切花的采后流通工作。一般,花卉的冷链全程图如图1所示。

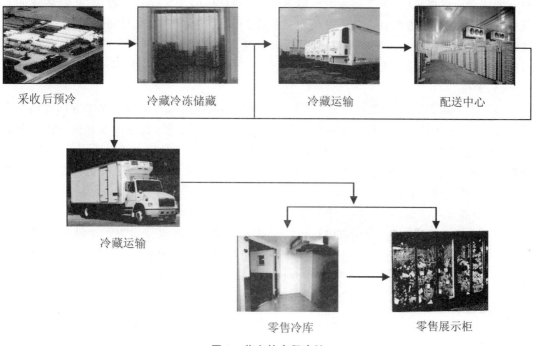

采收后预冷　　　冷藏冷冻储藏　　　冷藏运输　　　配送中心

冷藏运输

零售冷库　　　零售展示柜

图 1　花卉的全程冷链

（1）采收

切花应在适宜的时期进行采收,采收过早或过晚都会影响切花的观赏寿命。在能保证开花的前提下,应尽早采收。

（2）分级

依据花柄的长度、花朵质量和大小、开放程度、小花数目、叶片状态等进行分级,一般来说,对切花而言,花茎越粗、越长,则商品的品质越好。不同级别的切花需要分别作不同的

处理。

（3）预处理

预处理的目的是为了保证温室采收后切花的品质。预处理主要包括以下几个步骤：

1）采后调理。采收后的花应尽快放入调理水中以防花萎蔫。调理用容器及水清洁，有条件的地方，可用含有杀菌剂的水来调理花，水的 pH 值在 3.5～4 之间，减缓切花采收后的病害。

2）预处理。包装贮运前，用含糖为主的化学溶液（常用蔗糖和硫代硫酸银）短期浸泡处理花茎基部，一是改善开花品质，延长花期；二是可使蕾期采后的花枝正常开放；三是保证运输或贮存后的开放品质。

3）预冷。对高度易腐的鲜切花进行预冷，除去田间热和呼吸热，可大大减少运输中的腐烂、萎蔫，使其保存时期更长。预冷的温度为 0～1 ℃，相对湿度 95%～98%。预冷的时间随花的种类、箱的大小和采用预冷方法而不同。在生产上还可以采用水冷和气冷。预冷后，花枝应保持在冷凉处。

（4）包装

对分级后的切花，按销售地要求及标准进行切枝、捆扎、装入保鲜袋。用于内包装的材料常使用功能性保鲜膜，主要有吸附或除去乙烯的薄膜、形成气调环境的薄膜等，旨在达到气调保鲜的目的，通过调节花贮运过程中呼吸作用自发气调，吸收氧气同时释放二氧化碳，使切花处于低氧气高二氧化碳环境，降低呼吸消耗，保持花最佳的新鲜状态。所选包装应尽可能的适应产品、运输方法及市场。同时，还要注意包装箱的形状及摆放方式。

（5）贮运

通常的贮运方法有干藏及湿藏。湿藏是指将花的茎部浸入充满水或保护液的容器中进行运输，适于短途贮存及运输。干藏法主要用于长期贮存或运输，在预冷及预处理液的基础上，综合应用乙烯膜保湿限气包装、有害气体吸收剂、蓄冷剂与聚苯乙烯保冷隔板等技术，在常温下实现远距离保鲜运输，是目前国内外较先进而是用的鲜切花远距离运输综合保鲜技术，大大降低运输损耗。

（6）低温贮存

花从生产基地运输到消费基地后，也应对其进行保鲜处理以待出售。在相对湿度 85%～100% 下，冷藏温度保持在 2～4 ℃（注：不同鲜切花的冷藏温度不同：热带鲜切花的冷藏温度要相对较高，为 10～15 ℃），可采用冷藏保鲜、调气贮存保鲜、减压贮存保鲜、辐射保鲜、化学保鲜等。此外，鲜花保存时应远离蔬菜和水果，因为它们会释放出大量乙烯，导致鲜花衰败。

2　荷兰花卉市场简介

花卉作为荷兰的主要出口产品，成为荷兰重要的收入来源之一。荷兰每年生产花卉 240 万吨，销往世界上 100 多个国家和地区，每年为荷兰人赚取 70 多亿美元。荷兰首都阿姆斯特丹南部的阿斯米尔镇更是世界上最大的花卉市场。世界上有 80% 的花卉产品来自于阿斯米尔鲜花拍卖市场的交易，每天平均拍卖 1400 万鲜花与 150 万株盆栽植物。每年鲜切花、花卉球茎、观赏树木和植物出口总值达 60 亿美元，其中鲜切花占世界鲜切花贸易额的 63%。

花卉不但是荷兰农业的支柱产业,而且饮誉全国。

(1)先进的生产管理及品种多样化

荷兰花卉的种植面积中 70% 是温室玻璃栽培,温室的温度、湿度、光照、二氧化碳等生态条件实行全自动控制。大量采用石棉为主的基质栽培,水肥采用滴灌和微喷灌结合的方式。病虫害控制采用生物防治技术,减少农药使用量,做到经济效益和环境效益的统一。

荷兰一直很重视花卉品种的改良及品种的多样化,目前荷兰花卉中鲜切花占 3/4,以玫瑰、郁金香、火鹤花等为主,其中玫瑰的品种有 200 多个,郁金香有 200 多个,火鹤花 150 多个;观赏植物及花木占 1/4,以兰花类、仙人掌类、仙客来等为主,共 100 多个种类。大学、研究机构以及花卉公司积极合作进行花卉品种的改良,促进了荷兰花卉业的发展。

(2)生产的专业化、机械化、标准化

荷兰大多数的种植公司专门生产一种花卉,或者是一种花卉中的一个品种,如荷兰的火鹤花种植园、非洲菊种植园、仙客来种植园等,专业化程度非常高。此外,花卉种植公司与生产资料供应公司合作共同研制了一套花卉的生产管理、收获、分级、包装、保鲜等实用机械,实现花卉生产的机械化,机械化的同时也实现了产品生产的标准化,从而极大地降低了生产成本,提高了劳动效率和市场竞争力。

(3)严格的质量控制体系

为确保花卉质量,专门成立了荷兰观赏植物总检验部(简称 NAKS),负责检验产品的健康状况、品种的真实度、品种的纯度和外表质量等,检验项目包括病虫害、品种纯度、原种同一性、生根及种籽发芽力等。出口产品则接受"PD"植物保护部门的检验,符合出口标准的发给健康证书。此外,荷兰也强调对花卉生产链的质量控制,如对花卉种植企业、批发商推行 ISO9002 质量认证系统等。

(4)拍卖机制

荷兰的花卉产业行销国际的一个重要因素是花农的合作,在阿斯米尔参与拍卖的花农,每年要缴拍卖金额的 2.9% 的手续费给拍卖花市,生产的鲜花也必须全部通过拍卖市场拍卖。在严格、中立的品质控管下,大盘商要买最好的花,必须通过拍卖并在公开的竞争下提出最好的价格。在完善的产销制度下,花农专注生产高品质的鲜花,花商则专注提供高效率的冷藏供应链,在包装和运输上不断地突破,让全世界各地的客户在最短的时间内,欣赏到荷兰最新鲜的鲜花。

此外,在荷兰购买鲜花时,他们都会附赠适合各种鲜花保鲜的营养剂。通过营养剂延缓鲜花的衰老,抑制细菌和霉菌的繁殖,给花卉提供充分的水分和营养,不仅维持花的艳丽和新鲜度,还能延长其观赏寿命,使花卉保鲜期延长(花卉品种不同,延长期限不同,一般能延长保鲜期的 2~8 倍),防止花叶变枯。

3　荷兰花卉的冷链体系

荷兰花卉市场的成功,最重要的一点是荷兰建立了保证花卉新鲜的冷链体系。荷兰花卉的温室不断地改进,使温室的封闭性越来越好,更有效地节能。花卉商品在上市前对产品进行分级,每一等级的放在一起,供不同的消费者选择。为使花卉保持新鲜,荷兰研发出了适合鲜花长时间保鲜的营养液。此外,荷兰拥有世界上一流的花卉包装技术和措施,大多数

切花为盆、桶或塑料薄膜包装。桶包装由于盛有少量的水而延长了花卉的寿命,已正式成为鲜花包装业的趋势。

目前在拍卖市场所拍卖的产品已不仅限于荷兰的花卉,也拍卖来自以色列、哥伦比亚等国家的花卉产品。所拍卖的产品在出售后,将直接运抵买主指定的地点。荷兰能够在花卉产品拍卖后的 24 小时内运到世界 80 多个国家,离不开荷兰的高效的冷链运输体系。对国内鲜花运输,荷兰全部由带冷藏集装箱的公路运输来完成。其中,每天进出阿斯米尔拍卖市场的鲜花冷藏集装箱卡车就有 2000 辆。对出口鲜花运输,由于荷兰花卉出口的主要对象是以半径为 2500 公里的近邻国家,因此花卉出口量的 97% 左右是通过带冷藏集装箱的公路运输或铁路运输来完成,更远距离的运输则通过空运完成。

目前,荷兰正在规划建设一种新的高速列车运输体系,此运输体系与荷兰斯第夫机场实现自动化连接,每一分半钟的时间内,不同层次的自动化装卸平台将完成装卸货任务。高速列车的平均时速为 200 公里,远远大于目前集装箱卡车运输的运输效率。此系统也适用于其它对时间要求较高的鲜活产品,预计 2015 年正式投入使用。

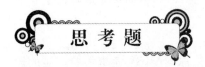

（1）您认为在鲜切花的冷链管理中,哪个环节是最为关键的？ 为什么？

（2）荷兰花卉冷链的成功可以复制吗？ 为什么？

案例五：牛奶冷链物流

领鲜物流公司牛奶冷链物流案例

1 上海领鲜物流公司简介

上海领鲜物流有限公司成立于 2003 年,是一家具有雄厚实力的新型第三方物流企业,其管理母体为光明乳业股份有限公司下属的物流事业部。传承光明乳业多年来面向现代零售的冷藏乳品物流运作经验和客户服务经验,领鲜物流市场覆盖面不断扩大,综合服务能力不断增强。截止目前,领鲜物流已在上海为中心的华东地区建立起强大的现代化冷链物流体系。依托良好的物流基础设施、优秀的运营管理人员、高效的运作效率和丰富的食品物流经验,领鲜物流携手上下游合作伙伴,致力为社会提供高品质、多温度带的食品物流服务,打造一条安全、迅捷、智能化的多温度带供应链。

图 1　上海领鲜物流有限公司

领鲜物流公司目前运作的主要产品见表 1：

表 1　领鲜物流公司目前运作的主要产品

产品类型	贮存温度	运输温度	外包装方式	能否拼箱
零售包装熟肉制品	0～7 ℃	0～10 ℃	纸箱、泡沫箱	可拼箱
冷饮、冰激凌	-22 ℃	-15 ℃	纸箱	不可拼箱
黄油	0～4 ℃	0～10 ℃	纸箱	不可拼箱
豆制品	0～7 ℃	0～10 ℃	周转筐	可拼箱
新鲜糕点	0～10 ℃	0～10 ℃	周转筐	可拼箱
各类速冻食品	-20 ℃	-12 ℃	纸箱	可拼箱

上述产品中,新鲜糕点需要防压,所以采用可堆叠的周转筐存放,并且在配货过程中要求轻拿轻放,部分涂抹酱料的糕点要求正面向上单层堆放。

上述易腐食品，领鲜物流涉及收货、存储、配货、装货、运输等各个环节，要求确保全程冷链，否则任一环节出现问题都将影响到终端环节。为此领鲜物流主要从仓库设备设施、运输设备设施、以及相关管理措施上进行全方位的控制。

2 领鲜物流的冷链控制模式

冷链物流有其特殊的专业性，要求根据产品储存、运输要求，控制好时间以及温度二个关键点，因为这二个重要因素处理不当引起的品质降低具有累积性和不可逆性，为此领鲜物流重点关注易腐产品在存储、运输环节能处于一个稳定的状态。

(1)仓储环节的冷链控制

仓储环节往往是整个易腐品冷链中的"源头"，是极其重要的一个环节，如果源头没有抓好，后续的努力可能将会白费。仓储环节的主体是冷库，根据产品存放时间特性，冷库可以分为储存型、通过型、储存＋通过型。领鲜物流属于储存＋通过型，部分产品当天入库当天配货当天出库，部分产品在库内有库存需要存放一段时间。鉴于此，在冷库设计时，领鲜就几个方面针对冷链保障进行了充分考虑：

1)库内布局

优化仓库布局，合理设置储存库、配货库面积以及货架，因地制宜设定库内产品动向，具体为：科学合理地进行库内空间分隔，根据冷库运作利用率设定最佳库内高度以及库单元；根据冷藏/冷冻库内储存量和配货量的比例关系，科学合理地设置货架布局；根据产品以及库内运作特性，设定合理的储存库和配货库面积；因地制宜，设定出入库、储存、暂存、配货等各环节的产品动向，加快库内运作速度，减少不必要的温度损耗。

由于领鲜物流属于存储＋通过型冷库，所以我们将冷库主体分割为1个储存库和2个配货库，储存库位于2个配货库中间，可同时向2个配货库输出产品。2个配货库各自利用保温板进行了隔断，并且在隔断上安装了大幅的可移动冷库门，可以根据配货所需面积和出货情况打开或关闭，保障了库内温度的稳定同时满足了使用的需要。

2)门洞的设置

由于领鲜物流业务的特点，每天有多个批次需要出货，每批出货车辆数又非常多，所以根据仓库实际情况设定了 18 * 2 共计 36 个门洞，可以满足单批次 36 台车同时装货，大大节约了装货等待时间，提高了出货效率。

3)滑升门和门封的重要性

领鲜有 36 个门洞，即安装了 36 扇滑升门，由于滑升门处于库内和库外两个环境之间，如果保温隔热效果不好，特别在夏季

图 2 库内布局

内外温差达到 30 多℃时，会导致冷量逃逸。同时，由于滑升门每天上下升降频繁，所以机械设计要求很高，考虑到上述因素，我们选择了手动"阔幅"品牌产品，确保了滑升门的保温质量，同时确保了频繁使用中的强度和刚度质量。

作为门洞配套的门封装置也很重要，要百分百地确保装货时没有缝隙成本将会非常高，

而领鲜物流采用了自行设计的一套门封装置,使用下来效果良好,并且经久耐用。整个装置包括:半圆型保温门封、顶部枕型门封、D型防撞垫、门洞隔温帘四部分。

其中,相关部件的尺寸上也有一定讲究,如保温门封相对防撞垫厚度要适当厚一点,以确保车辆门框与门洞对接时,有一定的压缩量,以此基本保证车辆门框面和门封面之间是密封的,防止了货品交接时候的冷量逃逸。

图3 滑升门及门封

4)冷库运作管理上的注意点

冷库运作及管理科学、合理也是确保易腐品冷链质量的重要因素。在管理上我们主要从以下几个方面加以强化:

① 通过WMS系统根据库内货架布局,合理的安排储藏库内的产品储存位,结合RF技术引导完成上架、下架等操作,实时维护系统库存数据,保持和实物库存的一致性。通过电子标签捡选系统(DPS/DAS),有效提高分拣速度,降低捡货差错率。通过上述仓储相关信息系统控制产品上架、下架、捡货等操作,减少无谓库内操作——减少库内产品损耗,加快捡货速度,确保产品能在最短时间内完成配货,等待装车。

② 通过制度确保装车环节是有序、可控的,绝对避免野蛮装车。

③ 确保制冷设备的稳定、可靠运转:确保库房清洁,避免冷库蒸发器翅片积灰过多,进而避免集霜过快,不至于降低制冷效果;每天观察并记录库房温度,发现温度有问题及时检查制冷机组是否异常;安排专业人员定期巡检,发现问题及时维修。

(2)运输环节的冷链控制

产品出库后即进入运输环节,运输贯穿整个冷链物流,冷藏、冷冻甚至双温运输,均以保持运输环节中的温度稳定为主要目的。

1)冷藏运输车辆的选型

作为运输环节的主体,冷藏车的选型很重要,无论是底盘还是制冷机都不应该出现"小马拉大车"的情况。

厢体要求:保温隔热效果佳,自重轻。厢体内底部采用T型钢轨底板,便于空气回流、集污、清洁;厢体开设边门,便于卸货操作,特别对于部分冻品配送,利用边门能尽可能的减少冷气外逃。

机组要求:根据运输特性(输送/配送),载货特性(单温/双温)等要求选择质量佳、性能可靠、符合车厢尺寸制冷量要求的机组。领鲜物流目前选择的主要是冷王、开利的独立机组,以满足市内配送运作要求。对于双温运作要求的,我们已经开始采用双温机组,前后仓各配备一台蒸发器,并在车厢内加装可移动的硬隔舱,实现前后仓室温度的精确控制。

2)输送环节的全程温度监控

领鲜物流目前已经全面安装车载GPS设备,每台GPS设备配备1~2个温控探头,通过GPRS实时上传位置和温度信息,进而可以监控到每台运作车辆的温度变化情况。对于温度异常,可以立即和司配人员取得联系,根据情况作出反应。

3)运输设备的管理和保养

有好的硬件设施,还需要做好日常维护和保养,才能确保设备的性能稳定:制定底盘、制冷机的年度维修保养计划并遵照计划执行,提高车辆在运输途中的维持所需的产品温度的能力;定期检查箱体、门封,必要时进行修理和更换,降低冷藏/冷冻负荷。

图 4 维护装有冷王机组的冷藏车队

4)科学的装车和卸货方式

易腐品在装车前就应该降温到其贮藏温度,应该科学地认识到冷藏车是用来保持产品温度而不是用来降温的;装车前,冷藏车必须预冷到合适温度,同时也是对其制冷能力的检验;产品在车内不应堵住出风口、在尾部/顶部都应与内壁留有一定距离,以利于车内空气的流动;根据送货顺序合理安排装货顺序。

卸货过程应该迅速,卸货结束或暂时中断应该立即关闭车门。

5)线路编排和网点设置必须合理

对于市内配送线路,由于网点多、开关门频繁,因此线路在编排上必须合理,由于是配送冷冻易腐品的情况下,如果网点过多,会在不停的开关门过程中造成车厢内温度的阶段性上升,导致最后部分超出量网点的冷冻易腐品化冻。领鲜物流目前一方面通过运作积累运作数据;一方面通过强大的 TMS 系统根据网点密集度、收货时间窗口、配送公里数以及相关约束性数据优化运作线路,确保编排出来的线路是合理、可操作的。

上述主要从设备设施、日常运作及监控方面对领鲜物流如何确保易腐品的冷链不断进行了介绍,这些方面表面上看是简单的,但在实际操作和管理上要真正的做好、做实的确也存在一定的难度,需要在管理上从制度、考核等各方面进行支持。相信对于易腐品的冷链控制,将会随着我国冷链标准的完善,法规的健全、企业的自律得到不断加强和规范,易腐品的安全和质量也将在生产加工后进入到千家万户的过程中得以确保和延续。

(1)领鲜物流的冷链运作模式哪些方面是值得学习的?

(2)您认为应怎样做才能推动中国冷链的发展?

参考文献

［1］高海生，李凤英. 果蔬保鲜实用技术问答［M］. 北京：化学工业出版社.

［2］张欣. 果蔬制品安全生产与品质控制［M］. 北京：化学工业出版社.

［3］艾启俊，韩涛. 果蔬贮藏保鲜技术［M］. 金盾出版社. 2001.

［4］高德. 实用食品包装技术［M］. 北京：化学工业出版社. 2003.

［5］章建浩. 食品包装学［M］. 北京：中国农业出版社. 2003.

［6］任发政，郑宝东，张钦发. 食品包装学［M］. 北京：中国农业大学出版社. 2009.

［7］王颉，张子德. 果品蔬菜贮藏加工原理与技术［M］. 北京：化学工业出版社. 2009.

［8］张平真. 蔬菜贮运保鲜及加工［M］. 北京：中国农业出版社. 2004.

［9］农业大词典编辑委员会. 农业大词典［M］. 北京：中国农业出版社. 1998.9.

［10］中国农业百科全书总编辑委员会农业化学卷编辑委员会，中国农业百科全书编辑部. 中国农业百科全书（农业化学卷）［M］. 北京：农业出版社. 1996.6.

［11］中国农业百科全书总编辑委员会农业化学卷编辑委员会，中国农业百科全书编辑部. 中国农业百科全书（果树卷）［M］. 北京：农业出版社. 1993.11.

［12］中国农业百科全书总编辑委员会农业化学卷编辑委员会，中国农业百科全书编辑部. 中国农业百科全书（蔬菜卷）［M］. 北京：农业出版社. 1990.11.

［13］中国农业百科全书总编辑委员会农业化学卷编辑委员会，中国农业百科全书编辑部. 中国农业百科全书（生物学卷）［M］. 北京：农业出版社. 1991.5.

［14］［英］艾伦·艾萨克斯；郭建中，江昭明，毛华奋等. 麦克米伦百科全书［M］. 浙江：浙江人民出版社. 2002.10.

［15］肖锡湘，上官新晨. 国内外果蔬保鲜技术发展状况及趋势分析［J］. 长江蔬菜. 2007(5).

［16］王相友，李霞等. 气调包装下果蔬呼吸速率研究进展［J］. 农业机械学报. 2008，39(8)：94～100.

［17］祁景瑞，胡文忠等. 果蔬切割加工与保鲜技术研究进展［J］. 2005(4).

［18］王晨，刘九庆. 笃斯越桔机械化采收发展趋势［J］. 林业机械与木工设备. 2007，1(35)：10～11.

［19］佚名. 百万资金补贴 烟台近四成玉米实现机械化采收［OL］.

［20］宋振宁. 冷链与中国经济［J］. 食品资源. 2009，9.

［21］单之玮等. HACCP应用现状及前景［J］. 中国农业科技导报. 2003，5(1)：53～56.

［22］关文强等. 新鲜果蔬流通过程中致病微生物种类及其控制［J］. 保鲜与加工. 2008，1：1～4.

［23］焦振泉等. 食源性致病菌检测方法研究进展Ⅰ. 传统检测方法［J］. 中国食品卫生杂志. 2007，19(1)：58～62.

［24］焦振泉等. 食源性致病菌检测方法研究进展Ⅱ. 分子生物学检测方法［J］. 中国食品卫

生杂志. 2007,19(2)：153～157.

[25] 王运浩等. 食品农药残留与分析控制技术展望[J]. Modern Scienti fic Instruments. 2003，1：8～12.

[26] 林镝,曲英. 中美食品安全管理体制比较研究[J]. 武汉理工大学学报. 2004，26(3).

[27] 张晋科,张凤荣等. 中国耕地的粮食生产能力与粮食产量的对比研究[J]. 中国农业科学,2006，39(11).

[28] 吕峰,林勇毅. 我国食品冷链的现状与发展趋势[J]. 福建农业大学学报,2000,29(1)：115～117.

[29] 张俭. 冷链：正在崛起的市场[J]. 中国物流与采购. 2010(10)：43～45.

[30] 余锋等. 中国肉类冷链现状报告(夏季版)[R]. 2010.

[31] 任明华等. 国内冷链建设有望进入"高铁时代"[N]. 中国食品报. 2010.

[32] 中华人民共和国标准法. 1988 年 12 月 29 日颁布.

[33] GB/T 12123-2008.包装设计通用要求[S].

[34] GB/T 6543-2008.运输包装用单瓦楞纸箱和双瓦楞纸箱[S].

[35] GB/T 6544-2008.瓦楞纸板[S].

[36] GB/T 24616-2009.冷藏食品物流包装、标志、运输和贮存[S].

[37] GB/T 24617-2009.冷冻食品物流包装、标志、运输和贮存[S].

[38] GB/T 20769-2008.水果和蔬菜中 450 种农药及相关化学品残留量的测定 液相色谱-串联质谱法[S].

[39] DB31/T388-2007.食品冷链物流技术与管理规范[S].

[40] GB/T 18354-2006.物流术语[S].

[41] GB/T 18517.制冷术语[S].

[42] GB 50072-2001.冷库设计规范[S].

[43] GB/T 12947-2008.鲜柑橘[S].

[44] SB/T 10013-2008.冷冻饮品-冰淇淋[S].

[45] 中国质量新闻网：http://www.cqn.com.cn/news/zgzlb/diliu/334756.html

[46] 中国物流与采购联合会：http://www.chinawuliu.com.cn/

[47] 中国产业经济信息网：http://www.cinic.org.cn/

[48] 中国消费安全网：http://xyscyxs.mofcom.gov.cn/news.do? cmd＝show&id＝3535

[49] 中国冷链俱乐部：http://www.coldchainalliance.com/zh/

[50] 海西物流网：http://www.21logistics.com/

[51] 中国冷链产业网：http://www.lenglian.org.cn/

[52] 中国包装业网：http://pack.qx100.com/

[53] 中国标准服务网：http://www.cssn.net.cn/index.jsp

[54] 中国农业质量标准网：http://www.caqs.gov.cn/

[55] 腾讯网：http://news.qq.com/a/20081007/000972.htm

[56] 搜狐新闻：http://news.sohu.com/20070114/n247602456.shtml

[57] 百度图片：http://image.baidu.com/i? ct＝503316480&z＝&tn＝baiduimagedetail& word＝%B1%E3%C0%FB%B5%EA&in＝24752&cl＝2&lm＝-1&pn＝8&rn＝

1&di＝42995234775&ln＝2000&fr＝&fmq＝&ic＝&s＝&se＝&sme＝0&tab＝&width＝&height＝&face＝

［58］加州大学戴维斯分校采收后处理技术研究与信息中心.

［59］Marija Bogataj，Ludvik Bogataj，Robert Vodopivec. Stability of perishable goods in cold logistic chains［J］. Int. J. Production Economics，2005，2(1)：345 - 356.

［60］"About Ammonia Refrigeration." International Institute of Ammonia Refrigeration. 2005. (Jan. 2006) http://www. aboutammoniarefrigeration. com/ .

［61］AFAM＋ Setting Guide. USA：Ingersoll-Rand Company，2002.

［62］Agreement on the International Carriage of Perishable Foodstuffs and on the Special Equipment to Be Used for Such Carriage (ATP). http://www. unece. org/trans/main/wp11/atp. html

［63］Agricultural Marketing Service (AMS). ＜http://www. ams. usda. gov＞.

［64］Agricultural Marketing Service Staff. Grading. U. S. Department of Agriculture. (2005). Sep. 2005 ＜http://www. ams. usda. gov/dairy/grade. htm ＞.

［65］Air Transport of Perishable Products. Oakland，CA：University of California Agriculture and Natural Resources Publication 21618. 2004.

［66］Alien Technology. Semi-Passive Class III Tag. http://www. alientechnology. com/products/bap_tags. php

［67］American Society for Testing and Materials (ASTM). 1996. Annual book of ASTM standards. Philadelphia：ASTM.

［68］American Society of Heating，Refrigerating and Air-Conditioning Engineers Website. 2006. http://www. ashrae. org

［69］Ammonia as a Refrigerant (IIR)，2nd edition. Arlington，V.A：International Institute of Ammonia Refrigeration. 1999.

［70］Ammonia Refrigeration Library. Arlington，VA：International Institute of Ammonia Refrigeration. 2005.

［71］Ammonia Refrigeration Piping Handbook. Arlington，VA：International Institute of Ammonia Refrigeration. 2005.

［72］Anon. 1976. Fibre box handbook. Chicago：Fibre Box Assn.

［73］Artes，Francisco. "Refrigeration for Preserving the Quality and Enhancing the Safety of Plant Foods." Bulletin of the IIR. Issue No 2004-1. http://www. iifiir. org/2enarticles_bull04_1. pdf

［74］Artes，Francisco. "Refrigeration for Preserving the Quality and Enhancing the Safety of Plant Foods." Bulletin of the IIR. Issue No 2004-1. http://www. iifiir. org/2enarticles_bull04_1. pdf

［75］ASHRAE Handbook - Fundamentals. Atlanta，GA：American Society of Heating， Refrigerating and Air-Conditioning Engineers. 2005.

［76］ASHRAE Handbook - Refrigeration. Atlanta，GA：American Society of Heating， Refrigerating and Air-Conditioning Engineers. 2002.

[77] Barbosa-Canovas, G. V. , Altunakar, B. , Mejia-Lorio, D. J. Freezing of Fruits and Vegetables: An Agri-Business Alternative for Rural and Semi-Rural Areas. Rome. Food and Agriculture Organization of the United Nations. (2005).

[78] Barbosa-Canovas, Gustavo, Juan J. Fernandez-Molina, Stella M. Alzamora, Maria S. Tapia, Aurelio Lopez-Malo, and Jorge Welti Chanes. Handling and Preservation of Fruits and Vegetables by Combined Methods for Rural Areas. Rome: Food and Agriculture Organization of the United Nations (FAO), FAO Agricultural Services Bulletin 149. (2003). Sep. 2005.
http://www. fao. org/documents/show_cdr. asp? url_file =/docrep/005/y4358e/y4358e00. htm

[79] Barrett, D. M. , E. Garcia and J. E. Wayne. 1998. Textural modification of processing tomatoes. CRC Critical Reviews in Food Science and Nutrition. 15(3), 205 - 280.

[80] Ben Yehoshua, S. 1985. Individual seal-packaging of fruit and vegetables in plastic film, a new postharvest technique. HortScience 20:32-38.

[81] Boustead, P. J. , and J. H. New. 1986. Packaging of fruit and vegetables: A study of models for the manu? facture of corrugated fiberboard boxes in devel? oping countries. London: Tropical Development and Research Institute Publ. G 199. 44 pp.

[82] Boyette, M. D. , and E. A. Estes. Crushed and Liquid Ice Cooling. Raleigh, NC: North Carolina Cooperative Extension Service, North Carolina State University. 1992. Oct. 2005. <http://www. bae. ncsu. edu/programs/extension/publicat/postharv/ag-414-5/index. html>.

[83] Boyette, M. D. , E. A. Estes, and A. R. Rubin. Forced-Air Cooling. Raleigh, NC: North Carolina Cooperative Extension Service, North Carolina State University. 1989. Oct. 2005. <http://www. bae. ncsu. edu/programs/extension/publicat/postharv/ag-414-3/>.

[84] Boyette, M. D. , E. A. Estes, and L. G. Wilson. Introduction to Proper Postharvest Cooling and Handling Methods. Raleigh, NC: North Carolina Cooperative Extension Service, North Carolina State University. 1989. Oct. 2005. http://www. bae. ncsu. edu/programs/extension/publicat/postharv/ag-414-1/index. html

[85] Boyette, M. D. , L. G. Wilson, and E. A. Estes. "Design of Room Cooling Facilities: Structural and Energy Requirements." Raleigh, NC: The North Carolina Cooperative Extension Service. 1991. http://www. bae. ncsu. edu/programs/extension/publicat/postharv/ag-414-2/index. html

[86] Burden, John and R. B. H. Willis. Prevention of Post-harvest Food Losses: Fruits, Vegetables and Root Crops. Rome: Food and Agriculture Organization of the United Nations (FAO), FAO Training Series: No. 17/2, ISBN 92-5-102766-8. (1989). Sep. 2005 http://www. fao. org/documents/show_cdr. asp? url_file =/docrep/T0073E/T0073E00. htm

[87] Camelo, Andres and F. Lopez. Manual for the Preparation and Sale of Fruits and

Vegetables: From Field to Market. Rome: Food and Agriculture Organization of the United Nations. (2004). Mar 2006. http://www. fao. org/documents/show_cdr. asp? url_file=/docrep/008/y4893e/y4893e00. HTM

[88] Canada Agricultural Products Act and Associated Regulations (CAP Act). http:// laws. justice. gc. ca/en/C-0. 4/index. html

[89] Canadian Automated Import Reference System (AIRS). http://airs-sari. inspection. gc. ca/airs-sari. asp

[90] Canadian Consumer Packaging and Labeling Act. http://laws. justice. gc. ca/en/C-38/index. html

[91] Canadian Fish Inspection Act. http://laws. justice. gc. ca/en/F-12/index. html

[92] Canadian Food and Drugs Act. http://laws. justice. gc. ca/en/F-27/index. html

[93] Canadian Food Inspection Agency (CFIA). http://www. inspection. gc. ca

[94] Canadian Meat Inspection Act. http://laws. justice. gc. ca/en/M-3. 2/index. html

[95] Cantwell, Marita and Adel Kader. Produce Quality Rating Scales and Color Charts. Postharvest Horticulture Series No. 23. Davis, CA: Postharvest Technology Research & Information Center, University of California. (2005). Available for purchase http://postharvest. ucdavis. edu

[96] CBP Import Spotlight. http://www. customs. gov/xp/cgov/import/

[97] Center for Biologics Evaluation and Research (CBER) Guidelines page. (Information on the FDA's drug and biologics regulations.). http://www. fda. gov/cber/guidelines. htm

[98] Center for Drug Evaluation and Research (CDER) Regulatory Information page. (Information on the FDA's drug and biologics regulations.).

[99] Center for Food Safety and Applied Nutrition (CFSAN). http://www. cfsan. fda. gov

[100] Chile at a Glance. The World Bank. 12 Aug. 2006. http://devdata. worldbank. org/AAG/chl_aag. pdf

[101] Chuangdid, Pirawas, Pyeonchad Ihm, and Moncef Krarti. "Analysis of Heat and Moisture Transfer Beneath Freezer Foundations—Part I. " Journal of Solar Energy Engineering. 126. 2 (2004): pp. 716-725.

[102] Cleland, Donald J. , Ping Chen, Simon J. Lovatt, and Mark R. Bassett. "A Modified Model to Predict Air Infiltration into Refrigerated Facilities through Doorways. " ASHRAE Transactions. 110. 1 (2204): pp. 58-66.

[103] Clover Dairy. How Dairy is Made. (2003). Sep. 2005. http://www. clover. co. za/ live/content. php? Category_ID=143

[104] Codex Alimentarius (WHO Food Standards). http://www. who. int/foodsafety/codex/en

[105] Country of Origin Labeling (COOL). http://www. ams. usda. gov/cool

[106] Coyle, William and Nicole Ballenger, eds. "Technological Changes in the Transportation Sector—Effects on U. S. Food and Agricultural Trade: A Proceedings. "

Washington DC: U. S. Department of Agriculture, Economic Research Service, Market and Trade Economics Division. Miscellaneous Publication No. 1566. 2000. http://www. ers. usda. gov/publications/mp1566/mp1566fm. PDF

[107] de Larminat, Paul. "Expanding the Use of Ammonia." ASHRAE Journal (March 2000): 35-39.

[108] Deltatrak Temperature Logger. http://www. deltatrak. com/electronic_intransit. shtml

[109] Department of Health and Human Services (DHHS). http://www. hhs. gov

[110] Dumais, Rick and Chris Harmon. "Understanding Ammonia Refrigeration Systems." RACA Journal (Refrigeration & Airconditioning Africa. 19. 9 (Nov. 2003): 1-3. (Jan. 2006) http://www. plumbingafrica. co. za/r&a_ammonia_nov2003. htm

[111] Early, R. "Raw Material Selection: Dairy Ingredients." Chilled Foods, 2nd Edition; Editor Dennis M. Stringer; pp. 40-61. Woodhead Publishing. (2000). Sep. 2005. http://www. knovel. com/knovel2/Toc. jsp? BookID=166&VerticalID=0

[112] Environmental Protection Agency (EPA). http://www. epa. gov/

[113] EPC Global Inc. RFID tags, software and network definitions. http://www. epc-globalinc. org

[114] Estrada-Flores, Silvia. "Novel Cryogenic Technologies for the Freezing of Food Products." The Official Journal of AIRAH. July 2002. Pp. 16 – 21.

[115] European Union. Food Safety. http://europa. eu. int/comm/food/index_ en. htm

[116] European Union. Rules on animal welfare during transport. http://europa. eu. int/comm/food/animal/ welfare/transport/index_en. htm

[117] FAOSTAT Database. The Food and Agriculture Organization (FAO) of the United Nations. http://faostat. fao. org/site/502/DesktopDefault. aspx? PageID=502

[118] FDA Counterterrorism page. (Details on all of the FDA actions to protect food, drugs and biologics.). http://www. fda. gov/oc/opacom/ hottopics/bioterrorism. html

[119] FDA/ORA Import Program. ORA Import Start Page. http://www. fda. gov/ora/import/default. htm

[120] Federal Food, Drug, and Cosmetic Act. http://www. fda. gov/opacom/laws/fdcact/fdctoc. htm

[121] "Fish and Shellfish Microbiology." Wiley Encyclopedia of Food Science and Technology; 2nd Edition; Ed. Frederick J. Francis; pp. 763-776. John Wiley & Sons. (1999). Sep. 2005. http://www. knovel. com/knovel2/Toc. jsp? BookID=681

[122] Food and Drug Administration (FDA). http://www. fda. gov/

[123] Food Safety and Inspection Service Staff. Fact Sheet: Inspection & Grading – What are the Differences? U. S. Department of Agriculture. (2005). Sep. 2005. http://www. fsis. usda. gov/Fact_Sheets/Inspection_&_Grading/index. asp

[124] Food Safety Inspection Service (FSIS). http://www. fsis. usda. gov

[125] Francis, Frederick J. , ed. "Animal By-product Processing." Wiley Encyclopedia of

Food Science and Technology; 2nd Edition; pp. 35-43. John Wiley & Sons. (1999). Sep. 2005. http://www. knovel. com/knovel2/Toc. jsp? BookID=681

[126] Francis, Frederick J. , ed. "Animal Science and Livestock Production. " Wiley Encyclopedia of Food Science and Technology; 2nd Edition; pp. 43-54. John Wiley & Sons. (1999). Sep. 2005. http://www. knovel. com/knovel2/Toc. jsp? BookID=681

[127] Francis, Frederick J. , ed. "Fish and Shellfish Products. " Wiley Encyclopedia of Food Science and Technology; 2nd Edition; pp. 776-799. John Wiley & Sons. (1999). Sep. 2005. http://www. knovel. com/knovel2/Toc. jsp? BookID=681

[128] Francis, Frederick J. , ed. "Milk and Milk Products. " Wiley Encyclopedia of Food Science and Technology; 2nd Edition; pp. 1653-1660. John Wiley & Sons. (1999). Sep. 2005. http://www. knovel. com/knovel2/Toc. jsp? BookID=681

[129] Francis, Frederick J. , ed. "Poultry Meat Microbiology. " Wiley Encyclopedia of Food Science and Technology; 2nd Edition; pp. 1957-1963. John Wiley & Sons. (1999). Sep. 2005. http://www. knovel. com/knovel2/Toc. jsp? BookID=681

[130] Francis, Frederick J. , ed. "Poultry Meat Processing and Product Technology. " Wiley Encyclopedia of Food Science and Technology; 2nd Edition; pp. 1963-1973. John Wiley & Sons. (1999). Sep. 2005. http://www. knovel. com/knovel2/Toc. jsp? BookID=681

[131] Francis, Frederick J. , ed. Wiley Encyclopedia of Food Science and Technology, 2nd ed. Vol. 1-4 New York: John Wiley and Sons. 1999.

[132] Fricke, Brian A. "Pre-cooling Fruits & Vegetables. " ASHRAE Journal. February 2006. pp. 20-28.

[133] FSIS Security Guidelines for Food Processors. U. S. Department of Agriculture: Food Safety and Inspection Service. 2002. (Sep. 2005). http://www. fsis. usda. gov/Frame/FrameRedirect. asp? main=http://www. fsis. usda. gov/oa/topics/securityguide. htm

[134] Garcia, E. and D. M. Barrett. 2006. Evaluation of processing tomatoes from two consecutive growing seasons: Quality attributes, peelability and yield. J. Food Proc. Preserv. 30, 1, 20-36.

[135] Gast, Karen L. B. and Flores, Rolando. Pre-cooling Produce-Fruits and Vegetables. Manhattan, KS: Cooperative Extension Service, Kansas State University. August, 1991.

[136] Gast, Karen L. B. Postharvest Handling of Fresh Cut Flowers and Plant Material. Manhattan, KS: Agricultura! Experiment Station and Cooperative Extension Service, Kansas State University. (1997). Oct. 2005 http://www. oznet. ksu. edu/library/hort2/mf2261. pdf

[137] Gast, Karen. L. B. Harvest Maturity: Indicators for Fruits and Vegetables. Manhattan, KS: Agricultural Experiment Station and Cooperative Extension Service, Kansas State University. (1994). Oct. 2005 http://www. oznet. ksu. edu/library/

hort2/mf1175. pdf

[138] Gentry, J. P. , F. G. Mitchell, and N. F. Sommer. 1965. Engineering and quality aspects of deciduous fruit packed by volume filling and hand placing methods. Trans. ASAE 8:584-589.

[139] Global Positioning System information. http://www. garmin. com/ aboutGPS

[140] Gross, J. 1987. Pigments in Fruits. Academic Press. London. 303 pp.

[141] Gross, Kenneth C. , Chien Yi Wang, and Mikal Saltveit, MD, eds. The Commercial Storage of Fruits, Vegetables, and Florist and Nursery Stocks: USDA Handbook Number 66: USDA Agricultural ResearchService. Draft-revised April 2004. (June 2006) http://www. ba. ars. usda. gov/hb66/index. html

[142] Guidance for Industry – Dairy Farms, Bulk Milk Transporters, Bulk Transfer Stations and Fluid Milk Processors: Food Security Preventive Measures Guidance. U. S. Food and Drug Administration: Center for Food Safety and Applied Nutrition. 2003. (Sep. 2005) http://www. cfsan. fda. gov/~dms/secguid8. html

[143] Guidance for Industry – Food Producers, Processors, and Transporters: Food Security Preventive Measures Guidance. U. S. Food and Drug Administration: Center for Food Safety and Applied Nutrition. 2003. (Sep. 2005) http://www. cfsan. fda. gov/~dms/secguid6. html

[144] Guidance for Industry – Importers and Filers: Food Security Preventive Measures Guidance. U. S. Food and Drug Administration: Center for Food Safety and Applied Nutrition. 2003. (Sep. 2005) http://www. cfsan. fda. gov/~dms/secguid7. html

[145] Guidance for Industry – Retail Food Stores and food Service Establishments: Food Security Preventive Measures Guidance. U. S. Food and Drug Administration: Center for Food Safety and Applied Nutrition. 2003. (Sep. 2005) http://www. cfsan. fda. gov/~dms/secgui11. html

[146] Guillou, R. , N. F. Sommer, and F. G. Mitchell. 1962. Simulated transit testing for produce containers. TAPPI 45(1): 176-179A.

[147] Hanlon, J. F. 1995. Handbook of package engineering. 2nd ed. Lancaster, PA: Technomic.

[148] Hardenburg, R. E. 1966. Packaging and protection. In Protecting our food supply: USDA Yearb. 1966. 102-117.

[149] Heap, R. D. "The Refrigeration of Chilled Foods. " Chilled Foods (2nd Edition). Eds. M. Stringer and C. Dennis Woodhead Publishing, 2000. 90-93. http://www. knovel. com/knovel2/Toc. jsp? BookID=166&VerticalID=0

[150] Heap, Robert, Marsek Kierstan and Geoff Ford, eds. Food Transportation. Blackie Academic and Professional (Springer), 1998.

[151] Heintz, C. and A. A. Kader. 1983. Procedures for sensory evaluation of horticultural crops. http://ucce. ucdavis. edu/datastore/datareport. cfm? reportnumber= 204&catcol=1809&categorysearch=Sensory%20Evaluation

[152] Heymann, H. and H. Lawless. 1999. Sensory Evaluation of Foods. Springer Publications. 848 pp.

[153] Hochart, B. 1972. Wood as a packaging material in developing countries. United Nations Publ. E. 72. II. B. 12. III pp.

[154] HunterLab. 1996. Hunter Lab Color Scale. Applications Note. Insight on Color, Vol. 8, No. 9. August 1996.

[155] Importing to the United States.

[156] Industrial Refrigeration: Book 1. Salinas, CA : Refrigerating Engineers and Technicians Association. 1998.

[157] Industrial Refrigeration: Book 2. Salinas, CA : Refrigerating Engineers and Technicians Association. 2000.

[158] Industry Activities Staff. FDA's Food and Cosmetic Regulatory Responsibilities. (2001). Sep. 2005. http://www.cfsan.fda.gov/~dms/regresp.html

[159] Industry Self-Assessment Checklist for Food Security. U. S. Department of Agriculture: Food Safety and Inspection Service. 2005. (Sep. 2005) http://www.fsis.usda.gov/PDF/Self_Assessment_Checklist_Food_Security.pdf

[160] International Institute of Ammonia Refrigeration Website. 2006. http://www.iiar.org

[161] International Institute of Refrigeration. "Energy." Recommendations for the Processing and Handling of Frozen Foods. 3rd ed. Paris: Author, 1986. pp. 384-401.

[162] International Institute of Refrigeration. "Processes from Production to the Consumer: Cold Store Design." Recommendations for the Processing and Handling of Frozen Foods. 3rd ed. Paris: Author, 1986. pp. 160-169.

[163] International Institute of Refrigeration. Recommendations for the Processing and Handling of Frozen Foods. 3rd ed. Paris: Author. 1986.

[164] International Safe Transit Association. 1992. Pre? shipment test procedures. Chicago: ISTA.

[165] James F. Thompson and F. Gordon Mitchell. "Packages for Horticultural Crops.", Content in "Postharvest Technology of Horticulture Crops". pp. 85-96. Postharvest Technology Research & Information Center, University of California, Davise. 2002.

[166] James, S. J., C. James, and J. A. Evans. "Modeling of Food Transportation Systems- A Review." International Journal of Refrigeration. 29. 6 (2006): pp. 947-957.

[167] Jotcham, Richard B., Susanne Hasselmann, Martin Gomme, and Peter Harrop. Effective Supply Chain Protection. Cambridge, England: Axess Technologies, Ltd. and IDTechEx, Ltc., 2002.

[168] Kader, A. A. 2002a. Editor. Postharvest Technology of Horticultural Crops. University of California. ANR Publication 3311. 3rd edition. 535pp.

[169] Kader, A. A. 2002b. Standardization and inspection of fresh fruits and vegetables, IN: Postharvest Technology of Horticultural Crops, A. A. Kader, Ed. University of Califor-

nia Agriculture and Natural Resources, Publication 3311. 3rd edition. pp. 287-299.

[170] Kader, A. A. and M. I. Cantwell. 2006. Produce Quality Rating Scales and Color Charts. Postharvest Technology Research and Information Center. University of California. 97 pp.

[171] Kader, Adel A. "Fruit Maturity, Ripening, and Quality Relationships." Proc. Int. Symp. On Effect of Pre- and Post Harvest Factor on Storage of Fruit; Ed. L. Michalczuk. Acta Hort. 485, ISHS (1999). Sep. 2005. http://ucce.ucdavis.edu/files/datastore/234-167.pdf

[172] Kader, Adel A. "Increasing Food Availability by Reducing Postharvest Losses of Fresh Produce." Proc. 5th Int. Postharvest Symp.; Edts. F. Mencarelli and P. Tonutti. Acta Hort. 682, ISHS (2005). Sep. 2005. http://ucce.ucdavis.edu/files/datastore/234-555.pdf

[173] Kader, Adel A., and Rosa S. Rolle. The Role of Post-Harvest Management in Assuring the Quality and Safety of Horticultural Produce. Rome: Food and Agriculture Organization of the United Nations (FAO), FAO Agricultural Services Bulletin 152. (2004). Sep. 2005 http://www.fao.org/docrep/007/y5431e/y5431e00.HTM

[174] Kader, Adel A., tech ed. Postharvest Technology of Horticultural Crops, 3rd Edition; UC Agriculture and Natural Resources Publication 3311. Oakland, CA: University of California. 2002.

[175] Kennedy, Christopher, J., ed., Managing Frozen Foods. Cambridge: Woodhead Publishing Ltd. 2000.

[176] Kitinoja, Lisa, and Adel A. Kader. Small-scale Postharvest Handling Practices: A Manual for Horticultural Crops 3rd Edition. Davis, CA: Department of Pomology University of California. (1995). Sep. 2005 http://www.fao.org/wairdocs/x5403e/x5403e00.htm

[177] Kitinoja, Lisa, and James R. Gorny. Postharvest Technology for Small-Scale Produce Marketers: Economic Opportunities, Quality and Food Safety. Davis, CA: Department of Pomology, University of California. 1999.

[178] Krack Engineering Manual Refrigeration Load Estimating. USA: Ingersoll Rand Krack Corporation, 1992.

[179] Krack Engineering Manual Refrigeration Load Estimating. USA: Krack Corporation, 1992.

[180] Krack Engineering Manual Refrigeration Load Estimating. USA: Krack Corporation, 1992.

[181] Kramer, A. 1965. Evaluation of quality of fruits and vegetables, IN: Food Quality, G. W. Irving, Jr. and S. R. Hoover, Eds. American Association for the Advancement of Science, Washington, D. C., pp. 9-18.

[182] Latapi, G. and D. M. Barrett. 2006. Influence of pre-drying treatments on quality and safety of sun-dried tomatoes. Part I: Effects of storage on nutritional and sensory quality of sun-dried tomatoes pretreated with sulfur, sodium metabisulfite or salt. J. Food Sci. 71, 1, 43-48.

[183] Lopez Camelo, Andres F. Manual for the Preparation and Sale of Fruits and Vegetables. Rome: Food and Agriculture Organization of the United Nations, FAO Agricultural Services Bulletin 151. (2004). Sep. 2005. http://www.fao.org/documents/show_cdr.asp?_url_file=/docrep/008/y4893e/y4893e04.htm

[184] Mallett, C. P., ed., Frozen Food Technology. London and New York: Blackie Academic & Professional. 1993.

[185] Marine Container Transport of Chilled Perishable Produce. Oakland, CA: University of California Agriculture and Natural Resources Publication 21595. 2000.

[186] Maroulis, Zacharias B. and George D. Saravacos. "Refrigeration and Freezing." Food Process Design. New York: Marcel Dekker, 2003. pp. 145-198.

[187] McGregor, Brian M. Tropical Product Transport Handbook: Agricultural Handbook Number 668. "Tropical and Subtropical Fruits and Vegetables, and Specialty Products." USDA Agricultural Marketing Service. (Oct. 2005). http://www.ams.usda.gov/tmd/Tropical/fruitveg.htm

[188] McGregor, Brian M. Tropical Product Transport Handbook: Agricultural Handbook Number 668. "Tropical and Subtropical Fruits and Vegetables, and Specialty Products." USDA Agricultural Marketing Service. (Oct. 2005). http://www.ams.usda.gov/tmd/Tropical/fruitveg.htm

[189] Meilgaard, M., G. V. Civille, and B. T. Carr. 1999. Sensory evaluation techniques. 3rd edition. CRC Press.

[190] MicroDaq Temperature Logger. http://www.microdaq.com/logtag/trix-8.php

[191] Mitcham, B., Cantwell, M. and A. Kader. 1996. Methods for determining quality of fresh commodities. Perishables Handling Quarterly No. 85. Division of Agricultural and Natural Resources, University of California.

[192] Mitchell, F. G., N. F. Sommer, J. P Gentry, R. Guillou, and G. Mayer. 1968. Tight-fill fruit packing. Univ. Calif. Agric. Exp. Sta. Circ. 548. 24 pp.

[193] Model Food Security Plan for Egg Processing Facilities. U. S. Department of Agriculture: Food Safety and Inspection Service. 2005. (Sep. 2005). http://www.fsis.usda.gov/PDF/Model_FoodSec_Plan_Eggs.pdf

[194] Model Food Security Plan for Import Establishments. U. S. Department of Agriculture: Food Safety and Inspection Service. 2005. (Sep. 2005). http://www.fsis.usda.gov/PDF/Model_FoodSec_Plan_Import.pdf

[195] Model Food Security Plan for Meat and Poultry Slaughter Facilities. U. S. Department of Agriculture: Food Safety and Inspection Service. 2005. (Sep. 2005). http://www.fsis.usda.gov/PDF/Model_FoodSec_Plan_Slaughter.pdf

[196] National Aquaculture Legislation Overview Fact Sheets. http://www.fao.org/figis/servlet/static?dom=root&xml=aquaculture/nalo_search.xml

[197] National Center for Import and Export.

[198] O'Mahony, M. 1986. Sensory evaluation of food. Marcel Dekker. 510 pp.

[199] O'Brien, M., and R. Guillou. 1969. An in-transit vibration simulator for fruit handling studies. Trans. ASAE 12:94-97.

[200] O'Brien, M., J. E. Gentry, and R. C. Gibson. 1965. Vibrating characteristics of fruits as related to in-transit injury: Trans. ASAE 8:241-243.

[201] OneFish. org. <http://www.onefish.org/>.

[202] "On the Future of RFID Tags and Protocols." MIT Auto-ID Center. 2003. http://autoid.mit.edu/whitepapers/MIT-AUTOID-TR018.PDF

[203] Passive Tag technology. http://www.alientechnology.com/ http://www.symbol.com/products/rfid/rfid.html/

[204] Pearson, S. Forbes. "Ammonia refrigeration Systems: Better Ways to Engineer Them." ASHREA Journal (March 1999): 24-28.

[205] Perishable Cargo Manual. 5th ed. Montreal, Geneva: International Air Transport Association. 2005.

[206] Postharvest Technology Research & Information Center Website (UC Davis). 2006. http://postharvest.ucdavis.edu

[207] Product Surety Working Group Initiative Final Report. New Mexico State University Physical Science Laboratory: Product Surety Center. 2004. (Oct. 2005) The Product Surety Final_March04_vPublic[1].pdf

[208] Production, Supply and Distribution Online database. The USDA's Foreign Agricultural Service. http://www.fas.usda.gov/psd/

[209] Protecting Perishable Foods During Transport by Truck: USDA Handbook Number 669. Washington, DC: Transportation and Marketing Programs, Agricultural Marketing Service, US Department of Agriculture. 1995 (revised 2000). Feb. 2006. http://www.ams.usda.gov/tmd/TruckHandbook.pdf

[210] Public Health Security and Bioterrorism Preparedness and Response Act of 2002 (The Bioterrorism Act). http://www.fda.gov/oc/bioterrorism/bioact.html

[211] Recommended International Code of Practice for Packaging and Transport of Tropical Fresh Fruit and Vegetables. CODEX Alimentarius, CAC/RCP 44-1995. 1995 (Amended 2004). Feb. 2006 http://www.codexalimentarius.net/download/standards/322/CXP_044e.pdf

[212] Refrigerated Trailer Transport of Perishable Products. Oakland, CA: University of California Agriculture and Natural Resources Publication 21614. 2002.

[213] Refrigerating Engineers & Technicians Association Website. 2006. http://www.reta.com

[214] Refrigerating Engineers & Technicians Association 6. 2 (May 1993).

[215] Reynolds, Susan. How Freezing Affects Food, Fact Sheet FCS 8335. Gainesville, FL: Institute of Food and Agricultural Sciences, University of Florida. June, 1998.

[216] Rodríguez-Bermejo, J., Barreiro, P., Robla, J. I., and Ruiz-García, L. "Thermal Study of a Transport Container." Journal of Food Engineering. 80. 2 (2007): pp.

517-527.

[217] San Diego County Department of Environmental Health. Wholesale Food Warehouse Risk Control Plan Workbook. http://wifss. ucdavis. edu/cfsat/Risk_Control_Plan_Wholesale _ Workbook. pdf # search = % 22WHOLESALE% 20FOOD% 20WAREHOUSE%2

[218] Sanitary Food Transportation Act of 2005. Aug 10, 2005. http://www. fhwa. dot. gov/safetealu/

[219] Sarma, S. , Engels, D. W. "On the Future of RFID Tags and Protocols. " Technical Report. Cambridge: Massachusetts Institute of Technology: Auto-ID Center, 2003. http://autoid. mit. edu/whitepapers/MIT-AUTOID-TR018. PDF

[220] Savi website. Active Temperature-Sensing RFID Tag products. http://www. savi, com/products/overview. shtml

[221] Selke, S. E. 1990. Packaging and the environment: Alternatives, trends and solutions. Lancaster, PA: Technomic. 178 pp.)

[222] Sensitech Temperature Logger. http://www. sensitech. com/products/temp_monitors/index. html

[223] Sensitech TempTale RF Active Temp-Sensing RFID Tags. http://www. sensitech. com/products/temp_monitors/temptale_RF/

[224] Shewfelt, R. 2006. Personal communication.

[225] Slaughter, D. C. , R. T. Hinsch, and J. F. Thompson. 1993. Assessment of vibration injury to Bartlett pears. Tran. ASAE 36:1043-1047.

[226] Smith, R. J. 1963. The rapid pack method of packing fruit. Univ. Calif. Agric. Exp. Sta. Circ. 521. 20 pp.

[227] Sommer, N. F. , and D. A. Luvisi. 1960. Choosing the right package for fresh fruit. Pack. Eng. 5:37-43.

[228] Soronka, W. 1995. Fundamentals of packaging tech? nology: Herndon, VA: Inst. of Packaging Profes? sional.

[229] Stringer, Mike and Colin Dennis, eds. Temperature Monitoring and Measurement. " Chilled Foods: A Comprehensive Guide, 2nd Edition. Cambridge: Woodhead Publishing Ltd. , 2000. pp. 99-131.

[230] Telematics supplier. AirIQ, Inc. www. airiq. com.

[231] Telematics supplier. CSI Wireless Trailer Tracking Device (iBox SDK). www. csi-wireless. com.

[232] Telematics supplier. G. E. VeriWise. www. trailerservices. com/veriwise/index. html

[233] Telematics supplier. Qualcomm. www. qualcomm. com/qwbs/

[234] Telematics supplier. StarTrak. www. startrak. com

[235] Telematics supplier. Terion (iBox SDK). www. terion. com

[236] Telematics supplier. Thermo King Corporation. www. thermoking. com

[237] Telematics supplier. TransCore (formerly Vistar). www. vistar. ca. > or www.

transcore. ca

[238] Temperature and Humidity Mapping. Dickson website. http://www. dicksonweb. com/article/article_26. php

[239] The 2005 Food Code. http://www. cfsan. fda. gov/~dms/fc05-toc. html

[240] The European Commission Eurostat Homepage. http://epp. eurostat. ec. europa. eu/portal/page? _pageid=0,1136206,0_45570467&_dad=portal&_schema=PORTAL

[241] The European Food Safety Authority (EFSA). http://www. efsa. eu. int/science/catindex_en. html

[242] The Federation of International Trade Associations web site. http://www. fita. org/ioma/ce. html

[243] The Food and Veterinary Office. http://europa. eu. int/comm/food/fvo/index_en. htm

[244] The Identec Solutions iQ-32T Active Temperature-Sensing RFID Tag. http://www. identecsolutions. com/tags. asp

[245] The KSW-TempSens? Active Temperature-Sensing RFID Tag. http://www. kswmicrotec. de/www/produkte_tempsens_en. php#

[246] "The Refrigeration System: An Introduction to Refrigeration." Motherwell, UK: Honeywell Control Systems Ltd. Publication EN5B-0024UK07 R0505. 2004.

[247] Theerakulkait, C. and D. M. Barrett. 1995. Sweet corn germ enzymes affect odor formation. Journal of Food Science 60, 5, 1034-1040.

[248] Thermo King iBox product. http://www. thermoking. com/aftermarket/products/product. asp? id=46&pg=image&cat=11

[249] Thompson, J. F., P. E. Brecht, T. Hinsch. 2002. Refrigerated Trailer Transport of Perishable Products. University of California Div of Agricultural & Natural Resources. Pub. No. 21614.

[250] Thompson, James F., and F. Gordon Mitchell. "Packages for Horticultural Crops." Postharvest Technology of Horticultural Crops: Third Edition. Tech. Ed. Adel A. Kader. Oakland, CA: University of California Agriculture and Natural Resources Publication 3311. 2002.

[251] Thompson, James F., F. Gordon Mitchell and Robert F. Kasmire. "Cooling Horticultural Commodities." Postharvest Technology of Horticultural Crops: Third Edition. Tech. Ed. Adel A. Kader. Oakland, CA: University of California Agriculture and Natural Resources Publication 3311, 2002. Pp. 107-108.

[252] Thompson, James F., F. Gordon Mitchell, Tom R. Rumsey, Robert F. Kasmire, and Carlos H. Crisosto. Commercial Cooling of Fruits, Vegetables, and Flowers. Oakland, CA: Agriculture and Natural Resources Communication Services, University of California, 2002.

[253] Thompson, James F., F. Gordon Mitchell, Tom R. Rumsey, Robert F. Kasmire, and Carlos H. Crisosto. Commercial Cooling of Fruits, Vegetables, and Flowers. Oakland, CA: Agriculture and Natural Resources Communication Services, Univer-

sity of California. 2002.

[254] Thompson, James F. , Patrick E. Brecht, Tom Hinsch, and Adel A. Kader. "Troubleshooting Produce Problems in Marine Container Transport. " Marine Container Transport of Chilled Perishable Produce. Oakland, CA: University of California Agriculture and Natural Resources Publication 21595. 2000. Pp 13-22.

[255] Thompson, James F. , Patrick E. Brecht, Tom Hinsch, and Adel A. Kader. Marine Container Transport of Chilled Perishable Produce. Oakland, CA: Regents of the University of California, 2000.

[256] Thompson, James F. , Patrick E. Brecht, Tom Hinsch, and Adel A. Kader. Marine Container Transport of Chilled Perishable Produce. Oakland, CA: Regents of the University of California, 2000.

[257] Thompson, Jim. "Strengthening Weak Links in the Cold Chain. " Perishables Handling Quarterly, Issue No. 94 (May 1998). Pp 4-6. Feb. 2006. http://ucce. ucdavis. edu/files/datastore/234-82. pdf

[258] Transport Refrigeration Application User Guide. Minneapolis, MN: Thermo King/Ingersoll Rand Publication Number 40137. 1989.

[259] Tropical Products Transport: USDA Handbook Number 668. Washington, DC: Agricultural Marketing Service, US Department of Agriculture. 1987 (revised 1989 & 1999). Feb. 2006 http://www. ams. usda. gov/tmd/Tropical/index. htm

[260] U. S. Customs Service. http://www. customs. gov/xp/cgov/home. xml

[261] U. S. Department of Agriculture (USDA). http://www. usda. gov

[262] U. S. Department of Agriculture (USDA). Food and Agricultural Import Regulations and Standards Report (FAIRS). http://www. fas. usda. gov/itp/ ofsts/us. html

[263] U. S. Exporter Assistance: Export Shipping, Documentation and Requirements page. http://www. fas. usda. gov/agx/ship_doc_req/ship_doc_req. asp

[264] U. S. Food and Drug Administration (FDA). Importing Food and Cosmetics into the United States http://vm. cfsan. fda. gov/~lrd/ imports. html

[265] United Nations Commodity Trade Statistics Database. http://unstats. un. org/unsd/comtrade/

[266] USDA FAS Online Bulk, Intermediate, and Consumer-Oriented (BICO) Agricultural Data database. The USDA Foreign Agricultural Service. http://www. fas. usda. gov/scriptsw/bico/bico_frm. asp

[267] USDA Treatment Manual. http://www. aphis. usda. gov/ppq/manuals/port/Treatment_ Champers. htm

[268] USMEF Backgrounder: Cold Chain Management. US Meat Export Federation. (2005). Sep. 2005. http://www. usmef. org/TradeLibrary/assets/12239/ccmbackgrounderfile/ColdChainMgBack grounderfinal％20(2). pdf

[269] Veriteq. Networked Datalogger Systems. http://www. veriteq. com/networked-da-

ta-loggers/index. htm

[270] Wewers, Frank. Refrigeration Load Estimating Manual. Addison, IL: Krack Corporation/Ingersoll Rand. 1992: "Ammonia Gas Sensing in Food Processing/Distributing Environments." The Technical Report

[271] Wiley Encyclopedia of Food Science and Technology, 2nd Edition Vol. 1-4; Editor, Frederick J. Francis; New York: John Wiley and Sons. 1999.

[272] Zhang, Jianyi and Eckhard A. Groll. "Survey of the Design of Refrigeration Plants for Public Refrigerated Warehouses." ASHRAE Transactions. 111. 2 (2005): pp. 327-332.

[273] http://rics. ucdavis. edu/postharvest2/Pubs/postthermo. shtml

[274] http://www. metlspan. com

[275] http://postharvest. ucdavis. edu/phd/directorymain. cfm? type=subcats&maincat=26.

附　　录

附录一：专业术语

第一章　易腐品冷链概况

物流（Logistics）

物品从供应地向接收地的实体流动过程。根据实际需要，将运输、贮存、装卸、搬运、包装、流通加工、配送、回收、信息处理等基本功能实施有机结合。

供应链（Supply Chain）

生产及流通过程中，为了将产品或服务交付给最终用户，由上游与下游企业共同建立的网链状组织。

冷链（Cold Chain）

易腐品从采收、屠宰或捕捞开始至消费者消费前的整个过程中，通过一系列相互关联的处理流程，获得对易腐品温度的无缝优化控制管理。

冷链管理（Cold Chain Management）

是指为了满足客户需求，从生产、分配至消费过程中对易腐品及相关信息和服务的流动和贮存进行的有效率和有效果地计划、实施和控制的过程。

易腐品（Perishable Products）

易变质的物品。

易腐食品（Perishable Foods）

易变质的食品。即在贮存、运输和销售过程中，需要采取一定措施防止其腐败变质，并须在规定期限内运输和分销的食品。

第二章　水果和蔬菜

呼吸跃变（Respiratory Climacteric）

有些果蔬在生长发育过程中呼吸强度不断下降，达到一个最低点；而在果蔬成熟过程中，呼吸强度又急速上升直至最高点，随果实衰老再次下降。果实呼吸的这种变化即为"呼吸跃变"。

跃变型水果（Climacteric Fruits）

具有呼吸跃变特性的水果称为跃变型水果；属于这种类型的有苹果、梨、香蕉、番茄、杧果、网纹甜瓜等。

非跃变型水果（Non- climacteric Fruits）

不具有呼吸跃变特性的水果，即采收后，呼吸强度持续缓慢下降，不表现有暂时上升现象，称为非跃变型水果；属于非跃变型的种类有柑橘、葡萄、菠萝等。

相对湿度(Relative Humidity，RH)

湿空气中实际水汽压 e 与同温度下饱和水汽压 E 的百分比，即 rh ＝(e/E)＊100％。相对湿度的大小能直接表示空气距离饱和的相对程度。空气完全干燥时，相对湿度为零。相对湿度越小，表示当时空气越干燥。当相对湿度接近于 100％时，表示空气很潮湿，越接近于饱和。

蒸腾作用(Transpiration)

植物体内的水分以气体的形式向外界散失的过程。

冷害(Chilling Injury)

由于贮存温度过低而引起产品的物理损伤。

鲜切产品(Fresh-cuts)

被切削过的，或是去壳的，或是被处理为 100％的可用的预包装产品，向消费者提供高营养、方便、美味却依旧保鲜的食品。

货架期(Shelf Life)

货架期指的是货架贮存时间。食品的货架期取决于四个因素：配方、加工工艺、包装和贮存条件。

叉车(Fork Lift Truck)

具有各种叉具，能够对货物进行升降和移动以及装卸作业的搬运车辆。

第三章　　果蔬的采收

成熟(Mature)

指果实生长发育的最后阶段，在此阶段，果实充分长大，养分充分积累，完全发育达到生理成熟。

完熟(Ripening)

指果实在成熟的后期，果实内发生一系列急剧的生理生化变化，果实表现出特有的颜色、风味、质地，达到最适于食用阶段。

后熟果(Climacteric Fruits)

在采收后仍然可以继续完熟过程的水果称为后熟果。

非后熟果(Non-climacteric Fruits)

采收后不能继续完熟过程的水果称为非后熟果。

成熟度(Degree of Ripe)

果蔬发育到可供食用的适当成熟程度。

第四章　　果蔬的包装

包装(Package/Packaging)

为在流通过程中保护产品、方便贮运、促进销售，按一定技术方法而采用的容器、材料及辅助物等的总体名称。也指为了达到上述目的而采用容器、材料和辅助物的过程中施加一定技术方法等的操作活动。

销售包装(Sales Package)

又称内包装，是直接接触商品并随商品进入零售网点和消费者或用户直接见面的包装。

运输包装(Transport Package)

以满足运输贮存要求为主要目的的包装。它具有保障产品的运输安全,方便装卸、加速交接、点验等作用。

装卸(Loading and Unloading)

物品在指定地点以人力或机械装入运输设备或卸下。

搬运(Handling Carrying)

在同一场所内,对物品进行水平移动为主的物流作业。

托盘(Pallet)

用于集装、堆放、搬运和运输,放置作为单元负荷物品的水平平台装置。

托盘运输(Pallet Transport)

将货物以一定数量组合码放在托盘上,连盘带货一起装入运输工具运送物品的运输方式。

第五章 预冷

预冷(Pre-cooling)

对于农产品是指将刚采收后的农产品的中心温度从田间环境温度快速降到适合冷藏运输和低温仓储温度的过程。

冷却(Chilling)

将产品冷却到高于其冻结点某一指定温度的过程。

冻害(Freezing Injury)

果蔬产品因处于冰点以下,组织冻结而引起的一种采后生理病害。

冻灼(Freezer Burn)

冻灼主要是仓储期间脱水、冰升华而引起的食品变色和变味,当空气接触产品表面并将水分吸走时就会发生冻灼。

第六章 低温仓储

配送中心(Distribution Center)

从事配送业务具有完善的信息网络的场所或组织,应基本符合下列要求:

①主要为特定的用户服务;

②配送功能健全;

③辐射范围小;

④多品种、小批量、多批次、短周期;

⑤主要为末端客户提供配送服务。

越库配送(Cross-docking)

越库配送是现在物流一种很新的运送方式,即商品到了配送中心以后,不进库,而直接在站台上向需要的客户进行配送,这样就使物流成本大大的降低了。

仓储(Warehousing)

利用仓库及相关设施设备进行物品的进库、存贮、出库的作业。

储存(Storing)

保护、管理、贮存物品。

库存(Inventory)

贮存作为今后按预定的目的使用而处于闲置或非生产状态的物品。广义的库存还包括处于制造加工状态和运输状态的物品。

制冷剂(Refrigerant)

在制冷系统中通过相变传递热量的液体。它在低温低压时吸收热量,在高温高压时放出热量。

冻伤(Frostbite)

生物产品因组织内结冰而形成的损伤。

第七章　冷藏运输

运输(Transport/Transportation)

用运输设备将物品从一地点向另一地点运送。其中包括集货、分配、搬运、中转、装入、卸下、分散等一系列操作。

冷藏运输(Refrigerated Transport)

在易腐货物的运输过程中,车内需要冷源,以抵消外界的传热和货物本身的呼吸热,保持易腐货物的质量的运输方式。

冷藏车(Refrigerated Vehicle)

用冰、干冰、蓄冷板、液化气等制冷,而不是用机械制冷的保温车。

铁路冷藏车(Refrigerated Truck)

用冰、干冰、蓄冷板、液化气等制冷,而不是用机械制冷的铁路保温车。

冷藏船(Reefer)

为运送易腐物品,货舱全部或部分由制冷装置冷却的专用船舶。

道路运输(Road Transport)

使用公路设施、设备运送货物的一种运输方式。

水路运输(Waterway Transport)

使用船舶(或其它水运工具),在江、河、湖、海等水域运送货物的一种运输方式。

铁路运输(Railway Transport)

使用铁路设施、设备运送货物的一种运输方式。

航空运输(Air Transport)

使用飞机或其它飞行器运送货物的一种运输方式。

配送(Distribution)

在经济合理区域范围内,根据客户要求,对物品进行拣选、加工、包装、分割、组配等作业,并按时送达指定地点的物流活动。

集装箱(Container)

是一种运输设备,应满足下列要求:

①具有足够的强度,可长期反复使用;

②适于一种或多种运输方式运送,途中转运时,箱内货物不需换装;

③具有快速装卸和搬运的装置,特别便于从一种运输方式转移到另一种运输方式;

④便于货物装满和卸空;

⑤具有 1 立方米及以上的容积。

集装箱这一术语不包括车辆和一般包装。

第八章 零售

冷藏食品（Refrigerated Foods）

在物流过程中,中心温度始终维持在8℃以下、冻结点以上,并最大程度保持原有品质和新鲜度的这类食品称为冷藏食品。

冷冻食品（Frozen Foods）

指以一种或一种以上的可食用农、畜、禽、水产品等为主原料,经预处理、速冻、包装等工序,在-18℃以下贮运与销售的食品。

第九章 冷链温度监控

条码（Bar Code）

由一组规则排列的条、空及字符组成的,用以表示一定信息的代码。

产品电子编码（Electronic Product Code, EPC）

每个物品所拥有的一个唯一标识单品的编码,是开放的、全球性的标准体系,是由一个版本号加上另外三段数据(依次为域名管理者、对象分类、序列号)组成的一组数字。

射频识别（Radio Frequency Identification, RFID）

利用射频信号及其空间耦合和传输特性进行非接触双向通信、实现对静止或移动物体的自动识别,并进行数据交换的一项自动识别技术。

通用分组无线服务技术（General Packet Radio Service,GPRS）

通用分组无线服务技术是基于全球移动通信系统（Global System for Mobile Communications GSM）的一种无线通信技术服务,通常被描述成"2.5G"移动通讯技术。

全球定位系统（Global Positioning System, GPS）

利用导航卫星进行测时和测距,使在地球上任何地方的用户,都能测定出他们所处的方位。

地理信息系统（Geographical Information System, GIS）

由计算机软硬件环境、地理空间数据、系统维护和使用人员四部分组成的空间信息系统。该系统可对整个或部分地球表层(包括大气层)空间中有关地理分布数据进行采集、贮存、管理、运算、分析显示和描述。

第十章 易腐品安全、质量和配送管理

风险管理（Risk Management）

指如何在风险环境中把风险损失减至最低的管理过程,其目的是消除、最小化或减少危害或损失的机会。完整的风险管理体系包括对风险的度量、评估和应变策略整个过程。

危害分析和关键控制点（Hazard Analysis and Critical Control Point,HACCP）

危害分析和关键控制点是一种在危害识别、评价和控制方面科学、合理和系统的方法。其作用是识别食品生产过程中可能发生的环节并采取适当的控制措施防止危害的发生;其基本原理是通过对食品生产和流通过程可能发生的危害进行确认、分析、监控,从而预防任何潜在的危害,或将危害消除及降低到认可程度。

第十一章　易腐品质量评估

色彩角(Hue Angle)

颜色的空间划分成一个三维度的系统(L,A 和 B)。L 轴(亮度)垂直分布,刻度从 0(纯粹的黑色)到 100(纯粹的白色)分别对应反射完全透射。在 A 轴(红色一绿色)上,正值代表红色,负值代表绿色;0 是中性的(颜色不确定)。在 B 轴(蓝色一黄色)上正值代表黄色,负值代表蓝色,0 是中性的。色彩角(色彩角度数 Hue？＝tan-1b/a)可以在红、橙、黄、绿、蓝以及紫之间变化。量度则由与竖直轴之间的夹角决定。

饱和度(Saturation Degree)

色的基本特征之一。某一种颜色与相同明度的消色(即黑、白、灰色)差别的程度,也称色纯度,指某一颜色的鲜艳程度。一种颜色所含彩色成分与消色成分比例越小,该色越不饱和越不鲜艳;含彩色成分的比例越大,则颜色越饱和、越鲜艳。

色调(Color Tone)

由一系列近似的色光构成的色彩统一的倾向。色调是色与光的产物,色调、明度相近的色彩在画面上组合时,会给人一种和谐的感觉。色调从明度上区别,有暗色调、明色调等;从色别上区别,有红色调、黄色调、蓝色调等;从色性上区别有冷色调、暖色调等。

三角测试(Triangle Test)

感官测试中常用的一种测试方法。在三角测试当中,每组参与者将得到三个样品:两个是相似的,另外一个不同。参与者需要在尝试三个样品后,选择出自认为与另外两者不同的样品。由此方法来检测这些样品的相似性。

质地(Texture)

指材料结构的性质。

可溶性固体(Soluble Solids)

可溶于水或者其它液体中的固体。

比重(Specific Gravity)

即物体的密度,指单位体积的质量。

其它重要术语

物流管理(Logistics Management)

为了以合适的物流成本达到用户满意的服务水平,对正向及反向的物流活动过程及相关信息进行的计划、组织、协调与控制。

供应链管理(Supply Chain Management)

对供应链涉及的全部活动进行计划、组织、协调与控制。

物流设施(Logistics Establishment)

提供物流相关功能和组织物流服务的场所。包括物流园区、物流中心、配送中心,各类运输枢纽、场站港、仓库等。

物流中心(Logistics Center)

从事物流活动的具有完善的信息网络的场所或组织。应基本符合下列要求:

①主要面向社会提供公共物流服务；

②物流功能健全；

③辐射范围大；

④储存、吞吐能力强，能为转运和多式联运提供物流支持；

⑤对下游配送中心提供物流服务。

区域配送中心（Regional Distribution Center，RDC）

以较强的辐射能力和库存准备，向省（州）际、全国乃至国际范围的用户实施配送服务的配送中心。

冷藏区（Chill Space）

仓库的一个区域，其温度保持在0℃～10℃范围内。

冷冻区（Freeze Space）

仓库的一个区域，其温度保持在0℃以下。

气调保鲜（Controlled Atmosphere Storage）

利用调控贮存环境气体成分，达到延长果品贮存期，获得良好保鲜效果的蔬果保鲜贮存方法。

冷藏列车（Refrigerated Train）

由装在车上集中制冷装置冷却一介质，再由该介质供冷的保温车。

冷藏汽车（Refrigerated Lorry）

用冰、干冰、蓄冷板、液化气等做冷源，而不是用机械制冷的保温汽车。

甩挂运输（Drop and pull Transport）

用牵引车拖带挂车至目的地，将挂车甩下后，换上新的挂车运往另一个目的地的运输。

拣选（Order Picking）

按订单或出库单的要求，从储存场所拣出物品，并码放在指定场所的作业。

分类（Sorting）

按照货物的种类、流向、客户类别对货物进行分组，并集中码放到指定场所的作业。

集货（Goods Consolidation）

将分散的或小批量的物品集中起来，以便进行运输、配送的作业。

流通加工（Distribution Processing）

物品在从生产地到使用地的过程中，根据需要施加包装、分割、计量、分拣、刷标志、拴标签、组装等简单作业的总称。

物品储备（Goods Reserves）

为应对突发公共事件和国家宏观调控的需要，对物品进行的储存。有当年储备、长期储备、战略储备之分。

标准箱（Twenty-feet Equivalent Unit，TEU）

以20英尺集装箱作为换算单位。

集装运输（Containerized Transport）

使用集装器具或利用捆扎方法，把裸装物品、散状物品、体积较小的成件物品，组合成为一定规格的集装单元进行的运输。

单元装卸（Unit Loading & Unloading）

用托盘、容器或包装物将小件或散装物品集成一定质量或体积的组合件，以便利用机械进行作业的装卸方式。

集装化（Containerization）

用集装器具或采用捆扎方法，把物品组成标准规格的单元货件，以加快装卸、搬运、储存、运输等物流活动。

散装化（In Bulk）

用专门机械、器具进行运输、装卸的散状物品在某个物流系统范围内，不用任何包装，长期固定采用吸扬、抓斗等机械、器具进行这类物品装卸、运输、储存的作业方式。

直接换装（Cross Docking）

物品在物流环节中，不经过中间仓库或站点，直接从一个运输工具换载到另一个运输工具的物流衔接方式。也称越库配送。

牵引车（Tow Tractor）

具有牵引一组无动力台车能力的搬运车辆。

箱式车（Box Car）

除具备普通车的一切机械性能外，还必须具备全封闭的箱式车身，便于装卸作业的车门。

多式联运（Multimodal Transport）

按照多式联运合同，以至少两种不同的运输方式，由多式联运经营人将货物从接管地点运至指定交付地点的货物运输。

电子数据交换（Electronic Data Interchange，EDI）

通过电子方式，采用标准化的格式，利用计算机网络进行结构化数据的传输和交换。

物流信息系统（Logistics Information System，LIS）

由人员、计算机硬件、软件、网络通信设备及其它办公设备组成的人机交互系统，其主要功能是进行物流信息的收集、贮存、传输、加工整理、维护和输出，为物流管理者及其它组织管理人员提供战略、战术及运作决策的支持，以达到组织的战略竞优，提高物流运作的效率与效益。

附录二：彩色对比图

图 2-1　乙烯环境对花椰菜（变黄）和生菜（锈斑病）的影响

图 2-2　高温对苹果贮存的影响

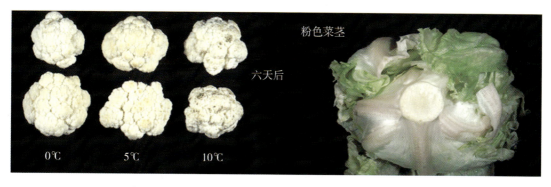

图 2-3　高温对花椰菜（菜花张开，萎蔫，褐变）和生菜（粉色菜茎）贮存的影响

图 2-4　高温对西红柿(加速成熟)贮存的影响

图 2-5　高温对梨(过熟且有软烂部分)贮存的影响

图 2-6　置于 0～4℃ 适宜零售环境的草莓(上左图)和置于 7℃ 零售环境的草莓(上右图)

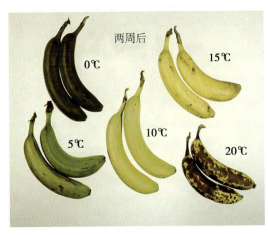

图 2-7　低温贮存环境对香蕉的影响
(变色且妨碍成熟)

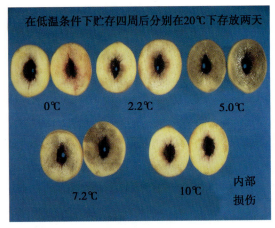

图 2-8　低温贮存环境(5～10℃)对桃子的影响
(内部损伤)

图 2-9　低温贮存环境对西红柿的影响(褐斑,成熟不均且水渍化)

图 2-10　萎蔫芦笋和油桃水分流失的表现

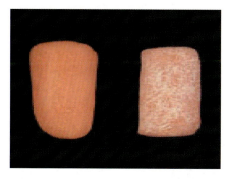 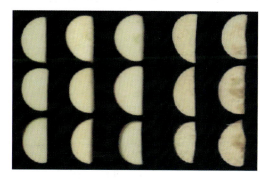

图 2-12　"娃娃"胡萝卜由于失水而发白(左)以及苹果褐变的切割面的(右)

1 绿熟期　　　2 破色期　　　　3 转色期　　　4 粉红期　　　　5 红色期　　　6 完熟红色期

图 3-1　西红柿在成熟过程中的颜色变化

图 3-2　不同成熟度水果示意图

表皮磨损

碰撞损伤

图 3-3　表皮磨损,碰撞损伤

震动损伤

图 3-4　震动损伤

从12英寸的高处落下

图 4-1　梨的碰伤

压伤发生在表面然后延伸到果肉中

图 4-2　金冠苹果上的压伤

震动损伤

图 4-3　梨的振动擦伤

图 12-1　果蔬因各种真菌而腐烂

图 12-2　花椰菜受到机械损伤而腐烂

图 12-3　受到机械损伤或温度升高而腐烂的草莓

图 12-4　葡萄孢菌使提子腐烂(缺乏使用二氧化硫熏蒸消毒常造成腐烂的情况蔓延)

图 12-5　芒果因炭疽病而腐烂

图 12-6　杏在采收后置于温度高于 35℃ 的环境而受损

图 12-7　苹果苦陷病

图 12-8　柠檬在采收与加工过程中受到压缩破坏

图 12-9　桃子掉落到坚硬的表面而造成表面受损

图 12-10　采收者粗暴采收红樱桃致使其表面受损

图 12-11　巴特利特梨受到粗糙的木质托盘的摩擦损伤

图 12-12　水果因过度失水而萎蔫

图 12-13　采收和加工过程中受损伤的桃子

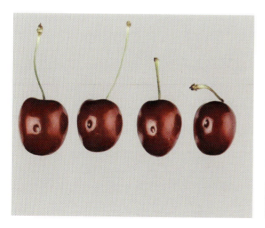

图 12-14　红肉樱桃的腐蚀斑

图 12-15　红肉樱桃从 30 厘米高出掉落到坚硬的表面后受到损伤

图 12-28　柑橘在受到冷害后有腐斑且发生褐变

图 12-29　香蕉的内层果皮因冷害发生褐变

图 12-30　左侧因冷害的番茄无法成熟且极易腐蚀

图 12-31　番茄块状黑斑是受到冷害后的交链
　　　　　孢霉腐蚀

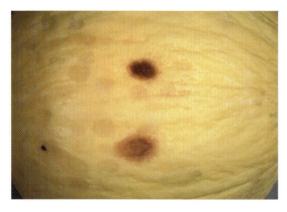
图 12-32　甜瓜在 7.5℃的环境中 22 天后受到冷害

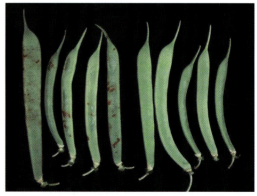
图 12-33　四季豆在 5℃的环境中超过 10 天后受
　　　　　到冷害

图 12-34 芒果受到冷害后,其外观类似于炭疽病腐蚀,热损伤和机械损伤时的症状

图 12-35 甜玉米受到冷害后受到水渍化败坏

图 12-36 图中最下部的芹菜受到冻伤

图 12-37 运输过程中的振动造成巴特利特梨表面发黑

图 12-38 番茄受到振动伤害

附录三:著名企业推介

英格索兰

英格索兰(纽约证券交易所代码:IR)是为商用、民用、工业市场创造和维护安全、舒适及高效环境的全球领导者。我们的员工和旗下品牌:Club Car®、英格索兰(Ingersoll Rand®)、西勒奇(Schlage®)、冷王(Thermo King®)和特灵(Trane®)共同致力于改善民用住宅和楼宇建筑的空气品质及舒适度,运输和保护食品及易腐品安全,保障家庭和商业财产安全,并提高工业领域的生产率和效率。作为年销售额逾140亿美元的全球性公司,英格索兰致力于企业自身及其客户的可持续性发展。

冷王成立于1938年,是全球运输温控解决方案的领导者。冷王为温度敏感的货物运输提供各种规格的制冷加热机组,并提供保证乘客有舒适宜人的乘坐环境的各种客运空调。另外,冷王还提供维修服务计划和财务支持解决方案以及各式各样的零部件和温度监测和远程温度追踪系统。

英格索兰于2009年8月正式成立了冷链学院(Cold Chain College)。冷链学院提倡通过适当的冷链管理,实现减少浪费、为消费者提供更安全更新鲜的易腐品,这样全程冷链各个环节上的供应商都将得到更丰厚的回报,与此同时,人们的生活水平也会得到提高。冷链学院的核心人物包括美国、中国和欧洲的专家团队。目前冷链学院提供的产品和服务有:中国冷链博客、中国冷链俱乐部网站、高校冷链讲座、高校合作科研、冷链授证培训和冷链咨询服务等。

双汇物流

漯河双汇物流投资有限公司（以下简称双汇物流）是双汇集团旗下专业从事物流管理和物流业务的冷藏物流公司，成立于 2003 年，注册资金 7000 万元。

双汇物流于 2007 年度被中国物流与采购联合会授予"国家 AAAA 级物流企业"，2008 年度荣获"河南省物流十强企业"第一位，2010 年实现营业收入 11 亿元，位居"中国物流百强第二十五位"，并被中国食品工业协会与食品物流专业委员会授予"2009 年中国食品物流 50 强"和"全国食品物流定点企业"。

双汇物流总部位于河南省漯河市，是国内大型的专业冷藏物流企

业，拥有覆盖中国大陆所有地区的物流业务网络。双汇物流目前在国内有 15 个全资子公司，分别分布在：河南漯河、河南郑州、湖北武汉、山东德州、北京市、广东清远、辽宁阜新、四川绵阳、黑龙江望奎、江苏淮安、内蒙古乌兰察布、湖北宜昌市、上海市、济源公司、江西公司。多年的业务运作使双汇物流在仓储、运输、配送等方面具备了丰富的管理经验。

公司在职员工 2850 人，其中中、高级管理人员 300 多人，公司经营货物运输、仓储、配送、汽修、货物装卸、货运代理、信息服务等。

公司拥有自有冷藏运输车辆 1300 台，常温运输车辆 150 台，整合社会冷藏车辆 2500 余台，常温车辆 500 余台。

双汇物流拥有先进的信息化管理系统和全球卫星定位 GPS 系统，对车辆状态、温度、门次开关、货物交接等方面进行实时监控，为客户提供透明的货物在途管理。

双汇物流已经形成了长途运输辐射状网络与区域仓储、配送交织网状分布的大物流网络格局，是国内目前网络最大、实力最强的冷藏物流公司之一。公司拥有"仓储管理＋长途运输＋短途配送"的业务能力，配送网络覆盖河南省县级以上城市、华东地区、湖北地区地级以上城市。

目前，双汇物流已与百胜集团、麦德龙集团在冷链物流方面建立了战略合作伙伴关系，为客户提供仓储、加工、分拣、配送等一体化的物流服务。

领鲜物流

上海领鲜物流有限公司(简称"领鲜物流")成立于2003年,坚持"区域物流领袖,食品物流专家"的经营目标,秉承"新鲜、迅捷、准确、亲切"的服务理念,上海领鲜物流有限公司致力于为社会和广大客户提供多温度带的现代化食品物流服务。

传承光明乳业多年面向现代零售的冷藏、常温乳品运作经验和客户服务经验,截止2006年,领鲜物流已在上海、江苏、浙江及安徽设立了19座现代化的冷链配送中心,形成了覆盖整个华东地区乃至全国的食品物流网络。在华东地区,领鲜物流日配送终端16 000个左右,覆盖华东地区卖场、超市、便利店等所有零售通路及部分餐饮通路。信息管理方面,领鲜物流与世界知名物流软件开发商合作开发了仓库管理系统、电子标签分拣系统、运输管理系统,为日常物流运作和管理提供了有效地支持。另外,从2009年开始,公司与深圳飞田股份有限公司合作,开发了功能多样的GPS管理系统,可以对在途运作车辆进行实时监控,及时

获得相关车辆的速度、车厢温度、油量等情况,同时通过车辆行驶轨迹回放等功能,使领鲜物流管理人员在第一时间内对车辆在外发生的问题进行跟踪处理协调,大大提高了对异常情况的处理速度。

良好的硬件基础设施、优秀的专业管理团队、高效的物流运作效率和丰富的客户服务经验,为领鲜物流与众多客户的合作打下坚实基础。为大众提供安全和高品质的食品冷链物流服务,是领鲜物流与上下游食品供应商共同的社会责任。

公司愿景

成为长三角、珠三角、环渤海区域的冷链领导品牌;
形成冷链城际输送、冷链市内配送、常温市内配送的区域规模服务优势;
为上下游食品供应商打造一条安全、迅捷、智能化的多温度带供应链。

公司主要荣誉

2006年～2010年长三角冷链物流领军企业;
2009年、2010年全国食品物流50强企业;
全国食品物流定点联系企业;
2010年上海世博会优秀组织窗口奖。